各月齡

寶寶（0～3歲）學會的動作

0～3歲的時期，寶寶會以飛快的速度成長。開始會翻身、爬行、站立、行走……等等，以下標示出了運動能力及手指發展的參考基準。

※這個表標示了多數寶寶開始會的時期，但僅為參考值。每個寶寶的發育、發展有個別差異。

沿線剪下

3個月　2個月　1個月　0個月

運動能力的發展

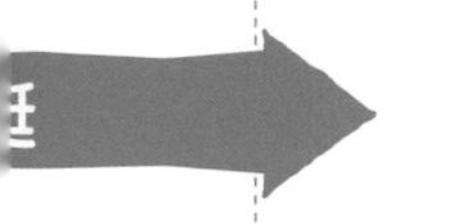

翻身

扭動腰部，靠著反作用力回轉上半身來進行翻身。

原始反射

出生就具備吸吮母乳或配方奶的「吸吮反射」、手指碰觸到手掌便會緊握住的「抓握反射」等等。

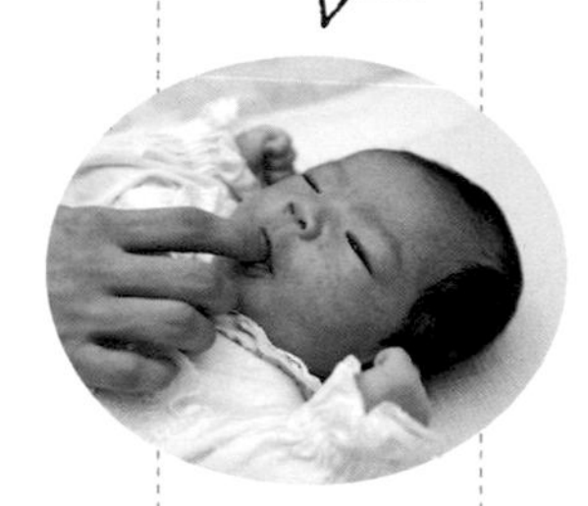

手和手指的發展

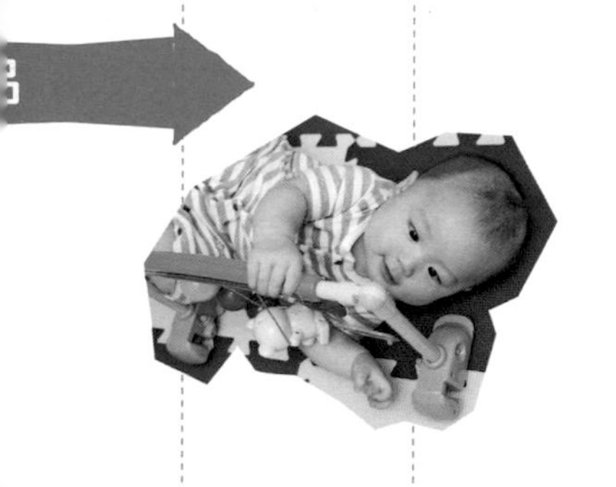

什麼都不要不要

不高興就發脾氣

我還要
用啦

玩扮家家酒

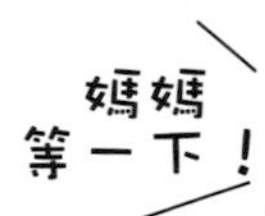

黏人

模仿動作

說有意義的詞彙

呼喚名字會回應

會說「媽媽、哪裡」這種雙詞句

簡短、易懂

滿1歲左右以後，可以試著對寶寶說「繪本、拿來」、「過來、這裡」這類雙詞句。以簡短又容易懂的方式說話，寶寶也比較聽得懂，就能夠溝通。

說「飯飯、吃嗎？」
「ㄅㄨㄅㄨ、玩嗎？」
等雙詞句

沿線剪下

0~3歲全方位育兒聖經

從成長發育、副食品製備到疾病預防，
用專業知識守護寶寶的每一天

日本紅十字會醫療中心
周產期母子・小兒中心顧問
土屋惠司・監修

王盈潔・譯

前言

有許多人經歷了初次懷孕、初次生產，即將開始初次的育兒生活。平安順利生下寶寶確實令人感到欣喜，但另一方面，面對剛出生柔弱又無助的新生兒，相信也有很多人對於初次的育兒懷抱著許多不安。我是一位小兒科醫師，雖然每天都會接觸到嬰兒，然而當輪到自己育兒的時候，依然還是充滿了不安及擔憂。

嬰兒不會說話，不論什麼都是透過哭來表達。「肚子餓了嗎？還是尿布濕了？是想睡覺了嗎？」儘管媽媽或爸爸都為了理解寶寶做了種種嘗試，但一開始可能都不得要領。不過沒有關係，各位媽媽和爸爸都是育兒新手，不得要領是理所當然的。每天和寶寶一起生活，從聲音或哭泣的方式、肢體動作等等，漸漸地就會了解寶寶想表達什麼囉。

育兒最重要的事就是「為孩子著想、守護其成長」。寶寶今後將經歷許許多多的「第一次」，漸漸長大。爸爸、媽媽不妨陪著寶寶一起經歷，溫柔地守護寶寶的成長吧。

本書介紹了各個月齡的寶寶將學會的動作、生活作息舉

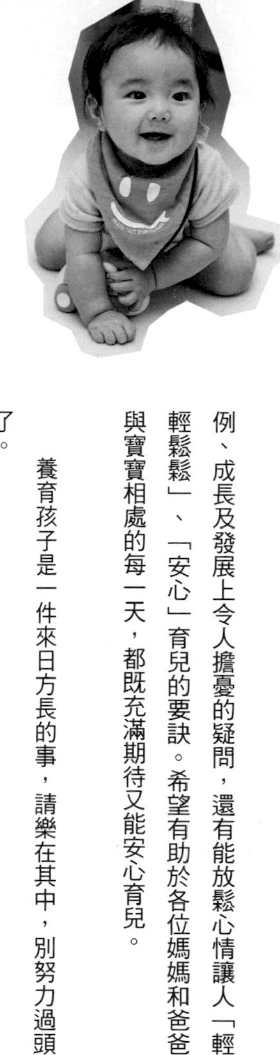

例、成長及發展上令人擔憂的疑問，還有能放鬆心情讓人「輕輕鬆鬆」、「安心」育兒的要訣。希望有助於各位媽媽和爸爸與寶寶相處的每一天，都既充滿期待又能安心育兒。

養育孩子是一件來日方長的事，請樂在其中，別努力過頭了。

監修
日本紅十字會醫療中心
周產期母子・小兒中心顧問
土屋惠司

為日本紅十字會醫療中心周產期母子・小兒中心顧問、日本小兒科學會小兒科專科醫師、日本小兒心血管學會小兒心血管專科醫師。1980年畢業於千葉大學醫學部，於日本紅十字會醫療中心小兒科研修後，任職於伊達紅十字醫院、國立心血管疾病中心，1989年起於日本紅十字會醫療中心小兒科、新生兒科工作。專攻小兒心血管、一般小兒科。

還能知道這個時期該參考哪一頁！

各月齡 寶寶的狀態與生活作息 完全指南

0個月

請見第22頁！

睡覺時也在成長

- 不分晝夜地睡覺
- 與生俱來的原始反射
- 睡眠周期短

◆ 母乳 9次
◆ 排便 4～5次

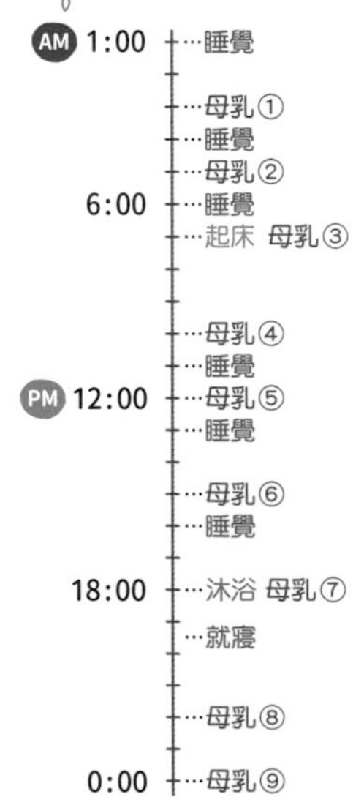

1個月

請見第42頁！

醒著的時間愈來愈長

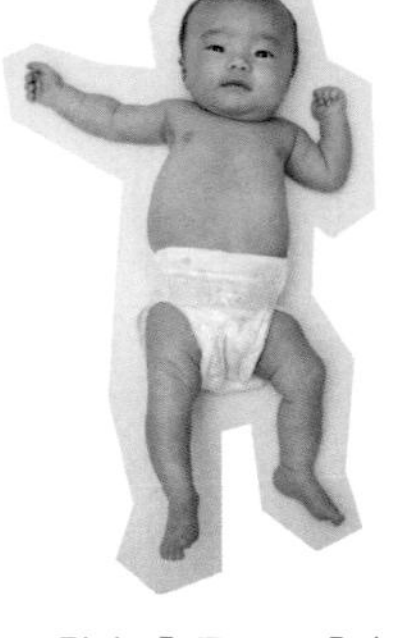

- 發出「啊」、「嗚」的聲音
- 用力擺動手腳
- 稍微變得圓潤

生活作息例

◆ 母乳 8次
◆ 排便 4～5次

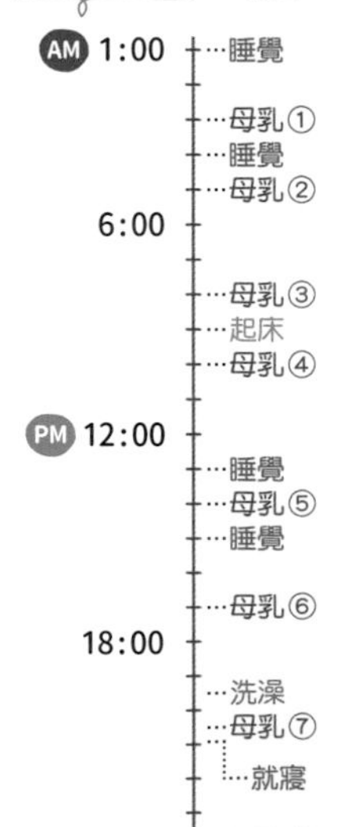

2個月

請見第50頁！

找得到自己的手

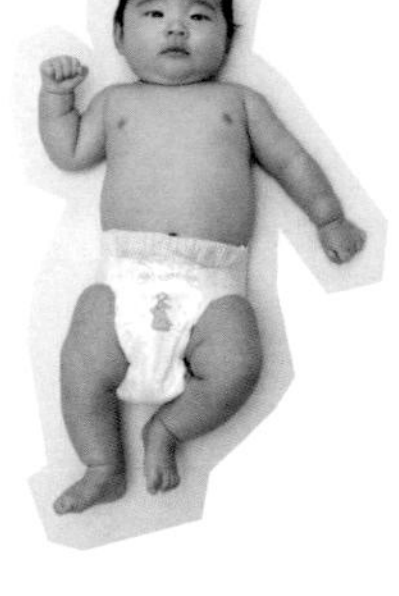

- 把手拿到嘴裡吸
- 用眼睛追隨物品
- 開心就會露出笑臉

生活作息例

◆ 母乳 8次
◆ 排便 4～5次

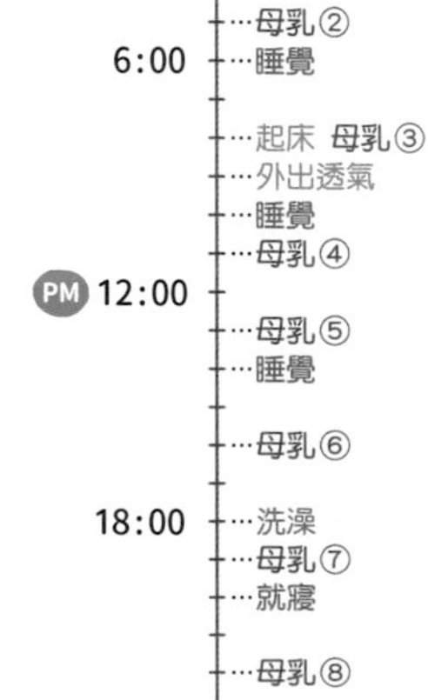

3個月

請見第58頁！

什麼都用嘴巴確認

- 情感表現漸漸變得豐富
- 用眼睛看，手伸向有興趣的東西
- 頸部漸漸硬挺

◆ 母乳 6次
◆ 排便 1～2次

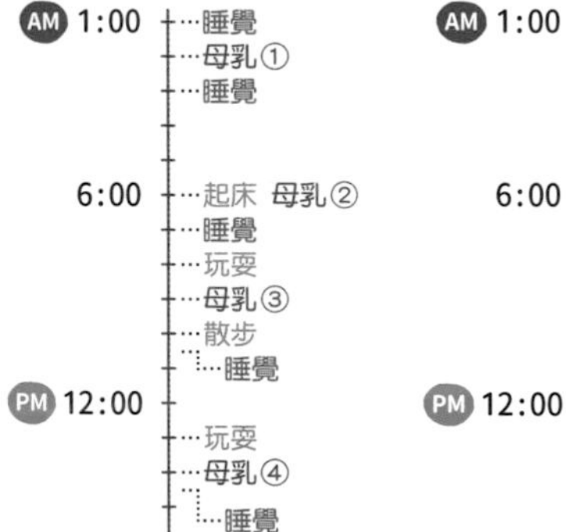

這裡將新生兒～3歲的寶寶們成長的模樣以及生活作息做成了一覽表。
不妨把這個作為參考基準，看看寶寶在這個時期會做些什麼。

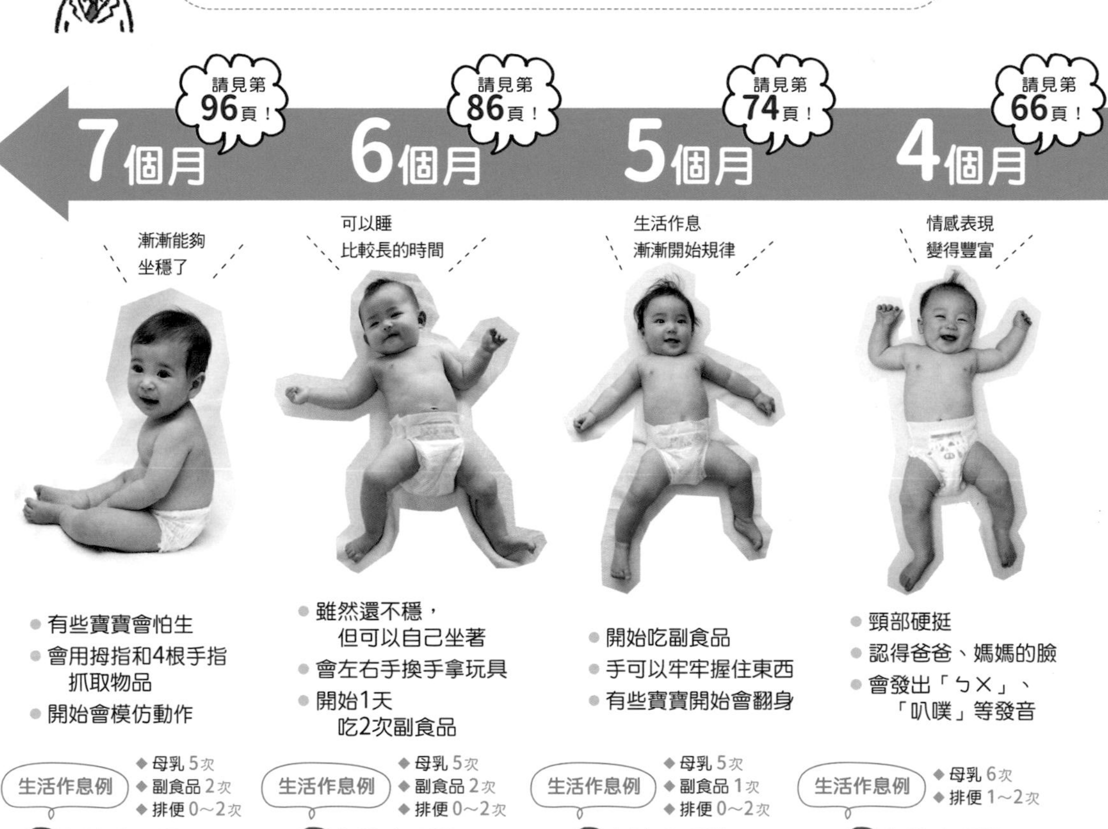

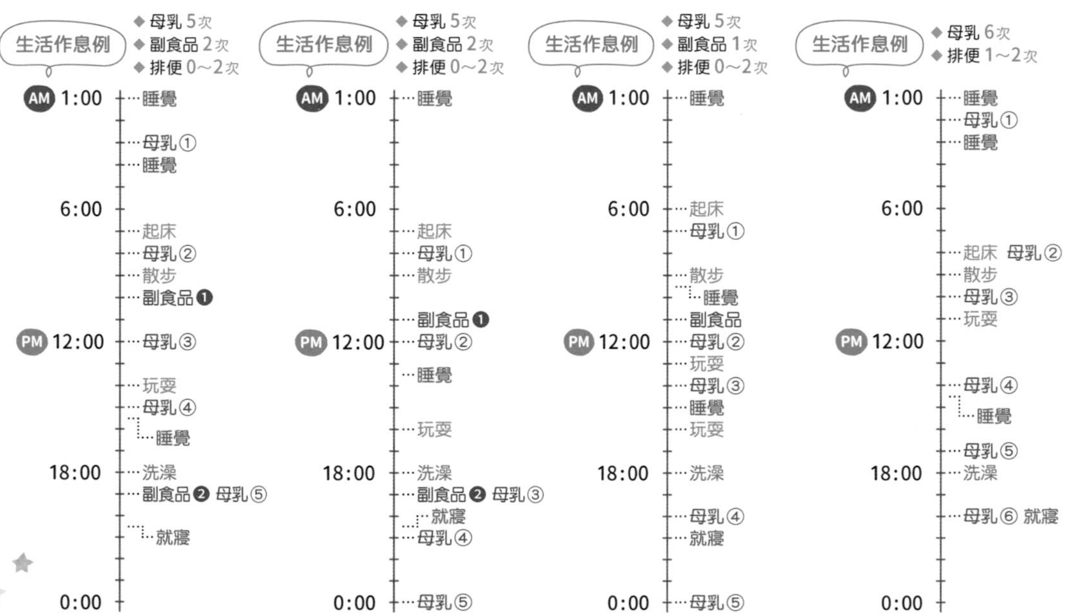

副食品的進行方式

寶寶約在5個月左右的時間點開始吃副食品，依照月齡分成4個階段。這裡介紹了每個階段可以食用的食材、吃的量、軟硬度等等。

請參考這裡

- 斷奶初期（5～6個月）➡第79頁
- 斷奶中期（7～8個月）➡第100頁
- 斷奶後期（9～11個月）➡第116頁
- 斷奶完成期（1歲～1歲6個月）➡第142頁

11個月

請見第130頁！

- 能獨自玩耍
- 性格開始表現出個性
- 懂「掰掰」、「給我」的意思，能夠進行溝通

10個月

請見第122頁！

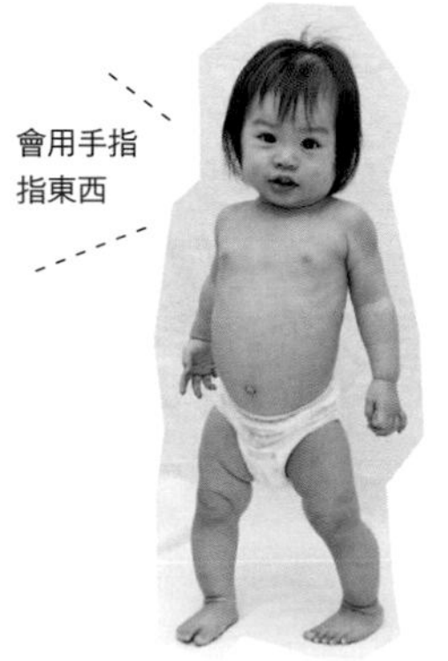

- 會用手「扭東西」、「按壓東西」
- 可以扶著物品行走
- 自我意識變強

9個月

請見第112頁！

- 副食品增加為1天3次
- 會用吸管喝東西
- 會扶著東西站起來

8個月

請見第104頁！

- 會爬
- 會黏人、怕生
- 會講「嘛嘛」等詞

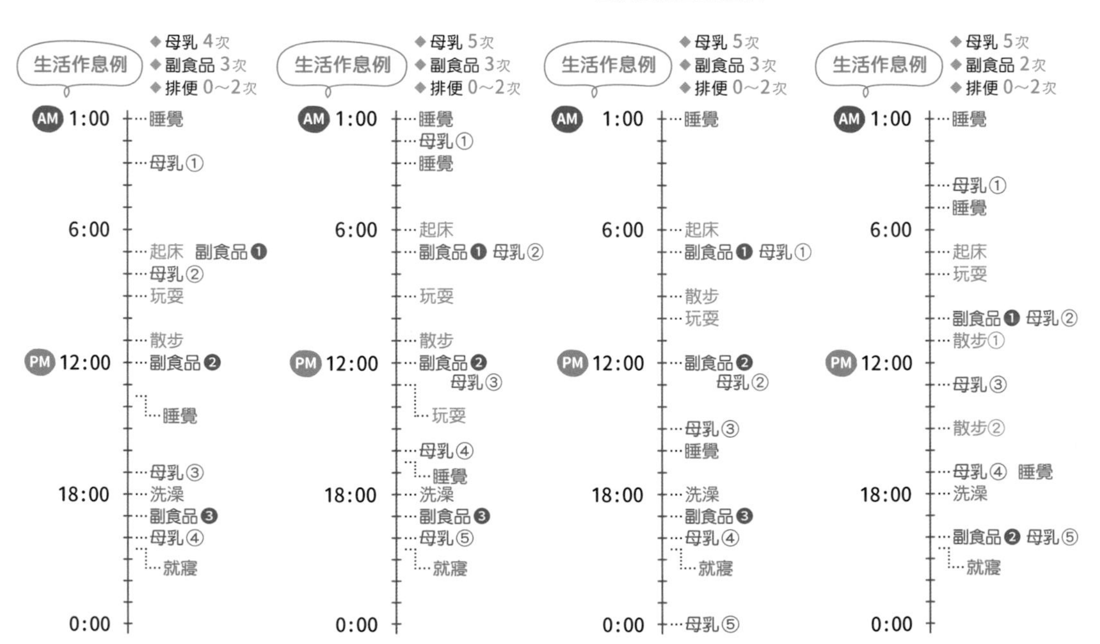

預防接種的種類及接種時期

出生24小時內就要開始預防接種。預防接種對於嬰幼兒獲得免疫力非常重要。分為需於固定時期接種的疫苗，以及可選擇決定接種與否的疫苗。

請參考這裡

- 接種的流程 ➡第55頁
- 預防接種的時程 ➡第170頁
- 預防接種的種類 ➡第173頁

2~3歲 請見第162頁！

1歲6個月 請見第156頁！

1歲3個月 請見第150頁！

1歲 請見第138頁！

什麼都想自己做

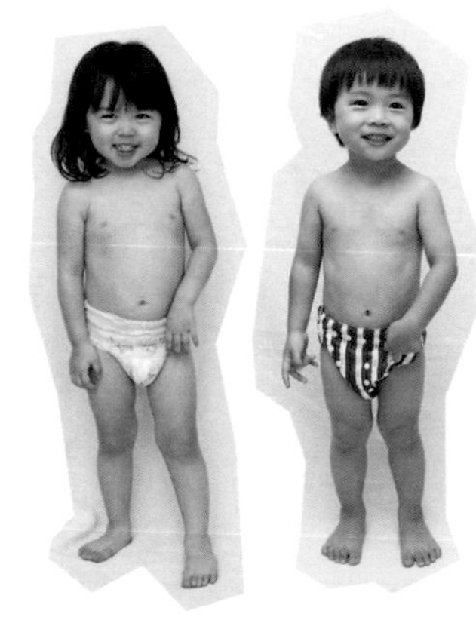

- 會玩扮家家酒
- 不要不要期開始
- 運動神經開始發達

變得很會模仿

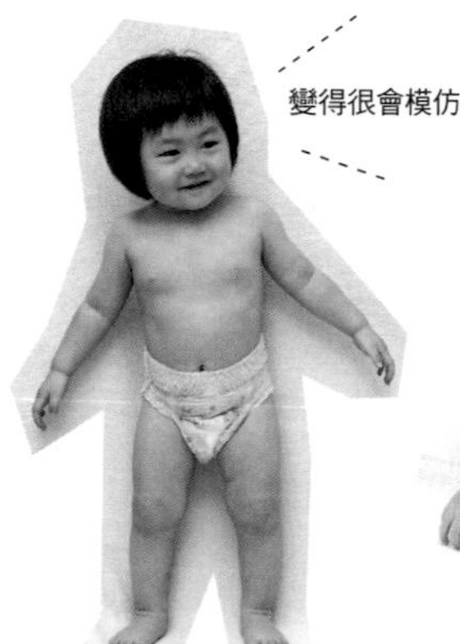

- 會用雙詞句說話
- 會堆疊物品
- 會小跑步或跳躍等動作

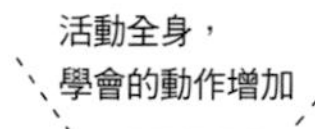

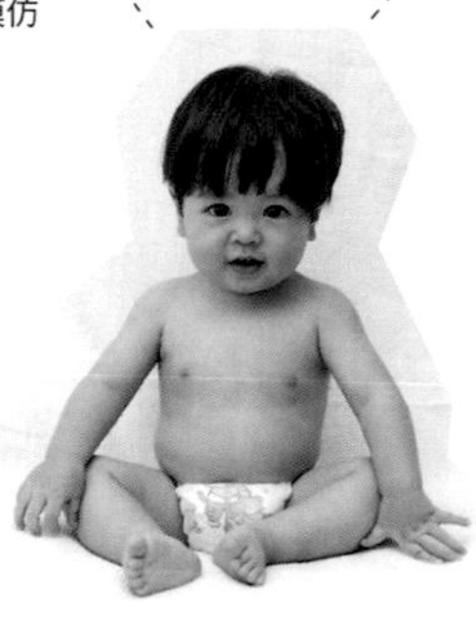

- 學習打招呼或整理等社會規則
- 走路變得熟練
- 能理解語言

從嬰兒變為「幼兒」

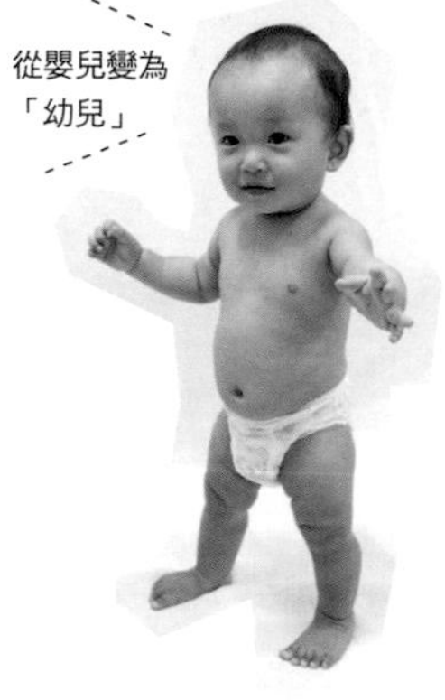

- 漸漸會複雜的情感表現
- 會用蠟筆畫點點
- 開始會走

各月齡的健檢是什麼時候？

在滿月齡之際都會有健檢。會測量身體、診察發展的狀況等，並讓醫師確認寶寶成長發育的情況。每個月齡的檢查項目不同。※台灣健檢時程及項目，可參考第40頁。

請參考這裡

- 1個月健檢 ➡第46頁
- 3～4個月健檢 ➡第62頁
- 6～7個月健檢 ➡第94頁
- 9～10個月健檢 ➡第120頁
- 1歲健檢 ➡第148頁
- 1歲6個月健檢 ➡第159頁
- 3歲健檢 ➡第164頁

關於疾病與居家照護

書中也有介紹寶寶生病時有用的資訊、該就醫的基準，以及疾病的症狀和居家照護方法，在緊急的時候可供參考。

請參考這裡

- 關於居家照護 ➡第90頁
- 關於嬰兒疾病的症狀 ➡第176頁
- 緊急情況下的緊急處置方法 ➡第186頁
- 各疾病症狀的緊急程度確認表 ➡第188頁

生活作息例

- ◆ 副食品 3次
- ◆ 點心 1次
- ◆ 排便 0～2次（※斷奶了！）

- AM 1:00 …睡覺
- 6:00
- …起床　副食品❶
- …玩耍
- …點心
- …散步
- PM 12:00 …副食品❷
- …睡覺
- …點心
- 18:00 …洗澡
- …副食品❸
- …就寢
- 0:00

母乳？配方奶？混合？

不妨選擇能讓寶寶健康成長的方法

生產後，媽媽要做的第一件事就是哺乳。有純母乳、全配方奶、母乳配方奶混合等各種方式。不需拘泥於非得這樣不可的說法，選擇能健康養育寶寶的方法就好。

母乳哺育

營養充足

只哺餵母乳的方法。母乳中滿滿濃縮了寶寶所需的營養。**優點是寶寶可透過母乳從母體獲得免疫力，以及喝母乳會有安全感等等。**只不過，由於無法透過目測確認寶寶喝的奶量，因此較難得知寶寶喝了多少、奶量是否足夠。這時，測量寶寶喝奶前和喝奶後的體重也是一個方法。

此外，要是只哺餵母乳的話，出生6個月左右開始，鐵、維生素D很容易不足，因此建議透過副食品補充這些營養素。

請參考這裡
- 哺餵母乳的方法 ➡第28頁
- 哺乳的姿勢 ➡第29頁

混合哺育

母乳搭配配方奶調整

餵母乳和配方奶的方法。母乳不足的量會以配方奶來補足。配方奶的量會依寶寶的月齡及母乳量而改變。可以將該月齡1天應喝的奶量除於哺乳次數，依照1次大約的分量準備配方奶。**也可以擠出母乳，確認有多少奶量，再配合調整配方奶的量。**

混合哺育困難的地方在於配方奶的量。因為無法透過目測得知母乳的奶量，因此需要從寶寶的吸食狀況和情緒等等來判斷。

請參考這裡
- 哺餵母乳的方法 ➡第28頁
- 哺乳的姿勢 ➡第29頁
- 配方奶的基本泡法 ➡第30頁
- 餵配方奶的方法 ➡第31頁
- 奶瓶的清洗方法 ➡第31頁

安心

混合哺育時，若寶寶不喝配方奶，有時改變奶瓶的奶嘴硬度，寶寶就肯喝了。

配方奶哺育

爸爸也能哺乳

這是只餵配方奶的方法。**配方奶中添加了接近母乳的營養素，優點是容易讓寶寶的肚子有飽足感，晚上睡前喝的話較能熟睡。**此外，泡配方奶的話，媽媽以外的人也可以餵，不只是媽媽的身體狀況不佳或外出時，平常爸爸就可以哺乳。

配方奶和母乳不同，可以確認寶寶喝的奶量。喝得多、喝太少等等都一目了然。

請參考這裡
- 配方奶的基本泡法 ➡第30頁
- 餵配方奶的方法 ➡第31頁
- 奶瓶的清洗方法 ➡第31頁

寶寶會如何成長呢？

1年體重增加為3倍、身高長高為1.5倍

寶寶從剛出生到1歲的成長速度非常驚人。3000g、50cm左右的新生兒，到了1歲，體重就會增加到將近10kg，身高長高1.5倍，變為80cm左右。

參考生長曲線

日本母子健康手冊中的生長曲線，每10年便會將全國嬰幼兒的體重、身高、頭圍等等依男女別統計集結、製成圖表。如果身高、體重在這張圖表的帶狀範圍內，即使變化平緩，但只要是往上就沒問題，表示寶寶正順利成長發育。即使多少有些偏離圖表，只要寶寶依著自己的步調持續往上的話，就不用太過擔心。

※台灣採用的是WHO公布適用全球0～5歲兒童生長曲線標準圖。

安心

即使體重超出圖表外，也不要認為該讓寶寶減重……等等。隨著月齡增長，寶寶的活動也會變得更加活躍。活動量增加的話，也會消耗相當程度的熱量，體型自然就會變瘦。

不要過分在意圖表

出生3～4月左右寶寶會急速發育，之後成長的步調會趨於平緩。

身高和體重並不一定會平行增加。有些寶寶體重增加平緩、身高快速長高；有些寶寶則是身高成長平緩、體重大幅增加，情況因人而異。只要不是大幅偏離圖表，就不需要太過在意。不妨將它視為僅供參考的基準值。覺得擔心時，建議在健康檢查時諮詢小兒科醫師。

安心

圖表上也有寫出發育的參考，這和身高、體重一樣，都是僅供參考而已。如果寶寶有依自己的步調成長的話，就不需要太過擔心。

生長曲線圖〔2020年度調查〕

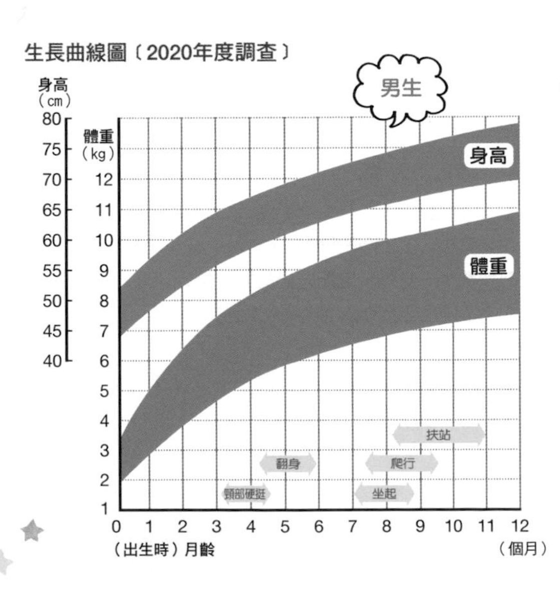

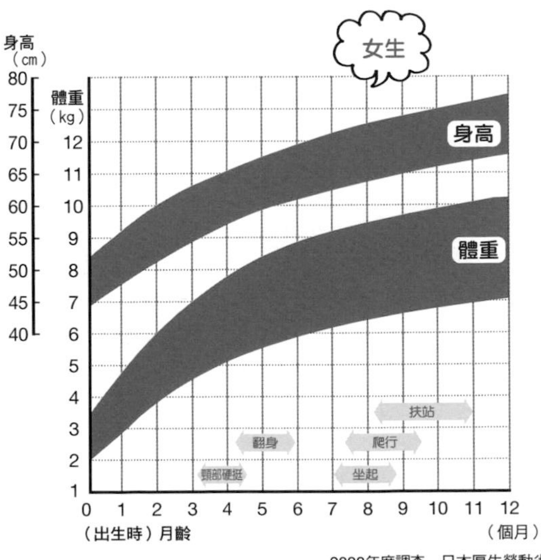

2020年度調查　日本厚生勞動省

輕輕鬆鬆安心

育兒最新話題

完全指南

由於新冠肺炎疫情，父母育兒的環境也大大改變了。為了守護幼小的生命，該注意些什麼呢？以下就來確認關於育兒的最新狀況。

不為謠傳或假消息所惑確實查核事實

由於新冠肺炎疫情擴大，我們的生活也大大的改變了。在育兒方面也是，以往理所當然的事變得不能做了，需要注意的事項也增加許多。

此外，關於育兒的資訊不斷在逐步更新。副食品的進行方式和預防接種的時程等等，也反映了最新的科學見解，並隨著時代而漸漸改變。

另一方面，關於新型冠狀病毒，不管是關於病毒本身還是關於疫苗，都還沒有長期的數據，因此現階段還有許多未知的問題。

據說目前在日本國內，嬰幼兒的重症病例極少，且半數以上都是無症狀。此外經調查發現，感染源幾乎都是家人。

建議各位要確認相關主管機關或者專科醫學會這類值得信賴的機構網站，不要為謠傳或假消息所迷惑。

掌握基本的防疫對策

徹底實踐不帶入病毒的措施

雖然相較於成人，嬰兒感染新冠病毒的例子較少，但輕症時會出現咳嗽、流鼻水、發燒、腹瀉等類似感冒的症狀。在新冠病毒流行期間，家庭內必須徹底實行防疫措施，最重要的就是家人不要把病毒帶入家中。

嬰兒本身無法透過口罩等採取自我防衛，因此無論如何，爸爸媽媽要盡可能採取嚴密的措施。除了避免「密閉空間、群聚、密切接觸」、勤洗手及消毒之外，外出回來先洗澡、更衣後再接觸寶寶，會比較放心。

此外，疫情正擴大的期間，建議減少非必要、不緊急的外出。不過嬰幼兒健檢以及預防接種建議還是要按照規定的時程進行，不要錯過了。

醫院等公共機關的對策

醫院、衛生所等公共機構，都會徹底執行洗手、戴口罩、進入時量測體溫、消毒、通風換氣等防疫措施。嬰幼兒健檢或預防接種，也會採取區分時段和場所等對策，但為了保險起見，建議還是事先詢問有空的時段。

家裡的日常生活對策

首先，要遵守基本的防疫措施，不要把病毒帶到家裡。寶寶會看著大人的表情來學習各種行為，所以如果徹底實踐洗手以及消毒等對策的話，在家中照顧寶寶時並不需要配戴口罩。此外，在留意室內溫度變化的同時，也要頻繁通風換氣。

戶外的外出目的地對策

疫情正在升溫時，最好減少非必要、不緊急的外出，盡可能不要帶寶寶到人多的地方。不過，接觸戶外的空氣對於寶寶的成長也很重要。決定外出透氣或散步的目的地時，應選擇人與人之間能保持2m以上距離的空曠場所。

事先了解副食品的進行方式

確認最新的指引 避免過敏或營養不足

現代人對於副食品的看法，正隨著時代而改變。首先請根據日本厚生勞動省所訂定的「哺乳、離乳支援指南」確認正確的資訊。雖然根據最近的研究，認為「並沒有科學證據顯示，延遲開始攝取特定食物具有預防食物過敏的效果」，但第一次吃的食材，最好還是慎重進行。此外，研究也顯示，哺餵母乳的話，寶寶從出生6～7個月開始會容易漸漸缺乏鐵、維生素D。建議於副食品當中納入富含鐵、維生素D的食材。

餵食雞蛋的方法

出生5～6個月左右
從米粒大的蛋黃餵起

嬰幼兒最常見的就是雞蛋過敏。生蛋相較於經過加熱的蛋、蛋白相較於蛋黃更容易引發過敏，因此一開始應從煮到熟透的蛋黃餵起。先從米粒大小開始，再逐步增量。

鐵、維生素D的攝取方法

哺餵母乳的話
6～7個月左右起容易不足

菠菜、蛋黃、鮪魚、肝臟等食材含有豐富的鐵。維生素D含量豐富的食材則有鮴仔魚、鮭魚等等。除了將這些食材納入副食品當中，不妨也靈活運用嬰兒食品或奶粉補充鐵、維生素D。

確認預防接種的時程

向固定就診的醫師 諮詢時程

預防接種分為「照顧者必須盡可能讓孩子接種」的常規接種，以及照顧者可自行評估是否接種的選擇性接種（自費疫苗），每種疫苗各有其建議的接種時期以及接種間隔的限制等等。常規接種只要在期間內的話由公費負擔（也有一部分需自費），選擇性接種則為自費。

由於接種的種類和次數很多，也許一開始會感到混亂，但這對於保護寶寶的生命是必要的一環。有時接種時程可能會更動、或因地方政府而有所差異，因此建議諮詢固定就診的醫師，在期限內接受接種。

與新冠病毒共存時代的育兒Q&A

Q 玩具最好也要殺菌、消毒嗎？

A 首先大人應避免把病毒帶入家中

首先，外出過的大人應避免把病毒帶入家中。回家後，請徹底洗手和消毒。其次，寶寶可能會舔或放入口中的玩具則要定期清洗，留意其清潔。離開人體的病毒並不會生存很多天，因此在一般的注意範圍內應不需要太擔心。

Q 寶寶也需要戴口罩嗎？

A 未滿2歲反而危險

未滿2歲的話，戴口罩反而危險。由於嬰幼兒的氣管狹窄，一旦戴了口罩會難以呼吸，也可能造成心臟的負擔。此外，也有人指出寶寶戴口罩有窒息及中暑的危險，還有難以察覺寶寶的臉色或表情變化等缺點。2歲過後才可配戴預防感染的口罩。

Q 嬰幼兒健檢和預防接種往後延比較好？

A 盡可能依照預定的時程接種

新冠病毒流行期間，有些人會擔心是不是最好避免為了嬰幼兒健檢、預防接種而外出。然而，為了保護寶寶的健康而把這些往後延問題會更大。可能會導致太晚發現其他重大疾病，或是增加致命傳染病的風險，因此請盡量依照時程接種，不要延遲。

Q 居家時間要如何消除壓力？

A 活用線上工具進行交流

愈來愈多媽媽因漫長的新冠肺炎疫情而備感壓力。無法外出時，不妨試著在影音網站等地方找找能和寶寶樂在其中的運動或唱遊。此外，透過線上工具和媽媽友交流也有助於消除壓力。如果這樣還是持續處在焦慮而無法成眠的狀態時，尋求健康服務中心（衛生所）這類專家的協助也很重要。

0~3歲全方位育兒聖經

本書的使用方法

為了讓新手爸媽們能以輕鬆、安心的心情開始育兒，本書中集結了簡單明瞭而詳盡的資訊。這裡將介紹能讓各位更加有效活用本書的要點。

看照片就一目瞭然

各月齡　寶寶的發育、發展與生活

從發育、發展的狀態、哺乳的時機到睡覺的時間，了解寶寶的全貌。重要的地方會劃線標示。

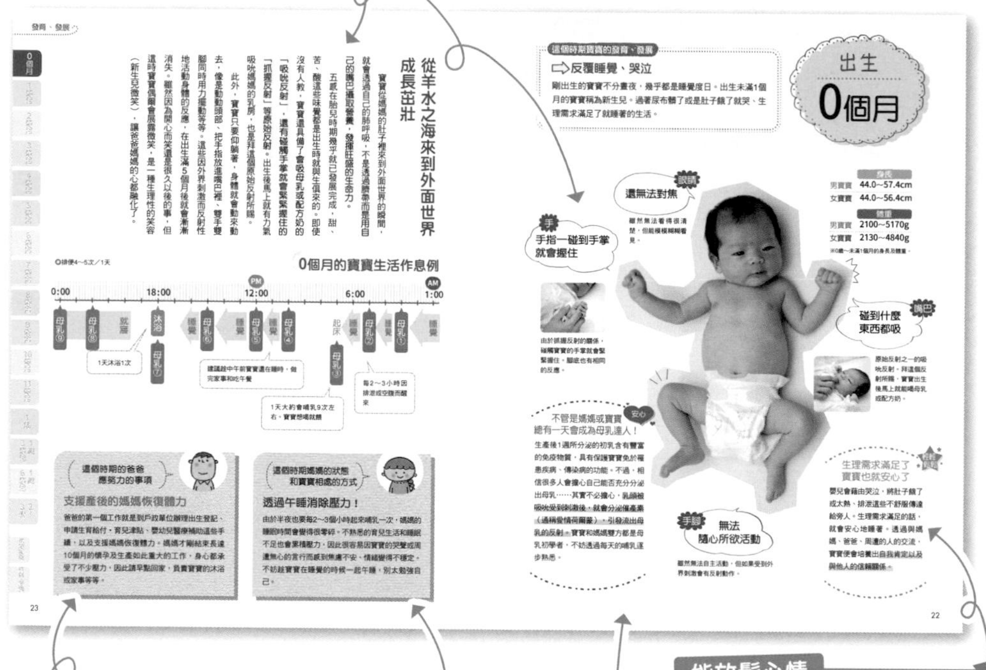

這個時期寶寶的發育、發展

⇨反覆睡覺、哭泣

剛出生的寶寶不分晝夜，幾乎都是睡覺度日。出生未滿1個月的寶寶稱為新生兒。過著尿布髒了或是肚子餓了就哭、生理需求滿足了就睡著的生活。

出生 0個月

身長	
男寶寶	44.0~57.4cm
女寶寶	44.0~56.4cm

體重	
男寶寶	2100~5170g
女寶寶	2130~4840g

※0歲~未滿1個月的身長及體重。

眼睛 還無法對焦

雖然無法看得很清楚，但能模模糊糊看見。

手 手指一碰到手掌就會握住

由於抓握反射的關係，碰觸寶寶的手掌就會緊緊握住。腳底也有相同的反應。

嘴巴 碰到什麼東西都吸

原始反射之一的吸吮反射。拜這個反射所賜，寶寶出生後馬上就能喝母乳或配方奶。

安心 不管是媽媽或寶寶總有一天會成為母乳達人！

生產後1週所分泌的初乳含有豐富的免疫物質，具有保護寶寶免於罹患疾病、傳染病的功能。不過，相信很多人會擔心自己能否充分分泌出母乳……其實不必擔心，乳頭被吸吮受到刺激後，就會分泌催產素（通稱愛情荷爾蒙），引發流出母乳的反射。寶寶和媽媽雙方都是母乳初學者，不妨透過每天的哺乳逐步熟悉。

手腳 無法隨心所欲活動

雖然無法自主活動，但如果受到外界刺激會有反射動作。

生理需求滿足了寶寶也就安心了

嬰兒會藉由哭泣，將肚子餓了或太熱、排泄這些不舒服傳達給旁人。生理需求滿足的話，就會安心地睡著。透過與媽媽、爸爸、周遭的人的交流，寶寶便會培養出自我肯定以及與他人的信賴關係。

22

發育、發展

從羊水之海來到外面世界成長茁壯

寶寶從媽媽的肚子裡來到外面世界的瞬間，就會透過自己的肺呼吸，不是透過臍帶而是用自己的嘴巴攝取營養，發揮旺盛的生命力。

五感在胎兒時期幾乎就已發展完成，甜、苦、酸這些味覺都是出生時就與生俱來的。即使沒有人教，寶寶還具備了會吸母乳或配方奶的「吸吮反射」，還有碰觸手掌就會緊緊握住的「抓握反射」等原始反射。出生後馬上就有力氣吸吮媽媽的乳房，也是拜這個原始反射所賜。

此外，寶寶只要仰躺著，身體就會動來動去，像是動動頭部、把手指放進嘴巴裡、雙手雙腳同時用力擺動等等。這些因外界刺激而反射性地活動身體的反應，在出生滿5個月後就會漸漸消失。雖然因為開心而笑還是很久以後的事，但這時寶寶偶爾會展露微笑，是一種生理性的笑容（新生兒微笑），讓爸爸媽媽的心都融化了。

0個月的寶寶生活作息例

◎排便4~5次／1天

AM 1:00　6:00　PM 12:00　18:00　0:00

睡覺　母乳①　睡覺　母乳②　睡覺　起床　母乳③　母乳④　睡覺　母乳⑤　睡覺　母乳⑥　睡覺　沐浴　母乳⑦　就寢　母乳⑧　母乳⑨

每2~3小時因排泄或空腹而醒來

1天大約會哺乳9次左右，寶寶想喝就餵

建議趁中午前寶寶還在睡時，做完家事和吃午餐

1天沐浴1次

這個時期的爸爸應努力的事項

支援產後的媽媽恢復體力

爸爸的第一個工作就是到戶政單位辦理出生登記、申請生育給付、育兒津貼、嬰幼兒醫療補助這些手續，以及支援媽媽恢復體力。媽媽才剛結束長達10個月的懷孕及生產如此重大的工作，身心都承受了不少壓力，因此請早點回家，負責寶寶的沐浴或家事等等。

這個時期媽媽的狀態和寶寶相處的方式

透過午睡消除壓力！

由於半夜也要每2~3個小時起來哺乳一次，媽媽的睡眠時間會變得很零碎。不熟悉的育兒生活和睡眠不足也會累積壓力，因此很容易因寶寶的哭聲或周遭無心的言行而感到焦慮不安、情緒變得不穩定。不妨趁寶寶在睡覺的時候一起午睡，別太勉強自己。

23

聲援爸爸的心情！

這個時期的爸爸應努力的事項

介紹在寶寶的每個月齡，希望爸爸努力的事項、負責的家事及育兒要訣。

了解媽媽的狀態

這個時期媽媽的狀態，和寶寶相處的方式

介紹各個月齡媽媽身心的變化，以及和寶寶相處方式的要訣。

能放鬆心情

附「輕輕鬆鬆」的標記！

輕輕鬆鬆

育兒365天全年無休。這裡會介紹能放輕鬆、稍微減輕負擔的要訣。

減少擔憂與不安

附「安心」的標記！

安心

育兒過程中難免有許多擔心與不安。這裡會介紹能將這些心情轉換為「安心」的要訣。

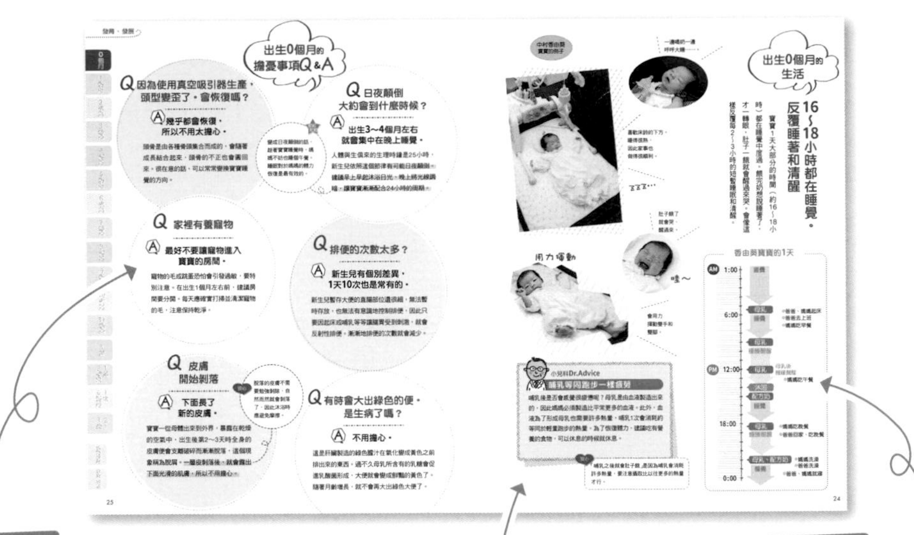

解決煩惱！

擔憂事項Q&A

每個月齡在意的煩惱都不一樣。這裡配合寶寶的發展收集了一些疑問及其解答。

專家指導

小兒科Dr.Advice

由小兒科醫師土屋惠司解說每個月齡寶寶的發育、發展狀態。

看看其他孩子的狀態

寶寶的生活作息例

看看其他寶寶的生活是什麼樣子。詳盡介紹睡覺、哺乳、副食品、洗澡……。

詳細了解疾病相關資訊

應先了解的嬰兒疾病

解說關於感冒或腸胃炎等嬰兒容易罹患的主要疾病其症狀、治療法、居家照護。重要的地方會劃線標示。

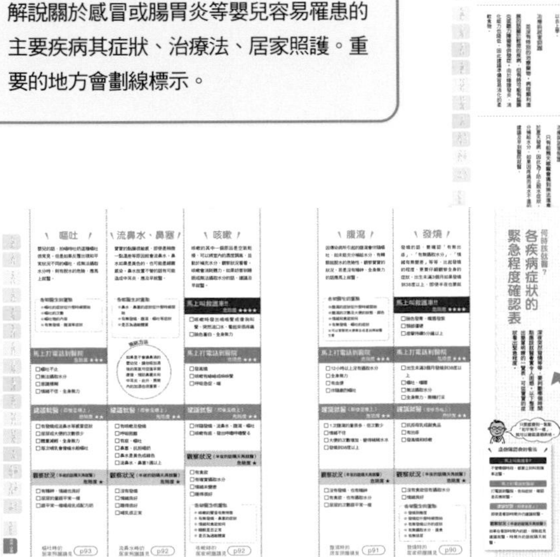

緊急時可派上用場

各疾病症狀的緊急程度確認表

寶寶的狀況變差時，可作為判斷基準的確認表。看看症狀是在家觀察即可，還是即使半夜也要就醫、是否需要叫救護車。

CONTENTS

不行！

預備知識 關於預防接種、疾病、事故&受傷

出生0個月 寶寶　你好！

從媽媽的肚子裡生出來的寶寶，會透過五感感覺外面的世界，馬上就能透過與生俱來的能力適應環境。掌握懷抱以及換尿布、哺乳這些照顧的要訣，爸爸與媽媽一起開始育兒吧！

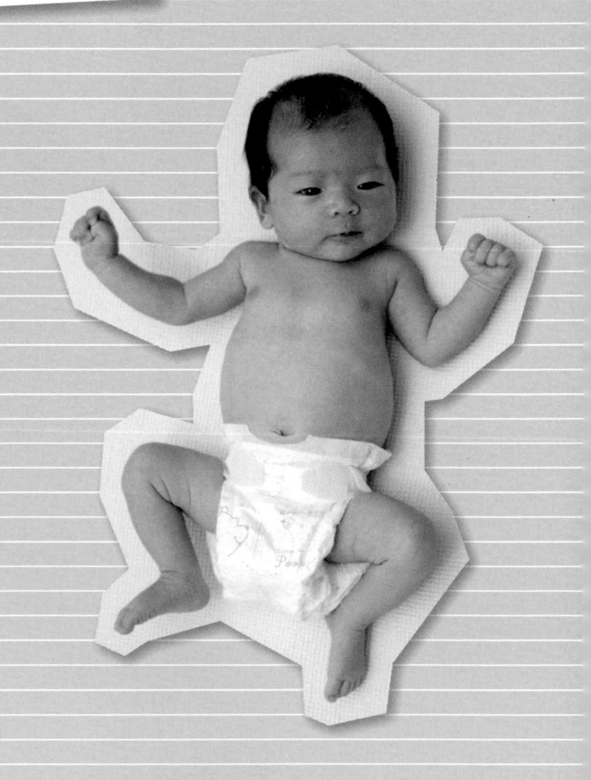

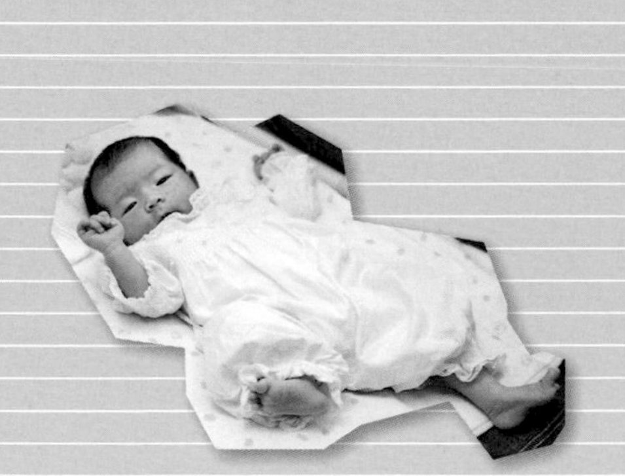

媽媽、爸爸請多指教！

在媽媽的肚子裡被羊水保護著而健康成長的寶寶，發出宏亮的哭聲來到外面的世界。寶寶將透過與生俱來的種種能力，漸漸適應這環境的巨大變化。

手

輕輕鬆鬆

放下手臂時，緊握的雙手手指就會自然鬆開。沐浴的時候，要把手掌打開洗一洗。

握緊雙手，手肘彎起呈W字型。和在媽媽肚子裡是一樣的姿勢。

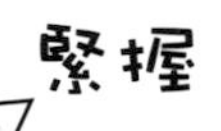

頭

頭頂（前囟門）會跳動。頭髮到2歲左右就幾乎長齊。出生滿1年頭圍大約會增加10㎝，已長全80%成人的腦部。

配合腦部的成長，頭蓋骨的大小會自然調整。
直到1歲半左右就會合起來。

嬰兒真是不可思議呢

「原始反射」是新生兒特有的

吸吮反射

用手指輕觸嘴巴附近，就會用力吸住的一種反射。寶寶具備一生下來馬上就能自己吸吮媽媽乳房的力氣。

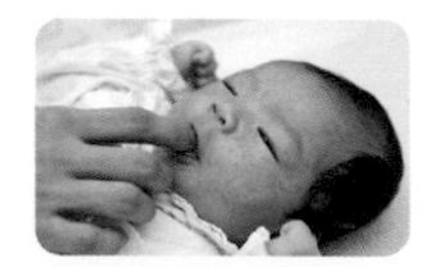

抓握反射

用手指碰觸手掌，寶寶就會用力抓緊。腳底也能見到同樣的反射。有一說表示這是很久以前人類生活在樹上所遺留的習性。

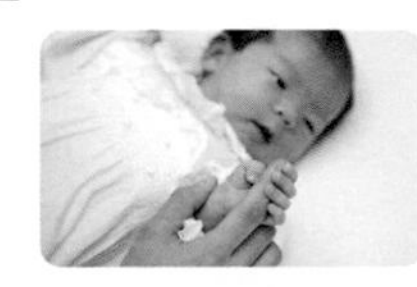

驚嚇反射

發出巨大聲響時，或是身體不經意碰到東西時，雙手雙腳會伸直、張開。有一個說法認為這是人類在樹上生活的時期，從樹上掉落時為了抓住東西而留下來的習性。

牽引反射

在平躺的狀態下抓住雙臂慢慢拉起上半身，這時新生兒即使脖子還沒長硬，也會試著把身體縮起來、抬起頭的一種反射。出生1個月左右就會消失。

踏步反射

扶住兩邊腋下維持站姿，當腳底碰到地面時，就會交替踏出雙腳作勢要走路的一種反射。步行這個功能一生下來就具備了。出生5個月後就會消失。

該如何照顧呢？

終於要開始和剛出生的寶寶一起生活了。該怎麼照顧全身還軟綿綿的嬰兒呢？相信父母有時也會感到不安。這時不妨確認一下後面的第26～39頁，這幾頁也介紹了輕輕鬆鬆、安心的要點。

懷抱

父母1天當中懷抱的次數多到數不清。利用雙臂和胸部三點支撐、牢牢抱住較為穩固，寶寶也比較安心。

➡ 請見第26頁

母乳和配方奶

不管是母乳或配方奶，基本上都要讓寶寶的嘴巴深深含住乳房或奶嘴。這樣一來才能確實喝到母乳或配方奶。

➡ 請見第28頁

換尿布

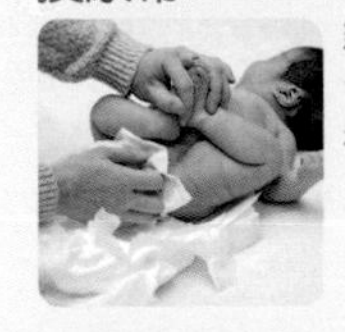

新生兒時期，換尿布和懷抱一樣1天都要重複好幾次。要訣是把褶邊豎起來再固定以免側漏。

➡ 請見第32頁

肚衣、嬰兒服

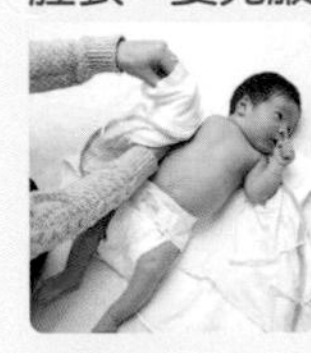

新陳代謝旺盛的寶寶很容易流汗，因此要選擇吸水性佳的材質。換衣服的時候動作要輕柔，不要硬拉扯手腳。

➡ 請見第34頁

沐浴

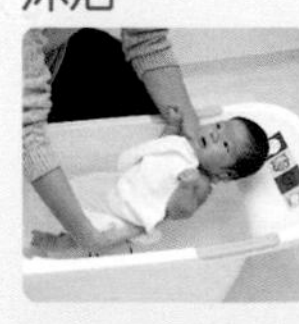

事先準備好沐浴時需使用的物品、沐浴後換穿的衣物等等，就能比較有條不紊而不至於手忙腳亂。

➡ 請見第36頁

清潔身體

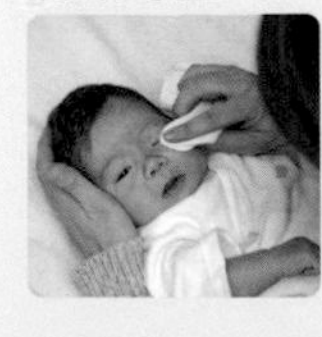

眼睛、鼻子、耳朵、指甲、肚臍的清潔，建議在沐浴之後。在清潔的同時，不妨也確認全身的狀態。

➡ 請見第38頁

肚臍

負責將氧氣及營養從母體運送給寶寶的臍帶，在出生的同時其功能也結束了。會漸漸乾燥、萎縮，出生2週左右便會自然脫落。肚臍還是濕潤的期間必須消毒（P39）。

安心

用棉花棒沾取消毒水，消毒肚臍窩。

生殖器

有時女寶寶的外生殖器或男寶寶的睪丸會有紅腫的情況，但出生後約2～3天就會消失。男寶寶的陰莖前端會被包皮覆蓋，但並不需擔心包莖。

安心

由於是脆弱的部位，沐浴的時候小心別太用力搓揉。

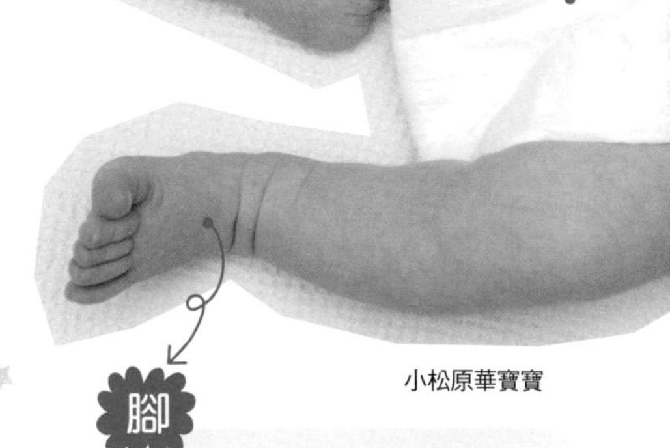

小松原華寶寶

腳

膝蓋彎曲呈M字型。腳底肉肉的、是沒有足弓的扁平足。只要開始會走路，足弓就會自然形成了。

安心

和手一樣，用手指觸碰腳底就會用力縮起來。這個反射遺留的時間比手部還長。

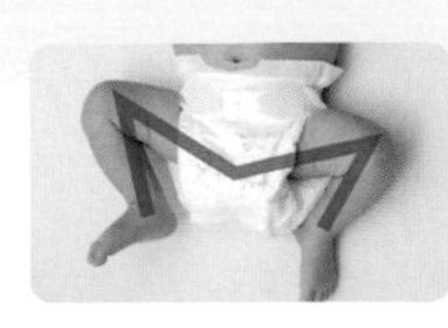

這個時期寶寶的發育、發展

⇨反覆睡覺、哭泣

剛出生的寶寶不分晝夜，幾乎都是睡覺度日。出生未滿1個月的寶寶稱為新生兒。過著尿布髒了或是肚子餓了就哭、生理需求滿足了就睡著的生活。

眼睛

還無法對焦

雖然無法看得很清楚，但能模模糊糊看見。

	身長
男寶寶	44.0～57.4cm
女寶寶	44.0～56.4cm

	體重
男寶寶	2100～5170g
女寶寶	2130～4840g

※0歲～未滿1個月的身長及體重。

手

手指一碰到手掌就會握住

由於抓握反射的關係，碰觸寶寶的手掌就會緊緊握住。腳底也有相同的反應。

嘴巴

碰到什麼東西都吸

原始反射之一的吸吮反射。拜這個反射所賜，寶寶出生後馬上就能喝母乳或配方奶。

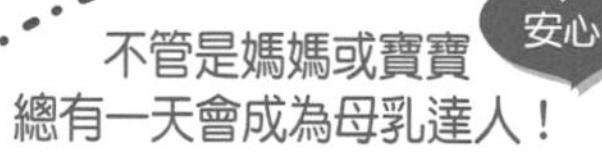

生產後1週所分泌的初乳含有豐富的免疫物質，具有保護寶寶免於罹患疾病、傳染病的功能。不過，相信很多人會擔心自己能否充分分泌出母乳……其實不必擔心，乳頭被吸吮受到刺激後，就會分泌催產素（通稱愛情荷爾蒙），引發流出母乳的反射。寶寶和媽媽雙方都是母乳初學者，不妨透過每天的哺乳逐步熟悉。

雖然無法自主活動，但如果受到外界刺激會有反射動作。

輕輕鬆鬆

生理需求滿足了寶寶也就安心了

嬰兒會藉由哭泣，將肚子餓了或太熱、排泄這些不舒服傳達給旁人。生理需求滿足的話，就會安心地睡著。透過與媽媽、爸爸、周遭的人的交流，寶寶便會培養出自我肯定以及與他人的信賴關係。

從羊水之海來到外面世界成長茁壯

寶寶從媽媽的肚子裡來到外面世界的瞬間，就會透過自己的肺呼吸，不是透過臍帶而是用自己的嘴巴攝取營養，發揮旺盛的生命力。

五感在胎兒時期幾乎就已發展完成，甜、苦、酸這些味覺都是出生時就與生俱來的。即使沒有人教，寶寶也具備了會吸母乳或配方奶的「吸吮反射」，還有碰觸手掌就會緊緊握住的「抓握反射」等原始反射。出生後馬上就有力氣吸吮媽媽的乳房，也是拜這個原始反射所賜。

此外，寶寶只要仰躺著，身體就會動來動去，像是動動頭部、把手指放進嘴巴裡、雙手雙腳同時用力擺動等等。這些因外界刺激而反射性地活動身體的反應，在出生滿5個月後就會漸漸消失。雖然因為開心而笑還是很久以後的事，但這時寶寶偶爾會展露微笑，是一種生理性的笑容（新生兒微笑），讓爸爸媽媽的心都融化了。

0個月的寶寶生活作息例

◎排便4～5次／1天

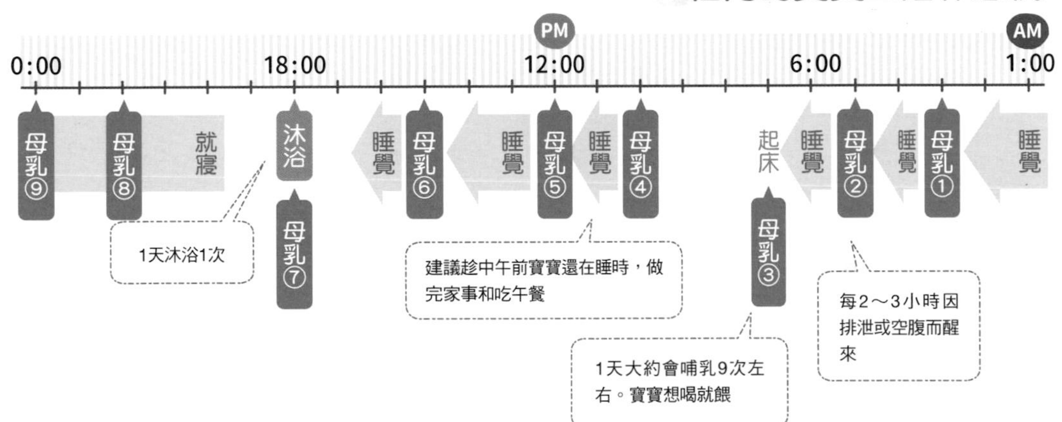

這個時期的爸爸應努力的事項

支援產後的媽媽恢復體力

爸爸的第一個工作就是到戶政單位辦理出生登記、申請生育給付・育兒津貼、嬰幼兒醫療補助這些手續，以及支援媽媽恢復體力。媽媽才剛結束長達10個月的懷孕及生產如此重大的工作，身心都承受了不少壓力，因此請早點回家，負責寶寶的沐浴或家事等等。

這個時期媽媽的狀態和寶寶相處的方式

透過午睡消除壓力！

由於半夜也要每2～3個小時起來哺乳一次，媽媽的睡眠時間會變得很零碎。不熟悉的育兒生活和睡眠不足也會累積壓力，因此很容易因寶寶的哭聲或周遭無心的言行而感到焦慮不安、情緒變得不穩定。不妨趁寶寶在睡覺的時候一起午睡，別太勉強自己。

出生0個月的生活

16～18小時都在睡覺。反覆睡著和清醒

寶寶1天大部分的時間（約16～18小時）都在睡覺中度過。餵完奶想說睡著了，才一轉眼，肚子一餓就會醒過來哭。會像這樣反覆每2～3小時的短暫睡眠和清醒。

中村香由葵寶寶的例子

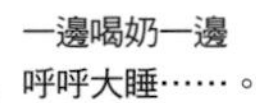

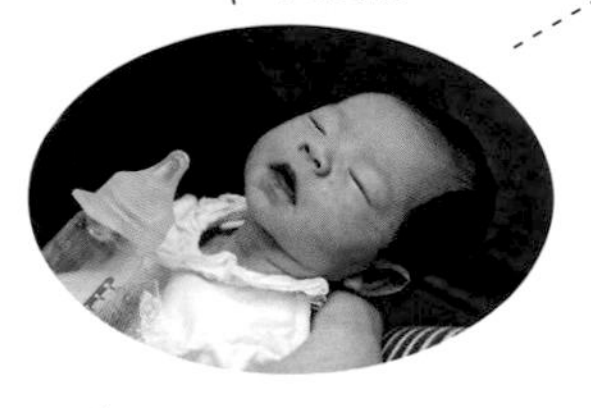

喜歡床鈴的下方。
睡得很熟，
因此家事也
做得很順利。

zzz…

肚子餓了
就會哭、
醒過來。

哇～

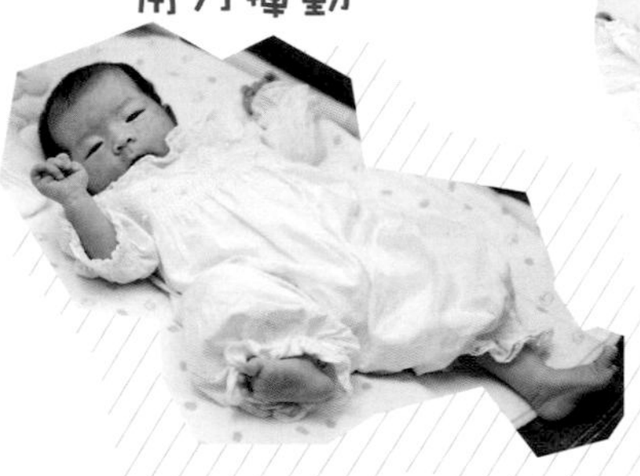

會用力
揮動雙手和
雙腳。

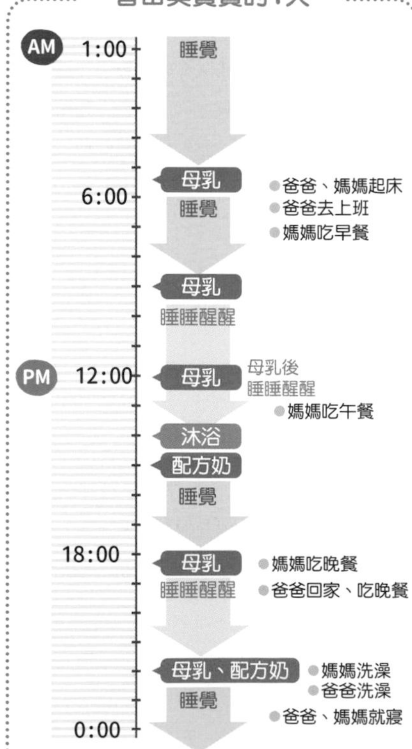

小兒科Dr.Advice

哺乳等同跑步一樣疲勞

哺乳後是否會感覺很疲憊呢？母乳是由血液製造出來的，因此媽媽必須製造比平常更多的血液。此外，血液為了形成母乳也需要許多熱量，哺乳1次會消耗約等同於輕量跑步的熱量。為了恢復體力，建議吃有營養的食物，可以休息的時候就休息。

安心

「哺乳之後就會肚子餓」是因為哺乳會消耗許多熱量，要注意攝取比以往更多的熱量才行。

出生0個月的擔憂事項Q&A

Q 因為使用真空吸引器生產，頭型變歪了。會恢復嗎？

A 幾乎都會恢復，所以不用太擔心。

頭骨是由各種骨頭集合而成的，會隨著成長結合起來，頭骨的不正也會圓回來。很在意的話，可以常常變換寶寶睡覺的方向。

Q 日夜顛倒大約會到什麼時候？

A 出生3～4個月左右就會集中在晚上睡覺。

人體與生俱來的生理時鐘是25小時，新生兒依照這個節律有可能日夜顛倒。建議早上早起沐浴日光、晚上將光線調暗，讓寶寶漸漸配合24小時的周期。

輕鬆

變成日夜顛倒的話，趁著寶寶睡覺時，媽媽不妨也睡個午覺。睡眠對於媽媽的體力恢復是最有效的。

Q 家裡有養寵物

A 最好不要讓寵物進入寶寶的房間。

寵物的毛或跳蚤恐怕會引發過敏，要特別注意。在出生1個月左右前，建議房間要分開。每天應確實打掃並清潔寵物的毛，注意保持乾淨。

Q 排便的次數太多？

A 新生兒有個別差異，1天10次也是常有的。

新生兒暫存大便的直腸部位還很細，無法暫時存放，也無法有意識地控制排便，因此只要因起床或哺乳等等讓腸胃受到刺激，就會反射性排便。漸漸地排便的次數就會減少。

Q 皮膚開始剝落

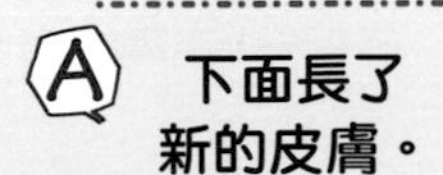

A 下面長了新的皮膚。

寶寶一從母體出來到外界，暴露在乾燥的空氣中，出生後第2～3天時全身的皮膚便會支離破碎而漸漸脫落，這個現象稱為脫屑。一層皮剝落後，就會露出下面光滑的肌膚，所以不用擔心。

安心

脫落的皮膚不需要勉強剝除，自然而然就會剝落了，因此沐浴時應避免摩擦。

Q 有時會大出綠色的便。是生病了嗎？

A 不用擔心。

這是肝臟製造的綠色膽汁在氧化變成黃色之前排出來的東西。過不久母乳所含有的乳糖會促進乳酸菌形成，大便就會變成鮮豔的黃色了。隨著月齡增長，就不會再大出綠色大便了。

懷抱的方法

懷抱是一種可以互相感覺彼此心跳律動和溫度的肌膚接觸。懷抱有各種方法，這裡介紹的是寶寶脖子長硬之前的安全懷抱法。**只用雙臂支撐的話不穩定，因此要用雙臂和胸部這三點支撐**。利用哺乳枕的話，可以減輕負擔、避免腱鞘炎。

寶寶的照顧

橫抱

低月齡的時期，**基本都是採取橫抱**，這也是媽媽和爸爸最開始需記得的懷抱方式。把要訣記起來，多抱抱寶寶吧。

1 出聲叫他

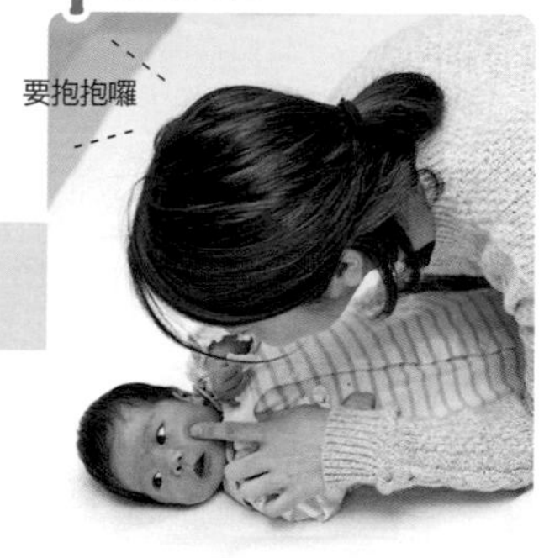

為了讓寶寶安心，建議先出個聲告訴他「要抱抱囉」，再開始抱。

2 托住脖子和頭

一隻手伸到寶寶的脖子下方，接著用**整個手掌托住脖子和頭**。

3 托住屁股和腰

用另外一隻手的**整個手掌攬住屁股和腰**，慢慢地把寶寶抱起來靠近自己的身體。

4 讓頭枕在手肘上

托住脖子的手掌慢慢朝寶寶的背部移動，**讓寶寶的頭和脖子枕在自己手肘彎曲起來的地方**。

輕鬆

把懷抱的那隻手放在哺乳枕上支撐的話，可防止腱鞘炎。

助產師建議

媽媽、爸爸只要一緊張身體就會變得僵硬，寶寶也無法安心。不過漸漸地就會熟悉了，因此不妨多抱抱寶寶。以前也有人說「太常抱的話會養成習慣，哭了也最好不要抱」，但其實並沒有這回事。馬上抱抱、滿足寶寶的需求，能使寶寶產生安全感。

助產師建議

竪抱是脖子長硬後的主要抱法。脖子長硬以前需特別留意頭部晃動，要用手牢牢托住頭和脖子。此外，抱著睡著後要放下來時，要點是從屁股輕輕放下。

竪抱

即使脖子還沒長硬還是可以竪抱，這是哺乳後拍嗝時較方便的抱法。這種方式相較於橫抱稍微不穩定，因此要**讓寶寶緊靠住自己的身體，穩住脖子**。有些寶寶比起橫抱更喜歡竪抱。

1 出聲叫他

告訴寶寶「要抱抱囉」，先把手伸到腋下（拇指靠肚子側，其他手指放在寶寶背部那一側）。或是像橫抱的 2、3，其中一手托住脖子和頭，另一隻手伸到屁股下面也可以。

2 雙手托住腋下

用4隻手指和整個手掌從寶寶的背部托**住脖子和後腦**，輕輕抱起來。往自己的胸前和肩膀靠，讓寶寶的身體緊緊靠在身上。

3 托住頭和脖子

為避免脖子晃動，用其中一隻手的整隻手臂托住頭部到脖子、背部，再移動另一隻手，用整隻手臂托住寶寶的屁股。

安心　讓寶寶的身體緊靠住可提高安全感。

從懷抱著放下來

1天當中會重複好幾次「放下在臂彎裡睡著的寶寶」、「從抱著放到被窩裡」的動作，或許會不自覺地感到緊張而身體緊繃。把**寶寶抱離身體時的基本要訣是「緩慢」、「輕柔」。**

1 穩住脖子

將托住背部的手臂輕輕往上移，**緊緊托住脖子到後腦**，以免晃動。

2 從屁股→背→頭依序放下來

放下屁股，接著依序放下背部、頭，再慢慢抽出托住的手。寶寶正在睡覺的話，如果直到最後都保持身體彼此接觸的狀態，就不容易醒過來。

哺餵母乳的方法

讓寶寶深深含到乳暈為止，可以避免乳頭龜裂或裂傷等問題，再加上寶寶也能用上顎的凹陷（哺乳窩）固定住乳頭，因此能順暢地喝奶。先餵哺乳量分泌較少的那側乳房，是預防乳房不適的要訣。

如果寶寶在喝奶時睡著了，建議搔一搔腳底把他叫醒。如果還是叫不醒的話，下次哺乳時就先從還沒喝過的那側乳房開始餵。

1 深深含住

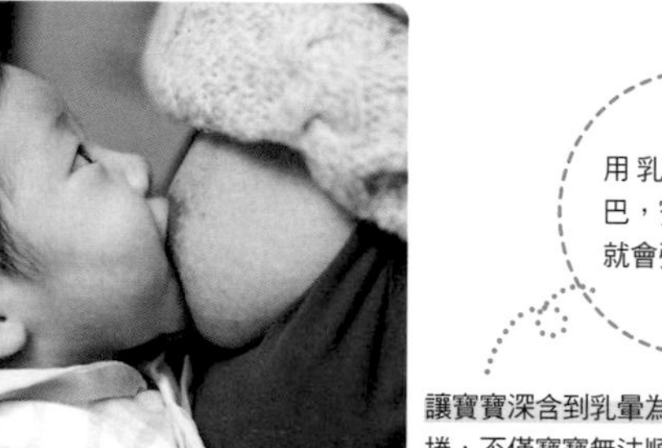

輕輕鬆鬆

用乳頭輕點嘴巴，寶寶的嘴巴就會張開。

讓寶寶深含到乳暈為止。上嘴唇如果內捲，不僅寶寶無法順利喝到母乳，也是造成媽媽乳房受傷的原因。

2 把手指伸進嘴角分開乳房

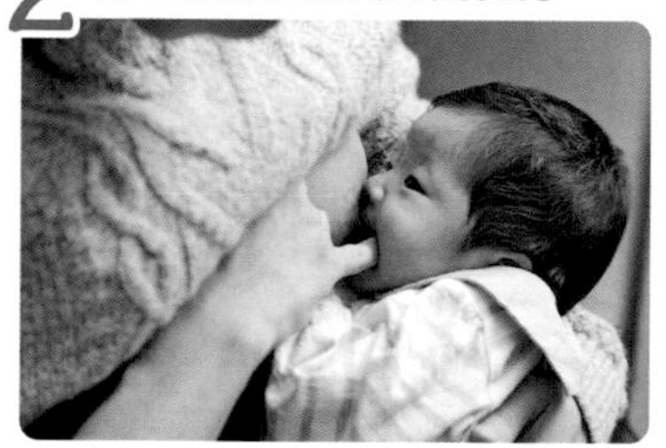

寶寶的嘴巴停下來不動時，輕輕把手指從嘴角處伸進去，讓嘴巴和乳房分開。只餵其中一邊很容易造成乳腺阻塞，因此理想是每邊乳房各5分鐘×2次。

拍嗝的方法

打嗝是為了將和母乳或配方奶一起吸入而積存在體內的空氣排出。空氣積在體內的話，有可能堵塞氣管，或是造成難以入睡而哭鬧，甚至可能把母乳全部吐出來。**抱起來讓嘴巴維持在比胃高的位置，或是讓寶寶坐起來會比較容易打嗝。**

方法1

豎抱

在肩膀上蓋紗布巾，再一邊牢牢托住寶寶脖子豎抱起來。**讓寶寶的下巴靠在肩上，**保持身體垂直，輕拍背部。

方法2

坐在腿上

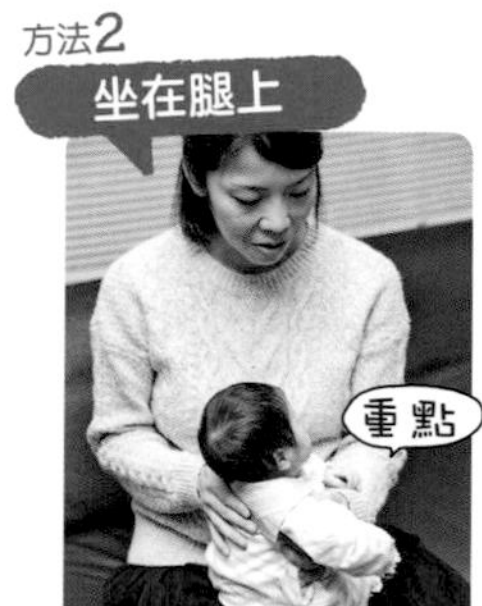

托住寶寶的脖子，讓寶寶側坐在媽媽的大腿上。**媽媽用手臂托住寶寶的胸部和下巴，並讓寶寶上半身往前傾，**接著輕拍背部。

方法3

和媽媽面對面

讓寶寶坐在媽媽的大腿上和媽媽面對面，**一隻手牢牢固定住脖子到上半身，**另一隻手像是把空氣壓出來般，從下往上輕撫背部。

一直無法打嗝時

試過各式各樣的方法還是無法打嗝時就不要勉強。讓寶寶躺下，身體稍微往側邊傾斜，觀察狀況一段時間，看有沒有吐奶等等。因為一直不打嗝媽媽就憤而用力拍打的話，會對寶寶的身體造成負擔，因此動作要輕柔、不要勉強。

哺乳的姿勢

乳腺是從乳頭呈放射線分布，如果以相同姿勢哺乳，喝剩的部分變成硬塊的話，很容易導致乳腺炎。**以各種姿勢哺乳的話，就能讓寶寶喝到所有地方而不至於殘留。**此外，用不自然的姿勢哺乳，也可能造成腰痛或肩膀僵硬等身體不適。

姿勢1

橫抱

這個姿勢容易穩住身體、易於寶寶吸奶。是讓寶寶的頭靠在媽媽的手臂上或哺乳枕上吸奶，較常見的哺乳姿勢。

姿勢2

豎抱

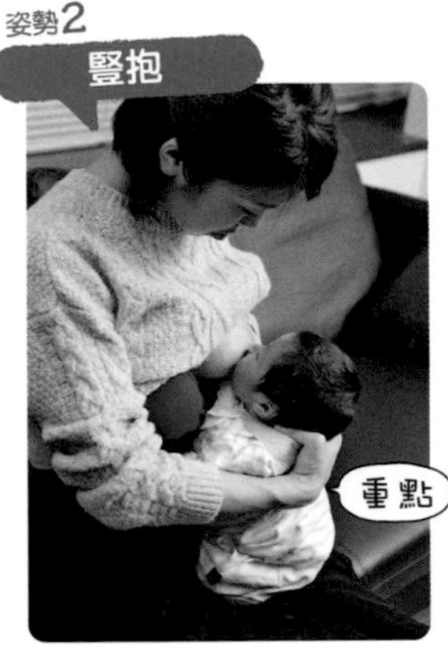

寶寶可以確實含至乳暈的姿勢。立起寶寶的身體，讓寶寶跨坐在大腿上，一邊托住脖子附近，一邊以面對面的姿勢哺乳。

姿勢3

橄欖球式

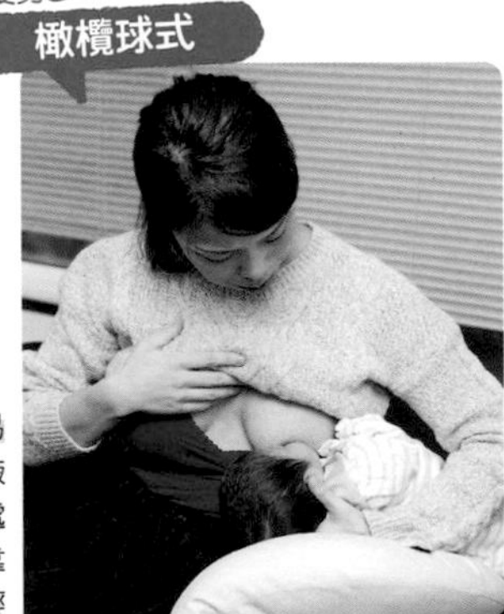

這個姿勢容易含住乳頭、易於吸奶，故很適合不太會吸奶的寶寶。

脖子還沒長硬的寶寶也容易哺餵的姿勢。把寶寶抱在腋下，只讓頭露出來到乳房處喝奶。為配合高度，使用靠枕等物品調節高度會比較輕鬆。

姿勢4

躺餵式

2個人都躺著，寶寶和媽媽面對面的姿勢。半夜也可以躺著哺乳，比較輕鬆。躺餵式會壓迫乳腺，因此容易罹患乳腺炎的人應避免。

安心

要避免乳房堵住寶寶的鼻子。媽媽用靠枕或毛巾調整高度，才不會擋到。

母乳的功能與優點

母乳含有免疫物質IgA抗體，富含具有防禦感染功能的蛋白質乳鐵蛋白。母乳還有增加寶寶腸內的好菌比菲德氏菌，以及提高免疫功能的作用。

只在生產後幾天分泌的帶黃色初乳，乳鐵蛋白的含量是一般母乳的3倍。即使只有在初乳時期，也建議努力哺餵母乳。

配方奶的泡法

配方奶有解決母乳不足的問題、媽媽可以馬上重返職場、爸爸容易參與育兒這些優點。這裡將介紹基本的泡法。

各個廠商都研發出了成長所需之碳水化合物、蛋白質、脂質、礦物質、維生素類接近母乳的配方，可以安心使用。

基本作法

1 量取分量、加熱開水

熱開水先加規定量的1/3

以罐內附贈的量匙正確量取「平匙」的量到奶瓶裡。將煮沸後冷卻至70度以上的開水，先倒規定量的1/3到奶瓶裡。

也有能快速簡單泡好的塊狀奶粉或液態配方奶，不需要計量，攜帶也很方便。

2 繞圈搖一搖

將奶瓶以繞圈的方式搖一搖，混合均勻。奶粉溶解後，再補足完成量的熱開水或溫開水（煮沸過後冷卻至70～80度的熱開水），稍微混合。

奶粉已製成易於溶解的狀態。

3 充分溶解

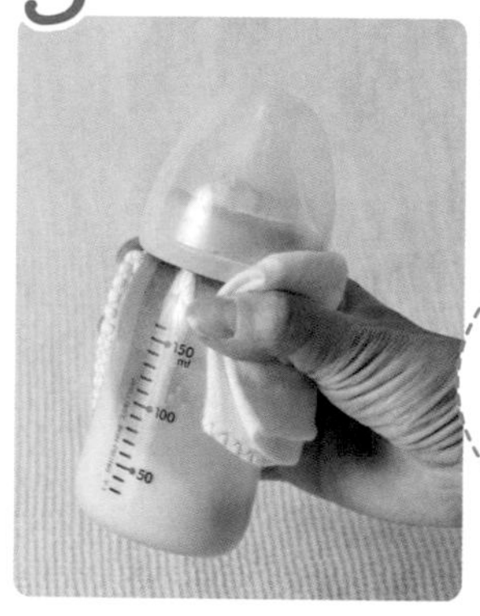

蓋上奶嘴和瓶蓋，用力搖晃奶瓶，使奶粉溶解。

奶瓶很熱，可以用乾淨的毛巾等物品包起來搖。

4 冷卻至接近人體肌膚的溫度

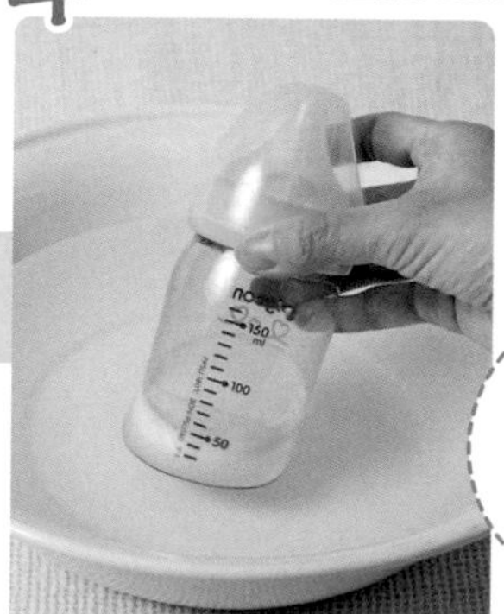

把奶瓶用流動的水沖，或放到裝有冷水的缽盆裡，冷卻至接近人體肌膚的溫度。

如果太涼了，就放到裝有熱水的缽盆內加熱。

5 確認溫度

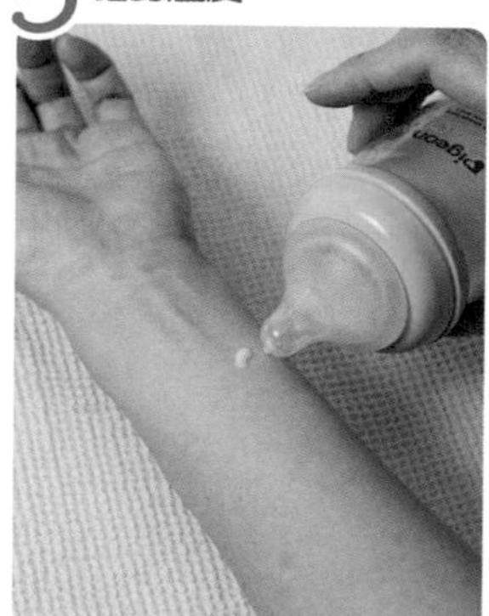

一定要確認過溫度後再餵。滴少許配方奶在手腕內側，確認配方奶的溫度。覺得有點熱的程度（40度左右）就是適宜的溫度。

注意

有時即使奶瓶冷冷的，裡面的配方奶還很燙，要注意。

奶瓶的清洗方法

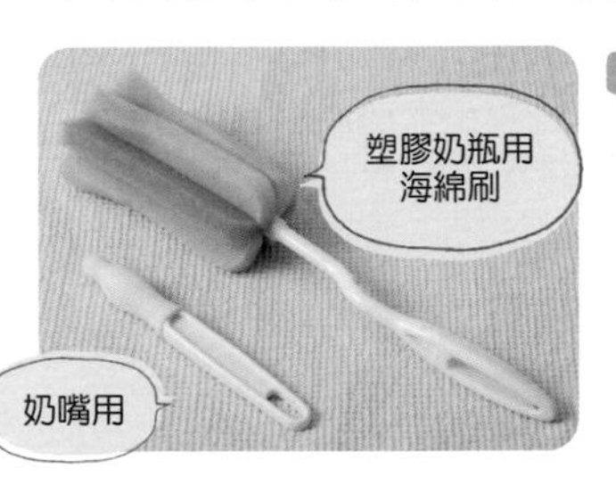

準備的工具

- 奶瓶專用洗潔精
- 奶瓶刷（玻璃奶瓶用尼龍刷、塑膠奶瓶用海綿刷）
- 奶嘴刷

用肥皂清洗手指後，分解奶瓶的配件。

1. 用奶瓶刷清洗奶瓶
2. 用奶嘴刷清洗奶嘴
3. 沖水
4. 晾乾後消毒

奶瓶如何消毒？

奶瓶和奶嘴清洗完要消毒。

煮沸	用乾淨的鍋子將水煮沸之後，放入奶嘴和奶瓶。奶嘴煮沸3分鐘左右，奶瓶煮沸10分鐘左右。
微波爐	將洗好的奶瓶和奶嘴放入專用容器內，以微波爐加熱消毒。
消毒水	在自來水裡添加藥品製成消毒水，浸泡洗好的奶瓶和奶嘴消毒。

哺乳的方法

配方奶哺乳的方法和抱法基本上都與親餵母乳時一樣（P28）。**眼睛要直視寶寶、邊跟他說話邊餵。**如同餵哺母乳時深含至乳暈，**奶瓶也讓寶寶深含至看不見奶嘴的話，寶寶會吸得比較順暢。**

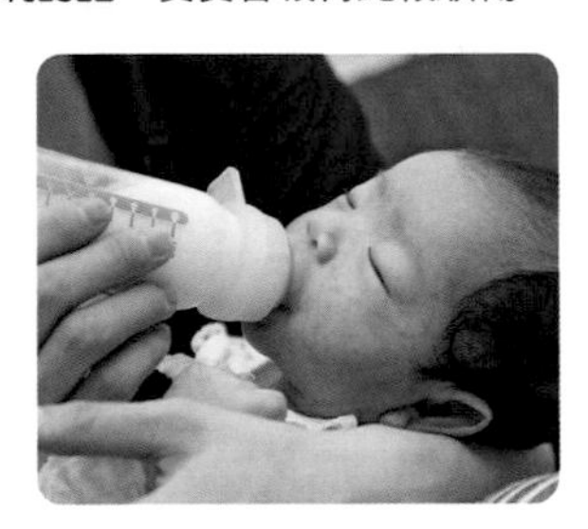

玻璃製和塑膠製的優點、缺點

	玻璃製	塑膠製
優點	●配方奶容易冷卻 ●不易刮傷，可防止細菌滋生 ●為耐熱製品，耐煮沸消毒	●輕便易攜帶 ●不需擔心會破
缺點	●較重、容易碎裂，外出時較不放心	●配方奶冷卻較花時間 ●容易沾附味道和刮傷

關於配方奶的Q&A

Q 奶瓶消毒最好持續到什麼時候？

A 使用奶瓶的期間都消毒比較安心。

新生兒抵抗力較弱，因此清洗後必須消毒。在那之後到開始吸手指的6～7個月大左右為止，或是有使用奶瓶的期間，盡量都消毒會較為安心。

Q 寶寶抗拒奶瓶。有什麼辦法嗎？

A 更換奶嘴看看。

更換奶粉品牌也一樣抗拒的話，先試著更換奶嘴看看。常有寶寶不喜歡特定的材質。可以更換目前所用奶嘴的材質，或是換成不同吸孔的奶嘴試試。

也可能是對配方奶的溫度有某個偏好。

換尿布

尿布髒了就要馬上換。換尿布時要準備的東西有：新尿布、尿布墊、放穢物的塑膠袋。基本上寶寶的腳會呈M字型，**要輕輕把腳抬高，不要妨礙關節的活動。**

紙尿布和布尿布的優點、缺點

尿布有分紙尿布和布尿布，各有優缺點，不妨選擇媽媽、爸爸覺得好用的。

紙尿布	布尿布
優點 ● 吸水性佳，不易外漏 ● 可用過即丟	**優點** ● 可反覆使用，較為經濟 ● 髒的話寶寶容易感覺不舒服，容易察覺尿布髒了
缺點 ● 使用過即丟，所以成本較高 ● 寶寶較不容易感覺不舒服，因此尿布髒了也難以察覺	**缺點** ● 需花費準備的費用 ● 清洗的次數多

紙尿布的換法

1 把新尿布鋪在下方

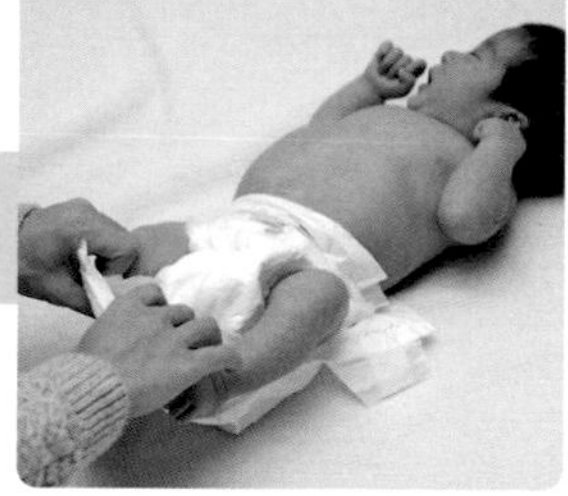

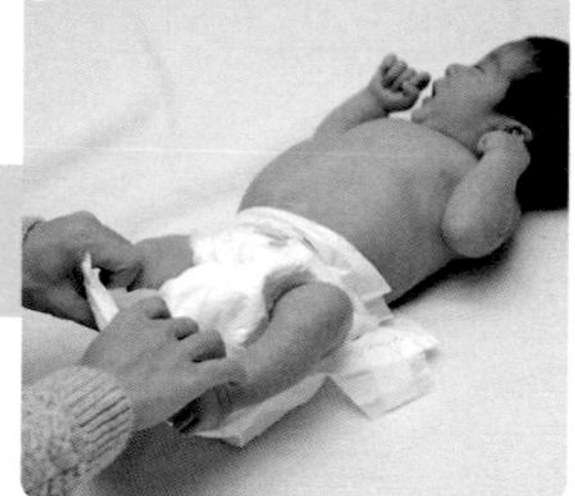

攤開新尿布，**為防止外漏，先把內側的摺邊豎起來**，再鋪在穿著的尿布下方。往裡面塞，讓上端差不多到肚臍的位置。

新生兒的大便特別稀，要確實把摺邊豎起來以免外漏。

2 連夾縫處都要擦拭乾淨

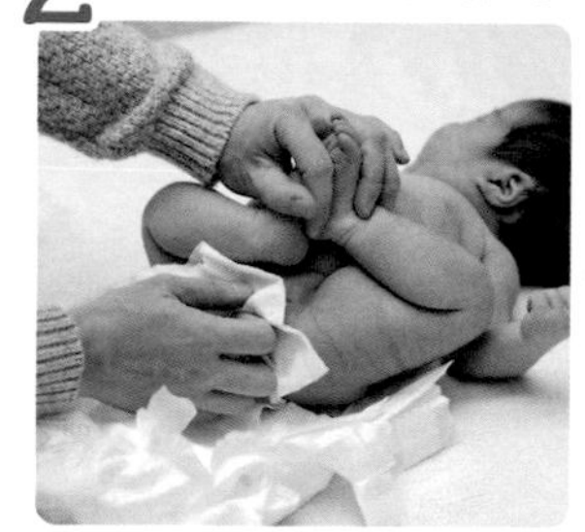

大便的話，夾縫處也要用濕紙巾擦乾淨。女寶寶要從前往後擦，以免大便進入尿道。

3 抽出髒尿布

輕輕抬高屁股，把髒尿布抽出來。屁股濕濕的容易起疹子，**因此要確實擦乾屁股再墊新尿布。**

輕輕鬆鬆

為因應換尿布時寶寶突然尿尿，建議附近先準備好面紙或毛巾。

4 整理摺邊

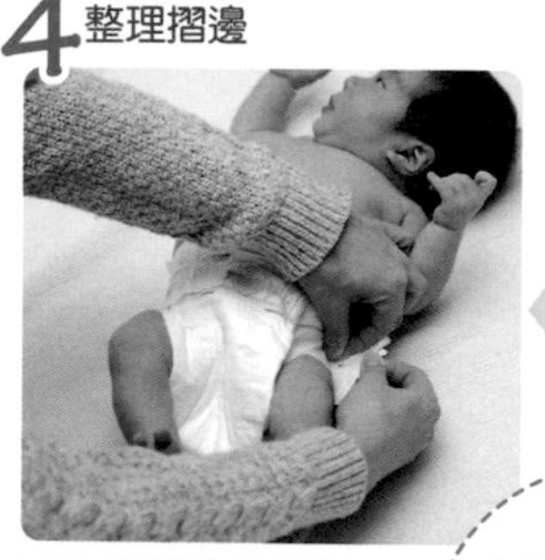

以手指如描線般將摺邊貼合胯下。腰圍部分參考尿布上的標記，左右平均把膠帶黏起來。

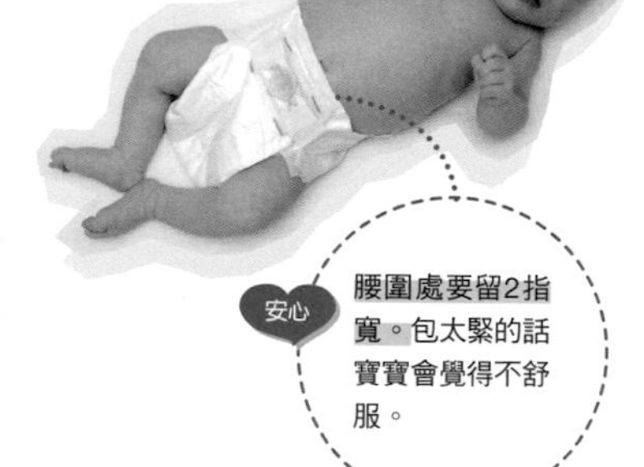

腰圍處留2指寬

安心

腰圍處要留2指寬。包太緊的話寶寶會覺得不舒服。

紙尿布的丟棄法

有大便時，先用馬桶把大便沖掉。濕紙巾放進尿布裡，**從近身處往前捲，最後用左右的膠帶黏起來。**裝進尿布專用處理器或除臭袋等等，依照各地方政府的規定丟棄。

布尿布的換法

1 擦拭髒汙

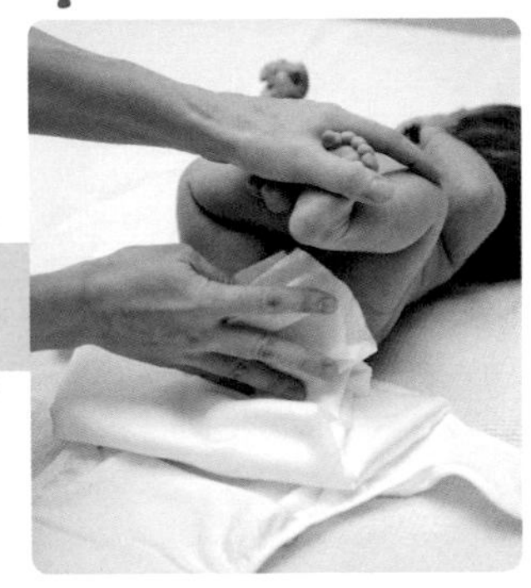

打開尿布兜，用布尿布沒有髒汙、乾的部分輕輕擦去髒汙。

2 用濕紙巾擦拭

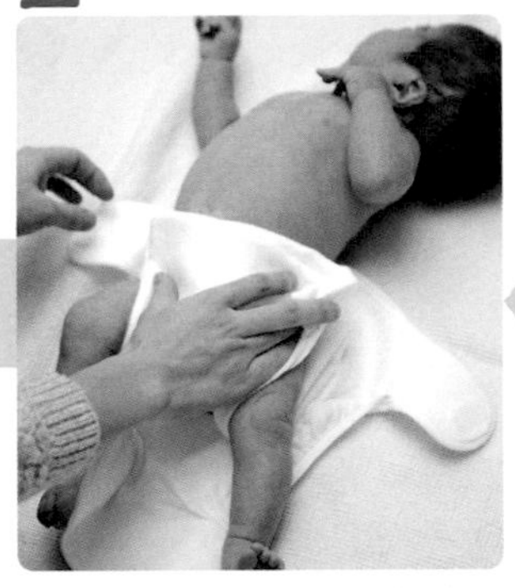

用濕紙巾仔細擦去皮膚皺褶和夾縫處的髒汙。輕輕抬起寶寶的屁股，抽出髒尿布、墊上新尿布。

3 調整尿布在尿布兜內

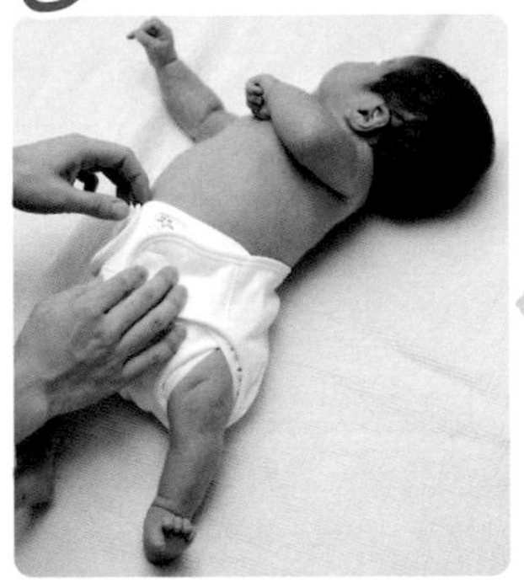

檢查尿布是否跑出尿布兜外。將膠帶左右平均、保持寬鬆黏起來。

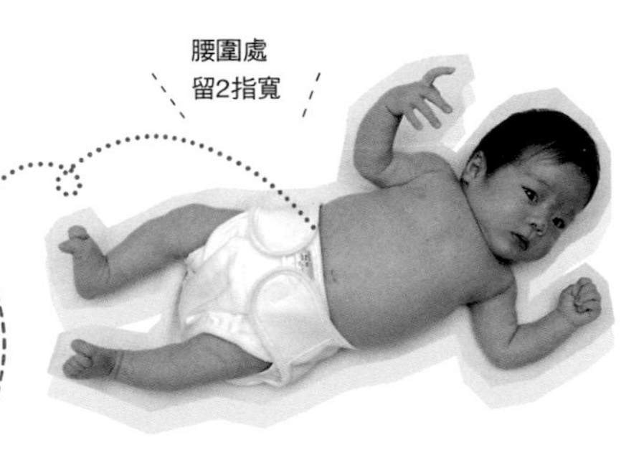

安心

要留意避免尿布跑出尿布兜。腰圍處留2指寬。腰圍太過寬鬆有可能會造成外漏。

輕輕鬆鬆

事先準備稍微清洗用及浸泡用的2個桶子會比較方便。

布尿布的清洗方法

有大便時，先用馬桶把大便沖掉。在裝有水或熱水的桶子裡加入洗衣精，放入尿布浸泡後再手洗。之後再和其他衣物分開單獨用洗衣機清洗、晾乾。

布尿布的摺法

配合月齡和尿量改變摺法。

摺疊前的布尿布

低月齡（0～3個月）尿量較少時

把長邊對摺成正方形。

四個角落往中間摺，摺成更小的正方形。

轉個方向，左右對摺成長方形。

3～4個月大以後尿量增多時

長邊摺成三等分。

為了增加尿布的厚度，再左右對摺。

肚衣、嬰兒服的選擇方法

組合的基本是「肚衣＋嬰兒服」。考慮到成長的話，一般很容易選擇偏大的尺寸，但應選擇適合身高和體重的合身尺寸。合身的話，活動便利性、保暖性、吸水性才能發揮其效果。材質則建議選擇吸水性、吸汗性優異的100％純棉。

肚衣、外衣的種類

肚衣

短版肚衣

四季都可以穿，衣長較短，換尿布比較方便。**建議穿到3個月大為止。**寶寶的活動變得活躍以後就換成蝴蝶裝。

長版肚衣

到腳整個包起來的形狀，在寒冷的時節外出時很方便。但缺點是容易往上滑動、容易敞開。並非必備的衣物。

蝴蝶裝肚衣

胯下用暗扣扣起來的類型。不容易敞開，從雙腳活動變得活躍的**3個月大～1歲左右，可以穿的時間很長。**也可以穿在短版肚衣外面。

嬰兒服

嬰兒洋裝
（新生兒洋裝）

胯下敞開，換尿布很輕鬆的外衣。雙腳活動變得活躍後很容易敞開，因此**只能穿到出生後1個月左右。**

兩用裝（妙妙裝）

依暗扣的扣法可有2種穿法。需頻繁更換尿布的新生兒期穿裙裝，雙腳開始會活動時就改穿褲裝。

連身褲
（兔裝）

包住全身、連身式的外衣。優點是保溫性佳。**動來動去也不會露出肚子，因此可以當成睡衣來穿。**

配合月齡和季節的搭配組合法

6～11個月

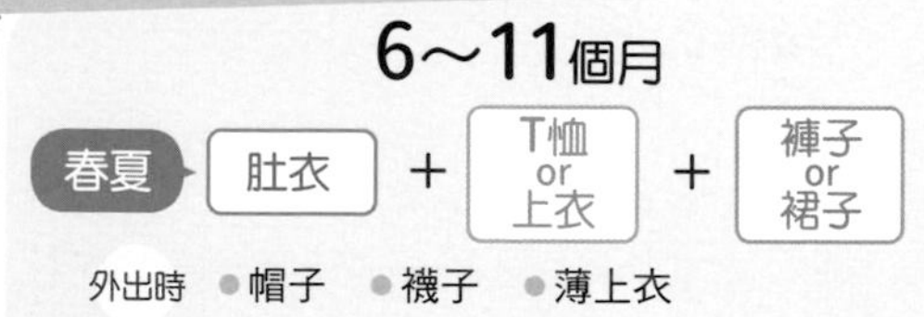

外出時 ●帽子 ●襪子 ●薄上衣

外出時 ●外套 ●帽子 ●襪子

安心

會爬或扶站等等，當寶寶的活動變得活躍以後，建議選擇不會妨礙活動的上下身分開的兩件式類型。
超過1歲以後，肚衣也選用套頭式的，更能避免妨礙活動。

0～5個月

外出時 ●帽子 ●襪子 ●薄上衣

外出時 ●外套 ●帽子 ●襪子

安心

新生兒時期寶寶還無法順利調節體溫，所以要「比大人多穿1件」，出生1個月後則「和大人一樣」，以此為基準。活動變得活躍的3個月大以後，建議穿不易敞開的蝴蝶裝肚衣及連身褲。

穿法

在舒適的環境更換，避免在寒冷的房間、冰冷的地板換。**寶寶的關節和骨骼都尚未發展完全，不只是脖子，手腕、腳踝都要輕柔地托住。**

準備

蝴蝶裝肚衣

短版肚衣

把蝴蝶裝肚衣攤開，上面放上短版肚衣，並把各自的衣袖開口打開，將內外袖子重疊。

輕鬆 只需把光著身體的寶寶放上去，三兩下就能迅速換好衣服。

1 接住寶寶的手

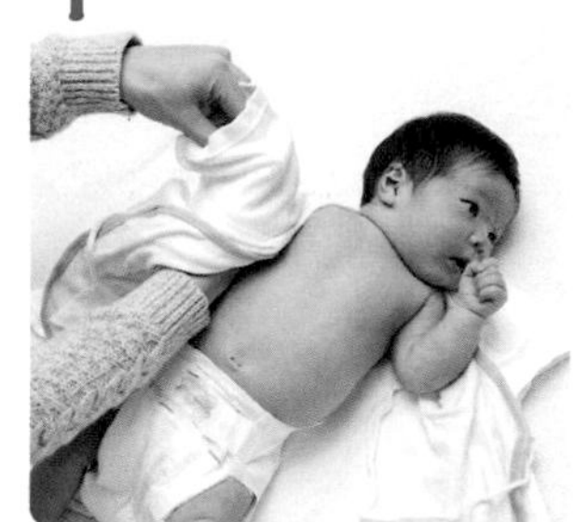

把寶寶的手放進肩膀的開口，媽媽則把手從袖口伸進去，把寶寶的手接過來。不是拉寶寶的手，而是拉衣服。

2 內側的帶子打結

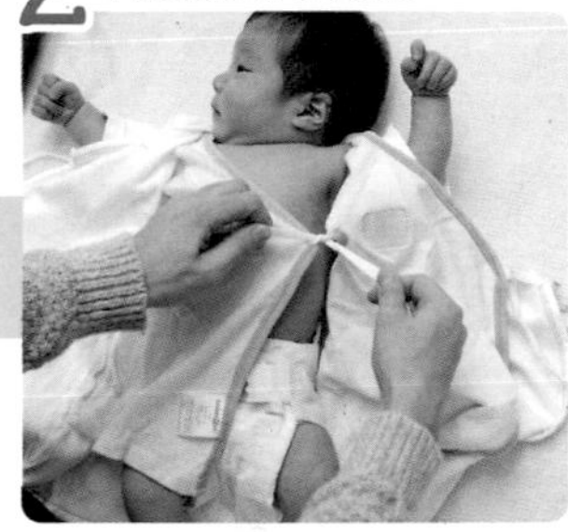

兩邊的手臂都穿過去之後，把肚衣前襟內側的帶子綁緊。要綁得無法馬上解開。

3 外側的帶子打結

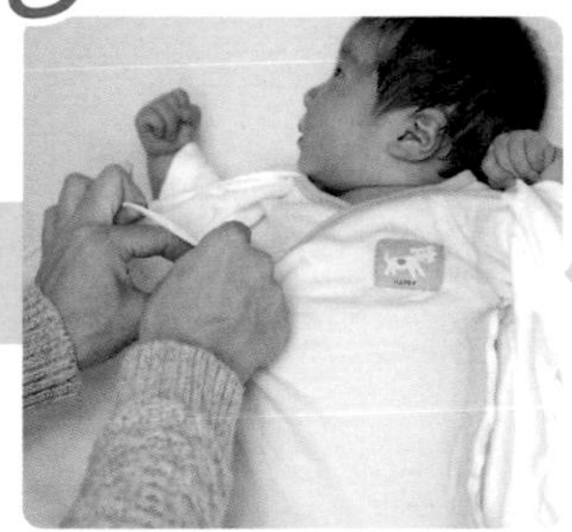

把肚衣的前襟拉過來，確實交疊好。整理整齊以後，綁上短版肚衣外側的帶子。

4 扣上側邊

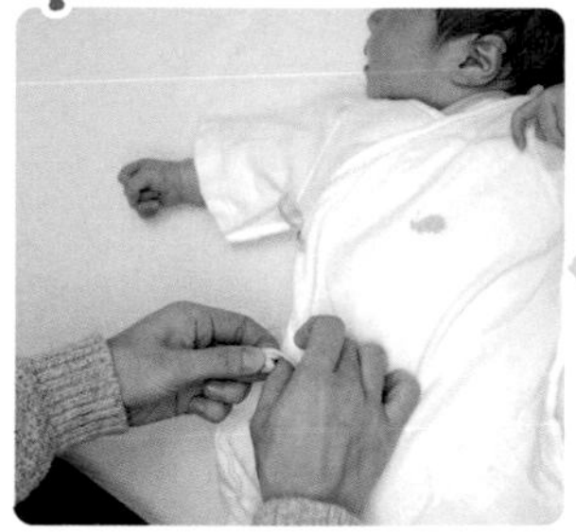

綁上外側蝴蝶裝肚衣的帶子，扣上身體側邊的扣子。

換裝時的Q&A

Q 襪子是必要的嗎？

A 外出時是有必要的。

襪子的功能是保溫、吸汗、保護皮膚，基本上在室內並不需要。外出時為了禦寒，建議幫寶寶穿上。

Q 如何分辨寶寶熱或冷？

A 觸摸身體確認。

肚子、大腿、屁股等衣服包住的部分如果涼涼的，就表示寶寶會冷。脖子後面或背部出汗的話則表示太熱。

Q 什麼時候開始穿上下身分開的兩件式

A 寶寶會坐之後。

以寶寶差不多會坐之後為基準。寶寶的腰部變得有力後，就比較容易幫寶寶穿T恤等衣物。

Q 什麼時候要換衣服？

A 並沒有次數規定或準則。

寶寶光是哺乳也會流很多汗。一起床、午覺後、玩耍後、洗澡後等等，要觀察寶寶的情況，如果有流汗就要換衣服。

先準備好！

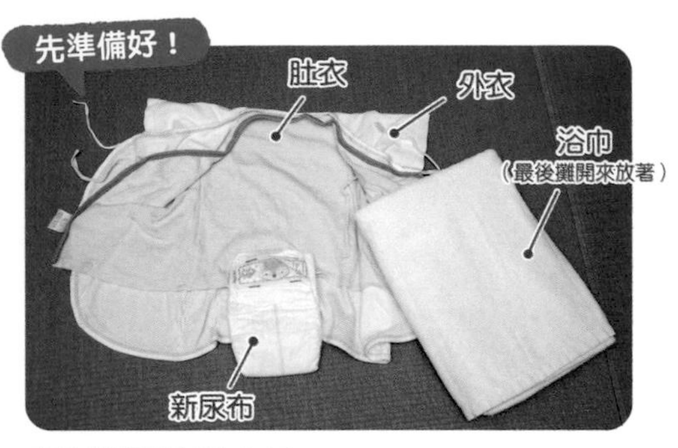

事先攤開備用的物品

換穿的衣物和尿布要事先攤開備用，以便沐浴後能馬上穿衣服。疊放方法和換衣服的準備一樣（P35），要先把袖口打開重疊。最後把浴巾攤開放在衣物上方。

準備的物品

水溫計
每次都要測量。調整到38度左右。

嬰兒浴盆
準備適合沐浴場所大小的尺寸。

紗布巾
蓋肚子或肥皂起泡時使用。

臉盆
用來裝最後沖洗用的熱水備用。

沐浴精、嬰兒肥皂
建議使用低刺激性的嬰兒用品。

沐浴

由於寶寶的新陳代謝和皮脂分泌都很旺盛。沐浴可以保持皮膚清潔，防止濕疹、汗疹等皮膚問題。

建議1天1次、沐浴5～10分鐘左右。流很多汗的夏天也可以1天洗2次澡。

1 從腳開始慢慢入水

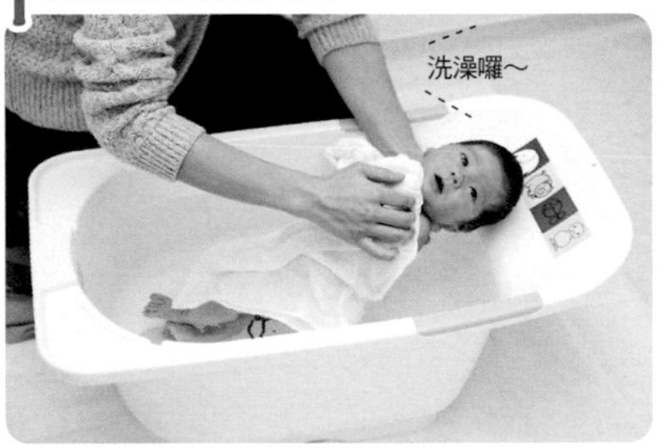

熱水的溫度約38度左右。大人可以用手肘沾水確認，水溫大概是感覺有點溫溫的程度。為避免寶寶驚嚇，要一邊告訴寶寶「洗澡囉～」，一邊從腳開始慢慢浸入熱水。用大的紗布巾蓋住肚子的話，寶寶會比較安心。

安心

整個身體都蓋上紗布巾的話，寶寶會比較安心，就不會亂動。

2 從臉開始洗

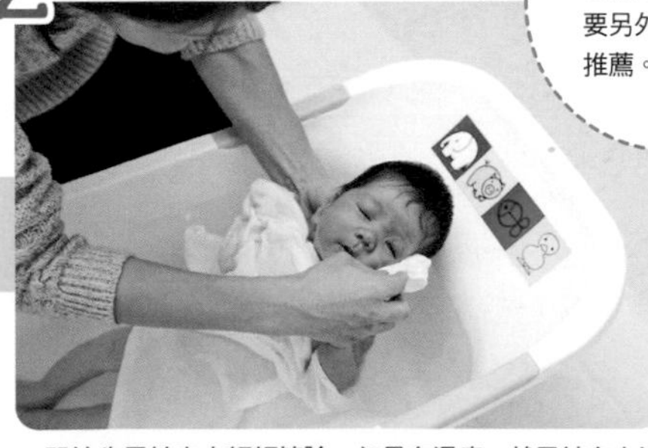

輕輕鬆鬆

肥皂如果是泡沫壓瓶式的就不需要另外起泡，很推薦。

一開始先用紗布巾輕輕擦臉。如果有濕疹，就用紗布巾沾肥皂起泡後清洗。洗的順序是①臉→②頭→③脖子、胸前、肚子→④手腳→⑤背、屁股、胯下。

3 洗頭

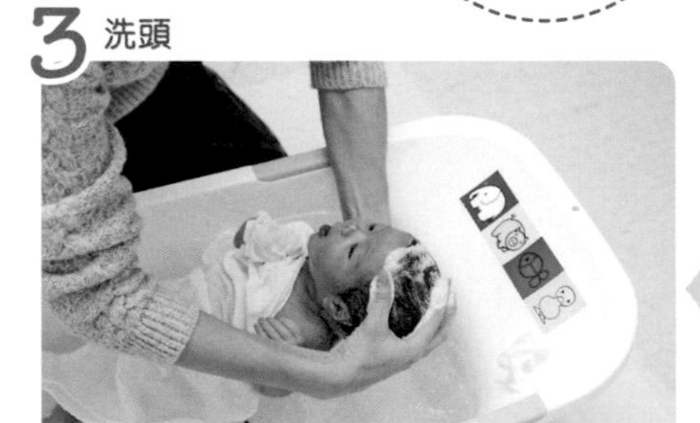

接著洗頭。如果擔心頭皮的濕疹等問題，就用充分起泡的肥皂或嬰兒洗髮精清洗。需仔細沖洗乾淨，不要殘留。

4 洗脖子、胸前、肚子

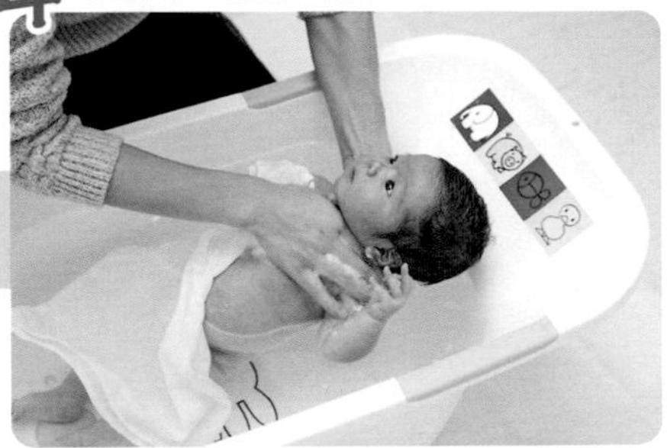

用紗布巾、**指腹及手掌輕輕清洗**。肚子用畫圓的方式洗。

5 洗手腳

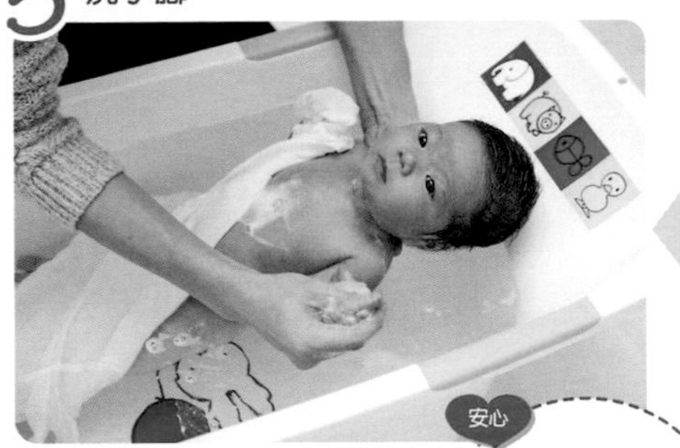

洗手腳。由於寶寶的手一直緊握著，容易積灰塵等東西，**因此要輕輕打開，把手指一根一根清洗乾淨。皺褶裡也一樣洗乾淨**。腳也一樣。

安心

洗完手後要馬上沖掉泡泡，以免寶寶舔到手上的肥皂而嚇哭。

6 洗背部、屁股、胯下

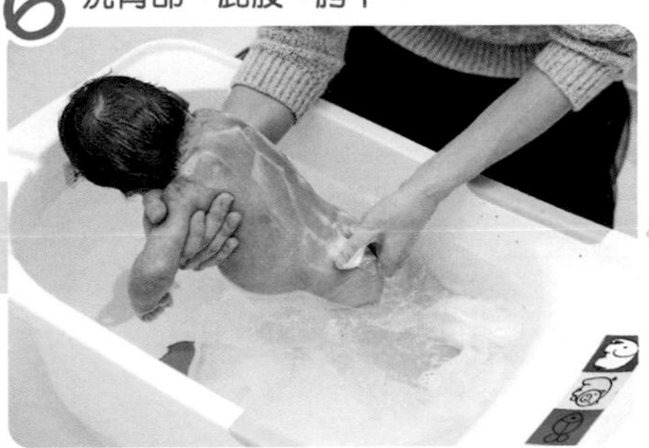

把身體翻過來，讓寶寶的下巴靠在大人的手腕上，清洗背部。**寶寶的雙臂要掛在大人的手臂上**。胯下等皮膚的皺褶處也要確實洗乾淨。

7 沖淋熱水

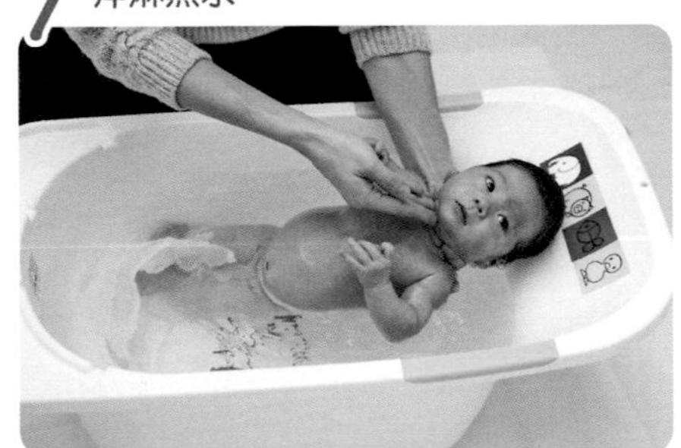

再次仰躺過來，**最後淋上事先準備好的沖洗用的熱水就結束了**。

8 輕壓擦乾

完成

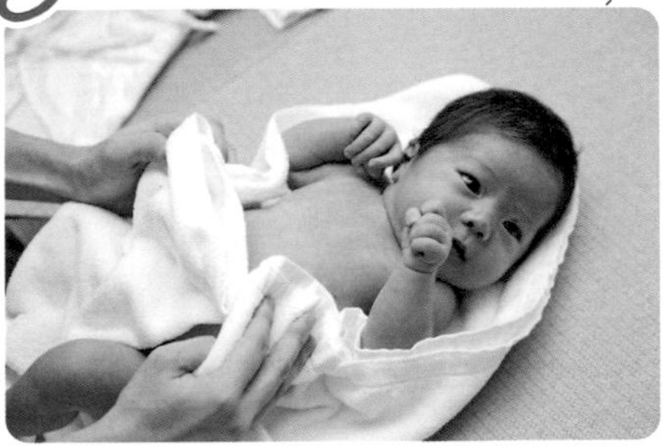

用事先準備好的浴巾把寶寶全身包起來，擦去水分。不要用力摩擦，**請以雙手輕輕按壓，讓毛巾吸收水分**。腋下和脖子皺褶處也別忘了擦乾。

嬰兒浴盆該怎麼選擇？

建議選擇適合家庭的商品

嬰兒浴盆只會在1個月的沐浴期間用到，因此很多人會猶豫該買哪一種。有材質堅硬的、充氣式的和摺疊式的等等。材質堅硬的較為穩定，也有排水塞；充氣式的在不使用時可以消氣收納起來；摺疊式的也一樣。其他還有使用收納衣服的箱子，或是在洗臉台洗的方法。

＼ 1個月健檢後就OK！／

和大人一起泡澡時

事先做好充分準備是順利泡澡的要訣

要訣①

別忘了準備替換的衣物、新尿布、洗身體用的紗布巾、肥皂、浴巾、沐浴躺椅（媽媽或爸爸在洗自己的身體時，先讓寶寶躺著的地方）。

要訣②

可以分工，讓爸爸負責沐浴、媽媽負責穿衣等等。

要訣③

媽媽單獨和寶寶洗的時候，更要做好萬全的準備，以避免手忙腳亂。建議在各個使用的場所備好需要的物品。

和大人一起泡澡的方法

❶ 讓脫好衣服的寶寶在浴室等待。
※讓寶寶在脫衣處等待時，要打開浴室的門讓寶寶能看到媽媽的臉。

❷ 媽媽先沖洗身體。

❸ 洗寶寶。抱著寶寶從臉開始往下洗。

❹ 抱著寶寶浸泡到浴缸裡。
※寶寶容易頭昏，切勿浸泡太久。

❺ 用浴巾擦乾寶寶。換好寶寶的衣服後，媽媽也穿好衣服。

安心

沐浴躺椅從新生兒時期開始就能使用。是具有防水性、以柔軟的材質製成的沐浴用椅。也可以使用海綿製成的沐浴墊，或是先讓寶寶躺在浴室防滑墊上。

輕輕鬆鬆

在脫衣間的地板上鋪上坐墊，上面先準備好浴巾和換穿的衣物，會比較方便。泡澡出來就可以馬上幫寶寶穿衣服。

眼睛、耳朵、鼻子的清潔

沐浴後或泡澡後是幫寶寶清潔身體的絕佳時機。不妨幫寶寶把洗澡時沒辦法洗的鼻子和耳朵也清潔得清清爽爽、乾乾淨淨。**一邊仔細查看寶寶的眼睛、鼻子、耳朵、肚臍等全身狀態，同時檢視健康狀況。**如果寶寶亂動很難剪指甲，也可以利用午睡的時機剪。

使用的物品

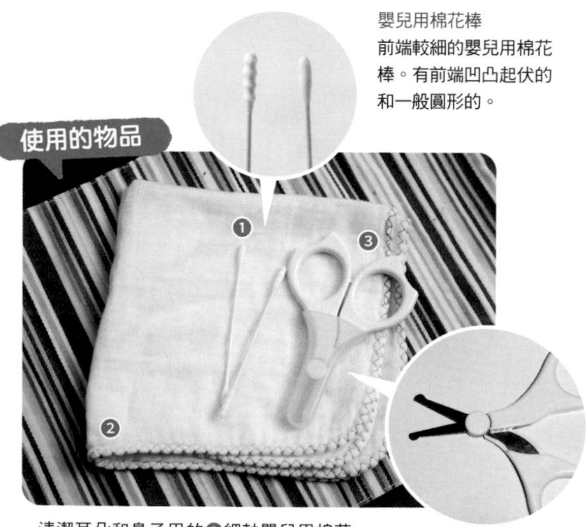

嬰兒用棉花棒
前端較細的嬰兒用棉花棒。有前端凹凸起伏的和一般圓形的。

清潔耳朵和鼻子用的❶細軸嬰兒用棉花棒（前端部分也細的嬰兒專用棉花棒）。❷清潔眼睛、耳朵用的紗布巾。❸剪刀前端是圓頭的嬰兒指甲剪刀。

嬰兒指甲剪刀
剪寶寶柔軟指甲專用的剪刀。前端做成圓頭，不會傷到寶寶。

助產師建議

寶寶亂動無法順利清潔時，建議趁睡覺時進行。此外，寶寶抗拒而哭不停的時候就先暫停，等寶寶不哭了、冷靜下來之後再試試看。

鼻

牢牢扶住寶寶的頭，用嬰兒用棉花棒伸進鼻孔轉一轉，黏取鼻孔附近的髒汙。由於很危險，切勿深入到鼻子深處勉強清潔。

寶寶流很多鼻水時，用稍微降溫的熱毛巾加濕軟化後再擦拭。泡澡時輕捏鼻子讓鼻水流出也很有效。

眼

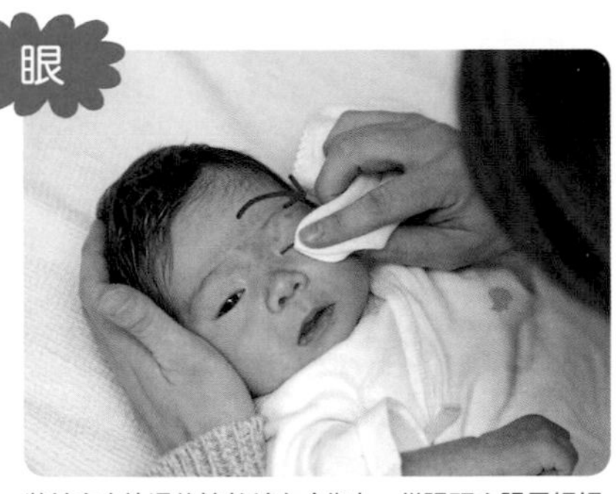

將紗布巾沾濕後擰乾纏在食指上，從眼頭向眼尾輕輕擦拭。一邊擦完後，把紗布巾翻面擦另一隻眼睛。

安心

除了洗澡時擦洗之外，有眼屎時就要擦拭。

指甲

寶寶的新陳代謝旺盛，一轉眼指甲就長長了，前端變白就該剪了。為避免剪到肉，要一次剪一點點。指甲變硬以後，就改用和大人同類型的指甲剪。

輕輕鬆鬆

腳趾甲則將肉往下壓著剪。腳趾甲長得比手指甲慢。

肚臍

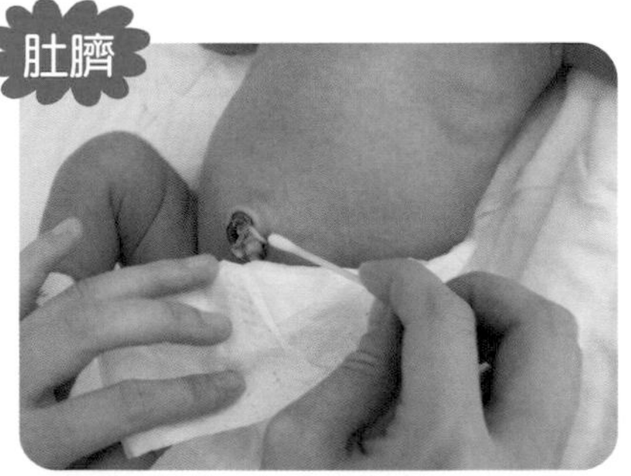

臍帶脫落後，肚臍還濕濕的期間都必須以酒精消毒。拉開肚臍周圍的皮膚，連肚臍窩也要確實消毒。消毒後靜待乾燥。

安心

耳垢會自然跑到外面。棉花棒伸到太裡面會傷到耳朵。

耳①

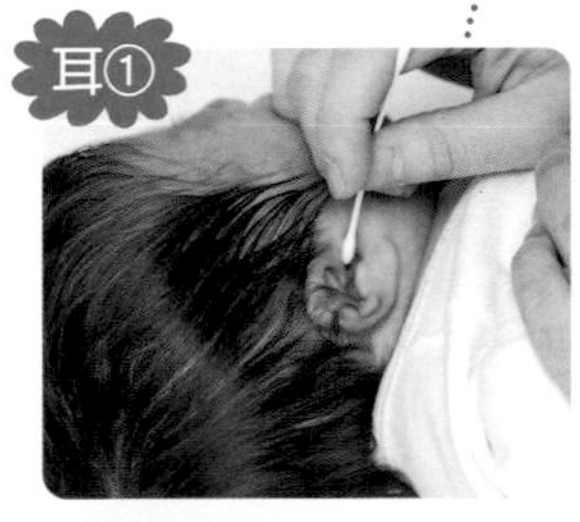

洞口

棉花棒不可深入耳朵深處，以免傷及黏膜或反而把耳垢往裡面推。只要用棉花棒前端輕輕擦去洞口附近的髒汙就夠了。

耳②

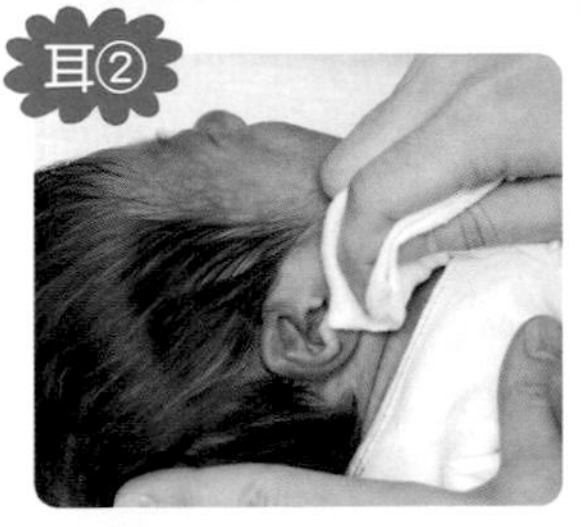

耳溝

用沾濕的紗布巾擦拭耳溝。如果擦不掉的話就用棉花棒。建議在泡澡後清理，汙垢較容易去除。

耳③

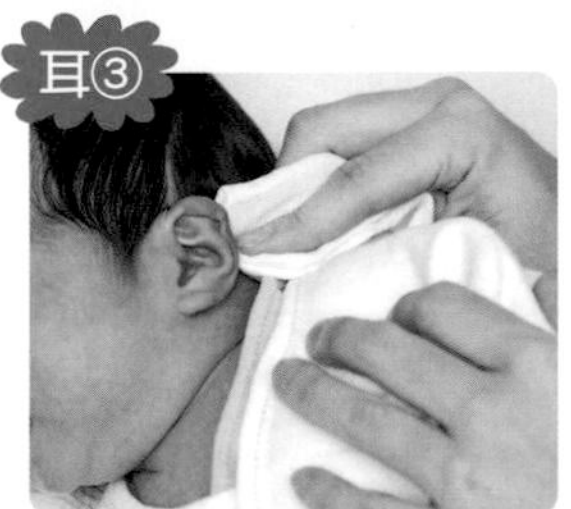

背面

這部位意外地容易堆積髒汙，也是清理時很容易忘記的部分。要用沾濕的紗布擦拭。耳朵即使沒有每天清理也OK，覺得有髒汙時再清理即可。

生產・育兒相關補助事宜

各地方政府及公司行號要準備的資料可能會有所差異，事前先確認好比較安心。

當寶寶出生後，媽媽除了可以透過各縣市申請生育補助之外，有投保勞保、國民年金或農保者也可以擇一申請生育給付。而寶寶可在辦理出生登記時，同時辦理健保加保及申領健保卡。另外，除了全台適用的育兒津貼、托育補助等，部分縣市也有自行規畫專案補助，這部分最好事前確認應該備妥的資料及申請時間。

《性別工作平等法》與生產、育嬰相關條文的修正案，也自111年1月18日施行。包含產檢假日數增加為7日；「陪產檢及陪產假」也增加為7日。而且不論配偶是否就業，親職雙方皆可選擇是否同時申請育嬰留職停薪或家庭照顧假。另配合《就業保險法》第19條之2新修正規定，親職雙方可同時請領育嬰留職停薪津貼。

出生登記・健康保險

依《戶籍法》規定，出生登記的申請期限是自胎兒出生日起60日內。目前有2種申請辦法，可持相關紙本資料至戶政事務所申請，或使用自然人憑證在內政部戶政司網站線上申辦。新生兒可在辦理出生登記時，同時辦理健保加保及申領健保卡。若以紙本申請時，必須備妥出生證明書（需正本）、戶口名簿、申請人國民身分證、印章（或簽名）等相關資料。申請出生證明書時，通常須檢附身分證明文件，且依醫療院所等規定有時可能需要付費。

中央育兒津貼

實際年齡未滿2歲的本國籍兒童，且請領當時符合:①完成出生登記或初設戶籍登記，②父母雙方或監護人經稅捐稽徵機關核定最近一年之綜合所得稅稅率未達20%，③未接受公共化或準公共托育服務，④未經政府公費安置，即可由申請人攜帶申請表（以各鄉（鎮、市、區）公所提供的表格為主）、申請人及兒童之身分證明文件、郵局（或地方政府指定之金融機構）帳戶封面面影本及相關證明文件「親送」到兒童戶籍地的鄉（鎮、市、區）公所提出申請。

2022年育兒津貼・托育補助一覽表

◎本表以第1胎為例，2胎、3胎以上再加發		2021年8月起	2022年8月起
0～未滿5歲育兒津貼		3500／月	5000／月
0～2歲托育補助	公共化	4000／月	5500／月
	準公共	7000／月	8500／月

※低收／中低收入戶家庭0～2歲托育補助再加發，2～6歲就讀平價幼兒園「免費」。

兒童健康檢查補助

國民健康署針對未滿7歲的兒童，提供了7次免費預防保健服務，請依補助時程攜帶健保卡及兒童健康手冊至醫療院所檢查。3歲以前的健檢項目詳見以下說明。

◆出生～2個月
身體檢查：身長、體重、頭圍、營養狀態、一般檢查、瞳孔、對聲音之反應、唇顎裂、心雜音、疝氣、隱睪、外生殖器、髖關節篩檢
問診項目：餵食方法
發展診察：驚嚇反應、注視物體

◆2～4個月
身體檢查：身長、體重、頭圍、營養狀態、一般檢查、瞳孔及固視能力、肝脾腫大、髖關節篩檢、心雜音
問診項目：餵食方法
發展診察：抬頭、手掌張開、對人微笑

◆4～10個月
身體檢查：身長、體重、頭圍、營養狀態、一般檢查、眼位、瞳孔及固視能力、髖關節篩檢、疝氣、隱睪、外生殖器、對聲音之反應、心雜音、口腔檢查
問診項目：餵食方法、副食品添加
發展診察：翻身、伸手拿東西、對聲音敏銳、用手拿開蓋在臉上的手帕（4至8個月）會爬、扶站、表達「再見」、發ㄅㄚ、ㄇㄚ音（8至9個月）
※牙齒塗氟：每半年1次

◆10個月～1歲半
身體檢查：身長、體重、頭圍、營養狀態、一般檢查、眼位、瞳孔、疝氣、隱睪、外生殖器、對聲音反應、心雜音、口腔檢查
問診項目：固體食物
發展診察：站穩、扶走、手指拿物、聽懂簡單句子
※牙齒塗氟：每半年1次

◆1歲半～2歲
身體檢查：身長、體重、頭圍、營養狀態、一般檢查、眼位【須做斜弱視檢查之遮蓋測試】、角膜、瞳孔、對聲音反應、口腔檢查
問診項目：固體食物
發展診察：會走、手拿杯、模仿動作、說單字、了解口語指示、肢體表達、分享有趣東西、物品取代玩具
※牙齒塗氟：每半年1次

◆2歲～3歲
身體檢查：身高、體重、營養狀態、一般檢查、眼睛檢查、心雜音、口腔檢查
發展診察：會跑、脫鞋、拿筆亂畫、說出身體部位名稱
※牙齒塗氟：每半年1次

各月齡

寶寶的發育、發展與生活、擔憂事項Q&A

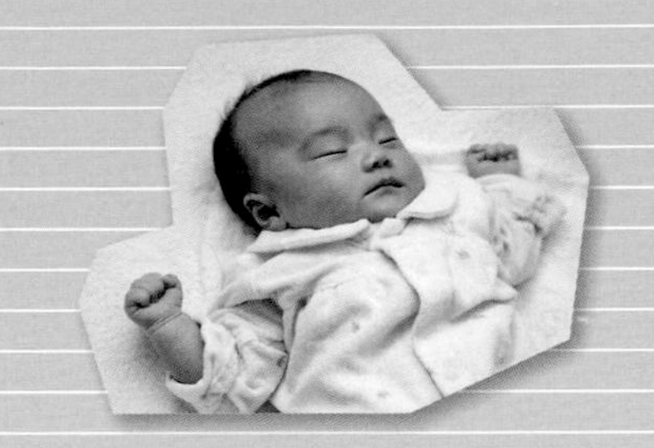

從新生兒到會站、從蹣跚學步到運動機能變得發達、自我意識也萌芽，寶寶0～3歲的成長速度相當驚人。本篇將介紹各個月齡、年齡的發展狀態、生活作息等等。每個寶寶的發育、發展都有個別差異，因此不妨靜候孩子自己的步調。

這個時期寶寶的發音、發展

⇨睡覺和哺乳漸漸變得有規律

出生1個月以後就不再是「新生兒」，寶寶喝母乳或配方奶的技巧已經漸漸熟練、也能順利調節體溫，白天醒著的時間也變長了。

出生 1個月

眼睛 眼睛能夠對焦了

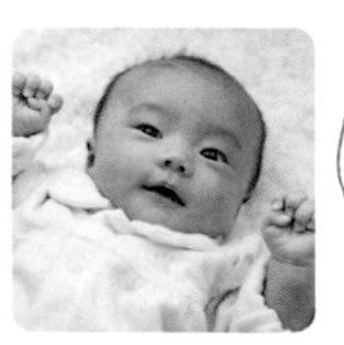

開始會盯著近處色調鮮明的東西看。

手 拳頭打開了

啪～

盯～

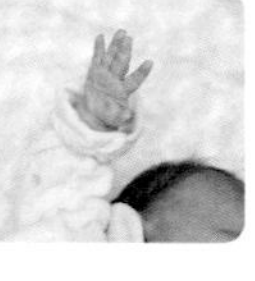

一直緊握的拳頭稍微打開了。

身長	
男寶寶	50.9～59.6cm
女寶寶	50.0～58.4cm

體重	
男寶寶	3530～5960g
女寶寶	3390～5540g

※出生1個月～未滿2個月的身長及體重參考值。

聲音 會發出「啊」、「嗚」這些聲音

這是牙牙學語的開始。有時還會發出撒嬌般的聲音。

安心 是否需額外追加配方奶的要點

由於寶寶的吸吮力變大、一次喝的奶量增加，使得哺乳間隔拉長了。這時媽媽可能會開始擔心母乳不足的問題。**建議看看寶寶體重的增加狀況、情緒、尿尿的次數及排便等全身的狀態。**如果情緒良好，尿量也多，體重逐步增加的話，不需額外追加配方奶也無妨。如果擔心的話，不妨記錄下生活的節律（哺乳、睡覺、排便的時間和次數），1個月健檢時諮詢醫生看看。

輕輕鬆鬆 偶爾展露笑臉

新生兒時期的笑臉屬於生理上的「新生兒微笑」（P23），**但到了1個月大，有時也會出現像是開心而笑的表情。**當寶寶發出「啊」的聲音時，媽媽不妨試著回應，讓寶寶知道有人會回應自己。

手腳 會用力揮動手腳

有時還會踢被子或是敞開肚衣的前襟。

開始外出透氣。也可以和大人一起泡澡

這個時期的寶寶體重比起剛出生時增加1～2kg之多，體態變得圓潤。身體動作變得活躍，會用力揮動手腳，也會朝頭的方向往上蹭，有可能差點就從沙發或床上摔下來，因此要多多留意。另外，頭也開始稍微能自己轉向了。這個時期視力也會逐步發展，30～40cm以內的話，寶寶會目不轉睛地盯著看。這個距離剛好是抱抱時寶寶與媽媽的臉的距離。抱抱時可以和寶寶對視，多對他說說話。如果寶寶發出了「啊」、「嗚」這些聲音，媽媽不妨回答「嗯嗯，怎麼了？」，或是抱抱他，享受肌膚接觸的時光。這都能作為說話的練習。

1個月健檢時會測量身體及檢查原始反射等等，對全身做細微的診察。1個月健診（P46）時，如果醫師說沒問題，就可以外出透氣，也可以開始和大人一起泡澡（P38）。

1個月大寶寶的1天

◎排便4～5次／1天

時間（AM 1:00 → 0:00）	事項
1:00起	睡覺、母乳①
	母乳②
6:00前後	母乳③
	起床、母乳④、心情愉快
12:00（PM）後	睡覺、母乳⑤
	哭鬧、母乳⑥
18:00後	洗澡、母乳⑦
	就寢、母乳⑧

哺乳後還是哭鬧不肯睡覺的情形變多了

讓寶寶躺在床上，一邊做家事一邊留意狀況

中午通常睡得久，媽媽可以趁這時候吃午餐

洗澡可以在媽媽吃晚餐前先完成

這個時期的爸爸應努力的事項

爸爸該支援的時期

媽媽的身體狀態雖然逐漸恢復了，但正為尚不熟悉的育兒奮鬥中。除了採買東西等家事以外，建議爸爸也要幫寶寶洗澡、餵配方奶等等，積極參與育兒。此外，也要對每天努力育兒的媽媽說些感謝的話。

這個時期媽媽的狀態、和寶寶相處的方式

1個月健檢時也檢查媽媽的身體

1個月健檢（P46）不只是為了寶寶，也是為了確認生產後媽媽的身體狀況（產後的恢復狀況）。會進行尿液及血壓、血液檢查、確認子宮狀態、惡露檢查等等。也可以趁這個時候諮詢育兒相關煩惱以及疑問。

出生1個月的生活

清醒的時間增加 也可能日夜顛倒

雖然寶寶白天清醒的時間漸漸拉長了，但能夠區分日夜還是很久以後的事。有可能會日夜顛倒，半夜起來哭鬧。這時父母可以哺乳或抱起來輕搖，讓寶寶轉換心情。

佐藤梨乃花寶寶的例子

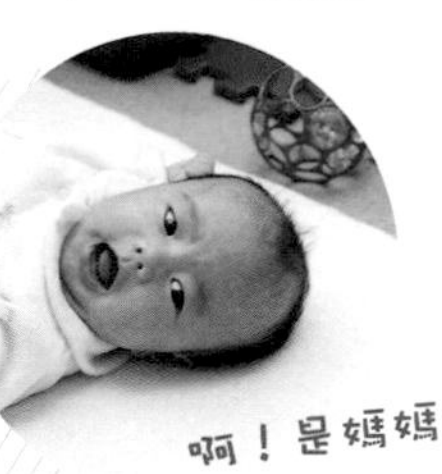

稍微會露出一些表情了。

啊！是媽媽

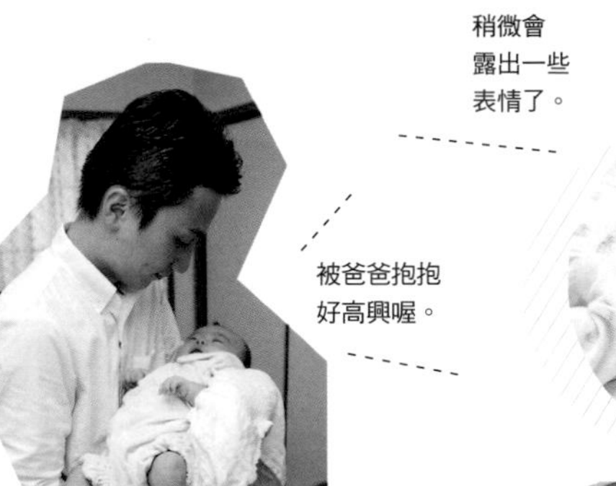

被爸爸抱抱好高興喔。

用揹帶揹到外面透透氣。好像很舒服地打起瞌睡來了……。

抱著輕輕搖啊搖，馬上就睡著了。

梨乃花寶寶的1天

時間	寶寶	家人
AM 1:00	配方奶	爸爸回家、洗澡
	睡覺	爸爸就寢
	配方奶（哭鬧著醒來）	
6:00	睡覺	爸爸、媽媽起床
	配方奶（心情愉快醒著）	爸爸、媽媽吃早餐
		媽媽洗澡
	洗澡	
	配方奶	
PM 12:00	睡覺	爸爸、媽媽吃午餐
	配方奶（哭鬧著醒來）	爸爸去上班
	配方奶	
18:00	哭鬧著醒來	
		媽媽吃晚餐
	配方奶（心情愉快醒著）	
	睡覺	媽媽就寢
0:00		

小兒科Dr.Advice
先記錄下體重

相信很多媽媽會擔心「寶寶哭個不停是因為母乳不夠的關係嗎？」，這時建議先確認一下體重。測量方法是先抱著寶寶量體重，之後放下寶寶只量媽媽的體重，兩者的差就是寶寶的體重。先記錄起來當成參考值。

安心

事先記錄下寶寶體重的話，健檢時比較容易跟醫師說明。

Q 乳頭裂傷了，非常疼痛

A 可能是寶寶含乳頭含得太淺。

讓寶寶確實深含乳頭，乳頭就不會裂傷。含乳含得太淺時，建議媽媽把手指從寶寶嘴角處伸進去，調整成含深一點。寶寶的嘴巴會隨著成長而變大，喝奶將會更加熟練。

安心

有一種稱為「乳頭保護器」的矽膠製器具，可以在哺乳的同時保護乳頭。很痛的話不妨使用看看。

Q 哺乳中只喝了一邊就睡著了

A 建議下次哺乳時先餵還沒喝的那邊。

只喝其中一邊就睡著的話，下次哺乳時就從還沒喝的那側乳房餵起。寶寶很常喝到一半睡著的話，可以調整一下，提早結束一側的時間，改讓寶寶換喝另一邊。

Q 拍嗝拍不出來

A 不用勉強打嗝也沒關係。

抱高讓寶寶的胸口靠在媽媽肩上拍嗝（P28），在熟練之前其實還滿困難的。拍嗝拍不出來的話，讓寶寶躺下時，維持背部稍微墊高的姿勢，有時就會打嗝了。可以用靠枕等物品墊在中間，調整高度。

有調整高度的話，即使吐奶了也可防止堵住氣管。

Q 躺著時頭總是朝同一個方向

A 過不久就會自己動了。

寶寶頭朝的方向也有偏好。一旦養成偏向某一邊的習慣，不免令人擔心頭型，不過再過不久寶寶就會自己隨意轉動脖子了，所以不用擔心。長時間一直朝著相同方向時，可以把躺的方向相反過來、幫寶寶變換頭的位置。

Q 罹患了尿布疹

A 用微溫的水清洗，等徹底乾燥後再包尿布。

出生後6個月左右之前，寶寶排便的次數較多，很容易形成尿布疹。大便後不可以用濕紙巾用力摩擦，建議用微溫的水清洗。如果有潰爛等發紅較嚴重的狀況時，建議到小兒科就醫。

是為了確認寶寶和媽媽的身體狀況

1個月健檢是嬰幼兒健康診察當中最初的健檢，最大的重點是確認體重的變化，可作為營養狀態和有無先天疾病的判斷材料。此外，也有媽媽的婦科健檢。

1個月健檢雖然不是義務，但為了確認寶寶和媽媽的身體狀況，建議接受診察較為安心。也可以諮詢育兒相關的不安等問題。

※台灣的健檢時程及項目，可參考第40頁。

健檢的基本是？

日本從出生1個月到3歲為止有7～8次的健檢（台灣則提供6次免費健檢），除了配合各個月齡的檢查項目以外，基本的測量與診察都是共通的（請參考下表）。

基本的測量和診察
（每次健檢都共通的項目）

- □測量身高 □測量體重
- □測量胸圍 □測量頭圍

- □髖關節脫臼 □視覺、聽覺
- □心音、內臟等內科方面的確認
- □確認皮膚是否濕潤、有無極端粗糙

測量

測量身高、體重、胸圍、頭圍，客觀檢視發育狀況。頭圍是觀察中樞神經的發育，胸圍是觀察臟器等軀幹的發育。

診察

以聽診器確認呼吸系統及內臟有無異常。**可以趁此機會諮詢醫師平常擔心的事項**，例如寶寶喝奶的狀況、媽媽母乳分泌的狀況、睡眠及排泄的狀況等等。

● 髖關節脫臼確認
抓住膝蓋和大腿，確認打開的狀況及彎曲狀況。

● 視覺、聽覺確認
視覺是看照光的反應、眼神是否對焦等等。聽覺則是觀察耳朵的聽力。

日本健檢的流程

健檢有分團體和個別。兩者流程大致相同，但依照健診月齡不同，區分為團體和個別其中之一。

團體健檢（3～4個月、1歲6個月、3歲健檢等）

地方政府來通知：收到健檢的通知。 → 需預約時：健檢必須預約時，與衛生所等預約受理機構聯絡。 → 依指定日期前往：依指定日期前往指定的地點（衛生所等）。 → 接受健檢

個別健檢（1個月、6～7個月、9～10個月健檢等）

地方政府來通知：收到健檢的通知。自費健檢的話就不會通知。 → 向合作的醫院預約：從指定的合作醫院當中選擇、預約。 → 依預約的日期前往：也有些醫院有專為健檢特設時間。 → 接受健檢

※這僅為一般的參考基準，流程可能因地方政府而異。
※在台灣需攜帶兒童健康手冊、健保卡或身分證明文件，並依照補助時程前往特約醫療院所。

1個月健檢的確認事項清單

- □ 寶寶的身高、體重、胸圍、頭圍
- □ 哺乳的狀況（母乳或配方奶）及次數
- □ 驚嚇反射等原始反射
- □ 有無先天性異常
- □ 哭泣方式、對聲音及光線的反應
- □ 斜視及視覺
- □ 臍帶脫落的部位是否乾了
- □ 心臟的診察
- □ 尿液檢查
- □ 大便的顏色及形狀
- □ 黃疸
- □ 為預防母乳的維生素K_2不足引起顱內出血，給予維生素K_2

1個月健檢會診察什麼呢？

體重是否比出生時增加約1kg是最大的重點。幾乎沒有增加的話，也有可能需觀察狀況並再次接受檢查。

眼睛的視覺確認
可以對焦至30～40㎝。視力雖然還很模糊，但已經能夠「追視」──以眼睛追隨物品的移動。

黃疸的確認
母乳營養的寶寶常見的母乳性黃疸並不是疾病。只不過，黃疸＋白色大便的話則有可能是罹患疾病。

肚臍的確認
確認臍帶脫落部分的紅肉是否腫起來，或是有分泌物及出血等等，確認新生兒有無臍帶肉芽腫。

原始反射的確認
因巨大聲響身體抖動（驚嚇反射）、握住碰觸到的東西（抓握反射）、吸住碰到嘴巴的東西（吸吮反射）等等（P20）。

不只是寶寶，也進行媽媽的健檢

- □ 尿液、血壓、血液檢查
- □ 體重測量
- □ 為診察子宮狀態的內診
- □ 惡露的量及狀態的確認
- □ 哺餵母乳的話 確認乳房
- □ 其他問診（產後的問題及關於寶寶）

安心
寶寶健檢之後，會確認媽媽的子宮復原狀況，以及血壓、血液檢查、惡露的量及狀態等。建議和產前檢查時一樣，穿著便於診察的服裝前往。

現金
準備現金以備不時之需
依各醫院或地方政府規定，有些是由公費支出的免費項目；自費的部分，大致上準備1000元比較安心。

哺乳用品組
寶寶開始哭泣時
寶寶只要肚子一餓就會不分場合放聲大哭。親餵母乳的媽媽如果有哺乳巾，就能把身體遮蓋起來哺乳，非常方便。

寶寶的替換衣物
即使弄髒也有得替換較安心
如果有替換衣物以備吐奶或尿尿弄濕肌膚這些不時之需會比較安心。有裝髒東西的塑膠袋更方便。

健檢時建議攜帶的物品清單

1個月健檢有很多人是第一次和寶寶一同外出。先準備好這些東西的話比較安心。

- 兒童健康手冊
- 健保卡（媽媽和寶寶各1張）
- 新生兒身分證明文件（持「無」照片健保卡才須提供）
- 地方政府發放的兒童醫療補助證（有的話）
- 現金（媽媽的診療費等）
- 換尿布用品組
- 哺乳用品組（哺乳巾、配方奶、泡配方奶用的熱水等）
- 寶寶的替換衣物（最少1套）
- 照顧寶寶用的物品（紗布巾、裝汙物的塑膠袋等等）
- 媽媽用的不織布口罩

出生1個月後不妨試一試！

試著開始外出透氣

1個月健檢過後，在好天氣、溫暖的中午（夏天的話，就選較不炎熱的傍晚等時段），不妨開開窗戶讓寶寶感受外面的空氣，讓他慢慢熟悉外面的空氣和聲音、氣味等等。但請避免讓寶寶直接曬到太陽。

此外，外出透氣也能讓媽媽轉換心情。留意防疫措施的同時，呼吸一下戶外的新鮮空氣，媽媽和寶寶都會覺得煥然一新。

「花好漂亮唷」、「外面是不是很舒服呀」，不妨像這樣和寶寶說一說看到或感受到的種種。

試著去參拜

日本的「お宮参り」是指誕生後，男孩第31天、女孩第33天※去拜神明，向守護土地的神明「產土神」報告寶寶的誕生，並祈求平安長大。一般會到附近的神社參拜、祈求保佑。有時結束後還會去照相館之類的拍攝紀念照、聚餐。習俗上要由爸爸的母親（寶寶的祖母）抱著寶寶，但最近愈來愈多人不太受限於習俗，較隨意地進行。此外，有些神社還可以線上參拜。建議最好考慮新冠肺炎疫情擴大的情形、天候，選擇寶寶和媽媽身體狀況較佳的日子，不必侷限於第幾天。

※時期因地區而異。
※台灣民俗則建議寶寶未滿3歲之前不要進廟。

安心

以寶寶與媽媽的身體狀況優先。不是剛好在第31天或第33天進行也無妨。

試著讓寶寶玩玩具

嬰兒的聽力從新生兒時期就很發達。把會發出聲音的搖鈴這類玩具在寶寶臉附近動一動，寶寶就會聽聲音、以眼睛追視。

雖然還要一段時間寶寶才會自己玩玩具，但可以試著把紅色或黑色等顏色鮮明、會發出聲響的玩具，在距離寶寶30～40cm的地方晃一晃，觀察他的反應。寶寶可以朦朦朧朧地看見，所以會目不轉睛盯著玩具看。

試著和大人一起泡澡

1個月健檢時如果醫師告知沒問題，就可以告別沐浴，和大人一起泡澡（P38）了。要泡乾淨的熱水，且為了避免寶寶過於疲累，不要浸泡在浴缸裡太久。最好用微溫（38度）的熱水。覺得寶寶的身體變溫暖就可以起來了。

這個時期特別在意關於體重的Q&A

太大？太小？

Q 體重增加緩慢，是不是有什麼問題呢？

A 看看身高或頭圍等等整體狀況，並諮詢醫生。

1個月健檢的時候，醫生如果沒有特別說什麼，就不用擔心。一般很容易只注意到體重，但也要看看身高、胸圍及頭圍這些整體是否增加。母乳的分泌量太少、體重沒有增加的話，建議諮詢醫生，考慮是否要搭配餵配方奶。如果寶寶1天尿尿的次數在6次以下的話，有可能是母乳不足。

Q 我是哺餵母乳，1次哺乳花了1個小時，寶寶的體重卻沒有增加。是不是沒有喝到奶呢？

A 有可能是沒有專心喝。建議調整哺乳的時間。

寶寶有可能分心了沒有專心喝奶。每次哺乳花上1個小時的話，也會增加媽媽身體的負擔。建議將哺乳的時間改成每邊乳房各5分鐘、總共20分鐘。

又或許是寶寶沒有順利喝到母乳。查看寶寶的嘴巴，幫他調整成深深含進乳頭（↓P28）的含乳姿勢。

Q 和同月齡的孩子相比，體重重了很多。很擔心之後會不會太過肥胖。

A 過不久後，寶寶的運動量增加，體重的增加就會減緩。

有時媽媽會因為無法目測母乳的量所以擔心，忍不住就額外餵了配方奶。其實在喝母乳前、後測量寶寶體重的話，就可以確認寶寶喝的分量了。

一旦寶寶開始活動手腳或翻身、爬行之後，運動量就會增加了。如此一來，體重的增加速度也會減緩，因此請不用過度擔心。

Q 到了哺乳的時間還是一直在睡覺。不知道是不是這個緣故，體重增加的速度很慢，令人擔心。要硬是把寶寶叫起來比較好嗎？

A 不用勉強叫醒也無妨。

維持規律哺乳雖然也很重要，但不必勉強吵醒寶寶也沒關係。只不過，**如果哺乳的時間已經間隔6小時以上寶寶還是一直睡的話，就要搔搔腳底叫起來哺乳。**

輕輕鬆鬆

稍微打開寶寶的嘴巴，試著讓他含住乳頭或奶瓶的奶嘴也是一個方法。

這個時期寶寶的發育、發展

⇨笑容增加、會表達喜悅

逗他就會露出笑容回應。寶寶的肌肉變得發達、脖子也漸漸變得有力，所以可以短時間豎抱。「啊咕啊咕」的牙牙學語也會增加，常常發出聲音。

表情

開心就會露出笑容

媽媽露出笑容的話，寶寶也會開心地露出笑容。這是由於視覺和聽覺的發展。

	身長
男寶寶	54.5～63.2cm
女寶寶	53.3～61.7cm
	體重
男寶寶	4410～7180g
女寶寶	4190～6670g

※出生2個月～未滿3個月的身長及體重參考值。

找到自己的手

找到了

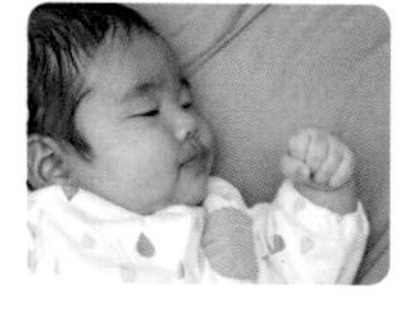

找到自己的手，看得目不轉睛。

嘴巴

找到手就舔啊舔

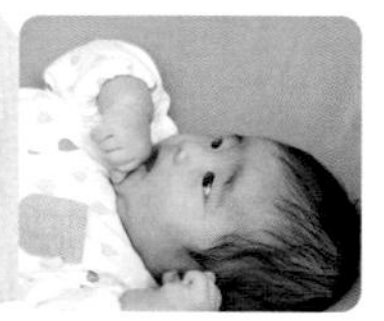

不只手指，有時還會把整個拳頭放進嘴裡舔。

安心

也有些寶寶不再需要夜奶

這個時期寶寶的體重增加最為顯著。肌力增加，伸屈膝蓋的力道也變得更強，甚至會感覺換尿布的難度增加了。這個時期寶寶開始能喝大量的母乳或配方奶（1次哺乳150～200mℓ），1次喝的奶量也會增加。有些寶寶就寢前喝完奶可以一覺熟睡到早上。媽媽的睡眠時間也會變得完整一點。

輕輕鬆鬆

媽媽的心情也能稍微放鬆了

因寶寶而異，有些人開始會獨自玩耍，像是舔一舔自己的手，或是盯著床鈴看。這時期開始有餘裕可以利用這些空檔做些家事，媽媽心情上也會輕鬆許多。

用力擺動

手腳

屈伸運動的力道變強

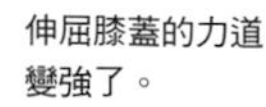

伸屈膝蓋的力道變強了。

自主性的動作增加 腦部急速發展

這時期的寶寶不再是新生兒微笑（P23）了。當媽媽或爸爸逗弄等等，周遭予以誘發的話，**便會微笑回應，露出「社會性微笑」**。

此時是母乳或配方奶喝最多的時期。體重1天大約會增加25～30g，皮下脂肪也會在這個時期增加。這時開始會出現稱為「手眼協調」的自主性動作。這是指把手拿到自己面前，目不轉睛地凝視，是這個時期的寶寶特有的反應。藉由把手拿到嘴巴裡吸吮，**寶寶得以漸漸認識自己的身體，並藉此機會知道能依照自己意思移動的東西**，進而促進自主性的動作。隨著頸部變得硬挺，寶寶會開始轉向自己偏好的方向，或是以眼睛追隨移動的物品等等，腦部會急速發展，對身邊的東西漸漸產生興趣。

此外，雖然出生**24**小時內就開始接種疫苗，但2個月之後預防接種的疫苗種類開始增加。關於同時接種等等有效率的時程搭配方式，盡早與固定就診的小兒科商量會比較安心。

2個月大寶寶的1天

◎排便4～5次／1天

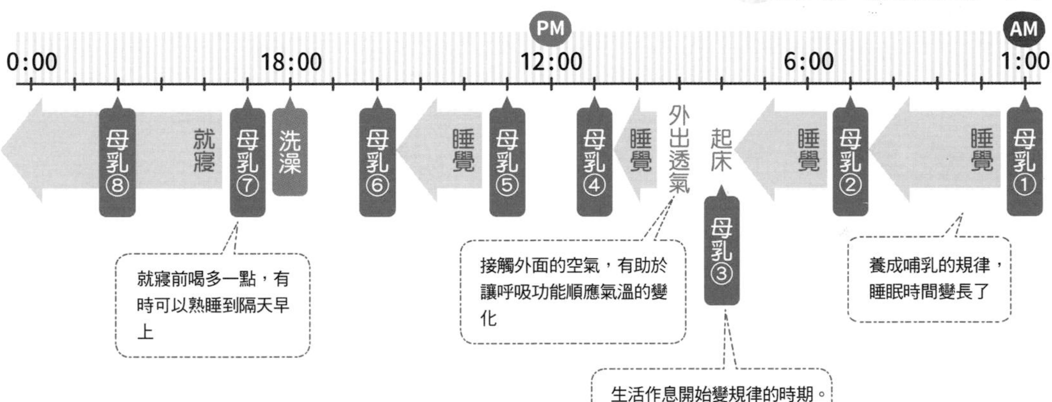

這個時期的爸爸應努力的事項

要多多說話的時期

這時期的寶寶會出自自己的意思模仿爸爸的表情。換尿布、餵配方奶或洗澡時，是和寶寶多多說話的好時機。跟寶寶說話就會得到他的回應。還有，寶寶適應泡澡以後，可以拍拍水花等等，讓寶寶有新的體驗。

這個時期媽媽的狀態、和寶寶相處的方式

有技巧地省略家事

從生產到這個時期為止，光是寶寶的事就令人筋疲力盡了，但這時媽媽會開始漸漸有餘力顧及其他事情。愈是認真的人，愈會想把家事做好，而容易對自己過於嚴苛。讓爸爸也幫忙分擔家事，可以省略的地方則省略，例如利用市面販售的菜餚等等，有技巧地減少一些家事吧。

出生2個月的生活

由大人主導調整生活作息的時期

這時的寶寶已經形成哺乳的規律，是最適合調整生活作息的時期。不是任由寶寶的作息生活，起床時拉開窗簾沐浴清晨陽光的話，寶寶醒來後會比較有精神。建議有意識地讓1天的日夜有所區隔。

大友徹平寶寶的例子

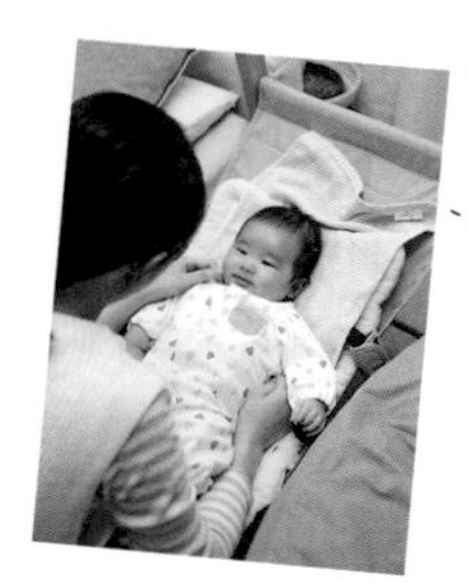

最喜歡會搖啊搖的搖椅。

用揹巾一邊托住脖子抱抱，心情就會大好！

喜歡被媽媽戳戳臉頰。

小兒科Dr.Advice

排便次數減少的時期

寶寶滿2個月大後，大腦的排便中樞和腸道漸漸發展。排便的次數減少，或許有些媽媽會擔心便祕的問題。寶寶有時可能會暫時性便祕，但這是隨著腸道發展而產生的生理現象。別擔心，建議再觀察一下寶寶排便週期的變化看看。

安心

3～4天沒有排便也沒關係。如果5天以上沒有排便，則可能有點便祕。

徹平寶寶的1天

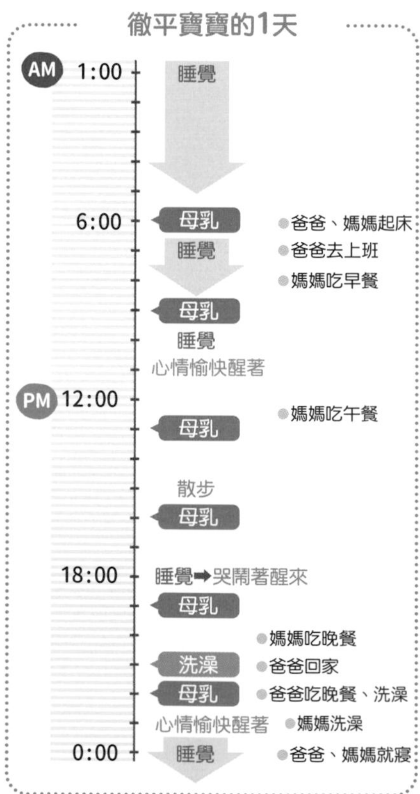

Q 太過文靜 很擔心寶寶的發展

也許是個性使然。

寶寶對於聲音的反應如何呢？嬰幼兒健檢時如果沒有問題，就有可能是寶寶天生的個性了。這個月齡是寶寶會對自己喜歡的事物感興趣的時期。仔細觀察看看寶寶對什麼會眼睛為之一亮。當他表現出興趣時，不妨對他說「好棒喔！」，多多與寶寶分享體驗。

Q 頭皮有濕疹

建議諮詢醫師。

嬰兒濕疹有嬰兒脂漏性濕疹和尿布疹、汗疹、異位性皮膚炎等等。寶寶的皮膚比大人薄，因此防禦機能較弱，非常敏感。大人的肌膚為弱酸性，可以防止細菌繁殖，但嬰兒的肌膚接近中性，細菌容易繁殖，也就容易引發濕疹。

輕輕鬆鬆

如果是由於乾燥所引起的濕疹，洗完澡後可以塗抹乳液之類加以保濕，以避免乾燥。

Q 泡完澡需要喝白開水或麥茶嗎？

母乳或配方奶就很足夠了。

或許有人會擔心泡完澡是不是最好要補充水分？然而，2個月大寶寶的水分補充是來自於母乳或配方奶。母乳或配方奶的水分就很足夠了，因此不需要刻意再給寶寶喝水。

Q 低月齡也會感冒嗎？

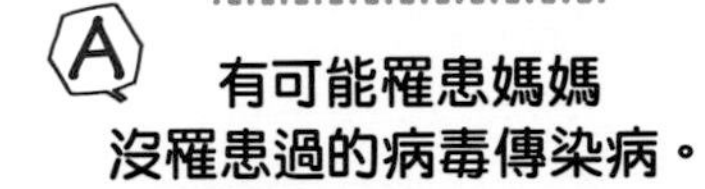

有可能罹患媽媽沒罹患過的病毒傳染病。

常有人說「到3～4月左右以前有來自媽媽的免疫力，所以不會感冒」。但反過來說，媽媽沒感染過的病毒，寶寶便沒有免疫力，所以就有可能感染。據說會引起感冒的病毒數量多達200種以上。為了預防感冒，避免長時間待在人群聚集之處才是上策。

Q 即使已經哄睡 一放到棉被上就哭

試試縮小和棉被之間的溫差。

哄睡是1天當中最後的大工程。寶寶具有離開父母便會感覺到危險的本能，不管睡得再熟，只要一放到棉被上就哭──這個「背部開關」的煩惱每個父母都有。可以試試先用浴巾包起來再抱寶寶，以縮小和棉被之間的溫差，或是減少姿勢的變化等等各種方法。

要開始接種各種疫苗的時期

有些疾病感染後恐引發重症，為了保護寶寶不受這些疾病的侵襲，預防接種是必要的。出生後24小時就會開始接種。接種經抑制活性的一部分病原體（疫苗），以讓寶寶獲得抵抗力。**台灣在3歲為止應接種的疫苗有10種**（P173），建議諮詢固定回診的小兒科醫師，安排適切的時程前往接種（P171）。

了解接受預防接種的意義

雖然出生24小時內就要開始預防接種，但到底為什麼必須接種那麼多疫苗呢？以下就來了解接受預防接種有哪些效果吧。

可以減少罹患疾病的人數

列為預防接種對象的疾病，只能透過預防接種的普及抑制其流行，並非讓該疾病本身消失不見。傳染病會人傳人，就算為了不傳染給他人，預防接種也是必要的。

安心

自己不被感染的話，也就不會傳染給其他人。

分為「常規」及「選擇性」

分為國家或地方政府建議、由公費支出的「常規接種」，以及自費接種的「選擇性接種」（自費疫苗）兩種。感染力強的疾病，即使是選擇性的，仍建議盡可能接種。

安心

台灣於2021年將輪狀病毒疫苗列為常規接種項目，但屬於自費疫苗，部分縣市可申請補助。關於其他疫苗也請留意最新的資訊。

可向固定看診的醫師洽詢時程

預防接種有建議的接種時期和時間點，然而常常可能因寶寶的身體狀況不佳，導致無法在預定的日程接種。可以每次都諮詢固定看診的醫生、調整時程。另外，運用預防接種時程的手機APP，也可以知道各種疫苗接種的解說、距離預約日還有幾天、剩下的接種種類等資訊。善加利用這些工具，別忘了讓寶寶去接種疫苗。

輕鬆

也有可以在同一天接種好幾種疫苗的「同時接種」，能有效率地接種。關於同時接種可在諮詢醫生後決定。

預防接種的普及有助於減少疾病

也有疾病是因預防接種普及而根絕的，例如天花。今後如果所有人也如此徹底接受預防接種的話，或許能減少疾病。

安心

據說麻疹若疫苗接種普及的話，最終是可以根絕的。

預防接種之前

第一次接受預防接種，不知流程是如何難免讓人不安。接下來要介紹前一天、當天、接種後的流程。

到前一天為止

確認身體有無異狀

閱讀預防接種相關手冊

閱讀縣市政府或衛生所等處所發放的冊子，事先了解接種的必要性、接種時期、副作用等等。

決定日程、預約

在台灣，至健兒門診或一般兒科門診都可以接種疫苗。衛生所也可以免費施打公費疫苗，但只有平日早上可以施打。由於有可能產生副作用，接種的時間建議選擇醫院有門診的早上或白天較早的時間。

填寫接種卡

在縣市政府或衛生所送來的接種卡上填寫體質及家族病史等等。此外，也要確認寶寶的身體有無異狀。

當天

在家

當天再次確認身體狀況

發燒（37.5度以上）時、沒有食欲、大便很稀等等，身體不適的話就無法接種。這個時間點如果身體狀態不佳就應該取消。

選擇便於診察的服裝

建議穿前開式的服裝，便於預防接種前的診察。

有些寶寶接種時會大哭，抱抱寶寶讓他冷靜下來吧。

在現場

報到、量體溫

提交兒童健康手冊、接種卡報到。最好等寶寶穩定下來再量體溫，體溫會比較正常。體溫偏高時，應告知醫生。

問診、接受診察

確認身體狀況、聽心音、查看喉嚨等。如果沒有問題就由醫生和監護人簽名，前往接種。

抱著寶寶接種

把寶寶牢牢抱住以免亂動。有時護理師也會幫忙。不同種類的疫苗同時接種的時候，會各自接種在不同手臂。

接種後

觀察狀況

接種後建議盡快回家，在家悠閒度過。雖然不需特別保持安靜不動，但應避免讓寶寶過度激動。

當天就可以洗澡

不管是哪一種預防接種，接種當天洗澡（泡澡）也沒關係。接種的部位要輕柔清洗，避免搓揉、摩擦。晚上讓寶寶早一點睡。

你做得很棒喔!!

試著從家附近開始外出

寶寶出生滿2個月了，除了健檢以外，這個時候差不多也想試著外出了。一開始先嘗試在家附近慢慢散步，或是去超市買買東西。

外出次數漸漸變多後，父母慢慢就會知道「需要什麼」、「必須事先調查什麼」、「用揹帶多久腰或肩膀會開始痠痛」等等。建議在不會太過勉強的範圍內挑戰看看。在過程當中，也會逐漸熟悉外出的準備。

外出之前要做什麼？

和寶寶一起外出時，事前的準備很重要。
事先進行種種調查以及模擬的話，會比較放心。

時段

帶寶寶外出很容易大包小包。此外，在擁擠的車廂內，有時寶寶會鬧情緒。利用大眾運輸工具移動時，最好盡量避開通勤、上學的尖峰時段。較推薦的時段是正中午前或下午2～4點左右，較不擁擠的時間為佳。

安心

下雨天多了傘或雨衣這些行李，會更加不方便。最好變更預定，考慮在家悠閒度過。

不妨搭計程車

有時不需太勉強，也可以搭計程車外出。有一種「親子友善計程車」（多元計程車），對於容易大包小包的親子外出可提供協助。

沒有賣尿布!?

一般很容易以為藥局一定有賣尿布，但其實有的小藥局沒有賣。建議多帶一些。

事前調查

建議先調查外出的地點有無換尿布的空間、有無哺乳室和電梯，餐廳可否帶小孩進去、有無購買紙尿布的地方、有無放置嬰兒推車的空間……等等。

先查查帶嬰幼兒外出的網站會方便許多。除了外出地點有無尿布墊、哺乳室等資訊，有些網站還有實際去過的人的經驗談。

公共場所的禮儀

搭乘電車或公車時寶寶吵鬧或大哭的話，會讓人很在意周遭的眼光。寶寶吵鬧時，建議站起來看看窗外的風景，或是給寶寶玩玩具以分散注意力。在沒有哺乳室的地方，用哺乳巾哺乳也要顧慮到周遭，以免周遭的人視線不知道要看哪裡。即使是用哺乳巾，最好也要找隱密的地方。

可以把玩具放在容易取出的地方。先綁在揹帶上也不錯。

攜帶物品清單

照顧用
- □ 替換衣物（1～2套）
- □ 大披肩 ★
- □ 袖珍面紙
- □ 濕紙巾
- □ 手帕
- □ 密封塑膠袋 ★

換尿布
- □ 紙尿布（5片左右）
- □ 濕紙巾
- □ 塑膠袋
- □ 尿布墊

配方奶、副食品
- □ 配方奶（依照1次分量分好）
- □ 奶瓶
- □ 水壺 ★

※開始吃副食品的話
- □ 嬰兒食品
- □ 點心
- □ 飲料、杯子
- □ 副食品用湯匙
- □ 圍兜

在戶外度過時
- □ 帽子　□ 防曬乳
- □ 防蟲藥、蚊蟲叮咬藥（嬰兒專用）
- □ 不織布口罩（媽媽用）

其他
- □ 玩具 ★
- □ 兒童健康手冊
- □ 健保卡
- □ 兒童醫療補助證
- □ 用藥手冊

以備不時之需

外出時身體不適或受傷時會需要，建議隨身攜帶。事先統一收在親子手冊收納包等地方會比較方便。

媽媽前輩傳授

有用的工具

★大披肩

和寶寶外出時，行李愈少愈好，如果有一條用途多多的大披肩在手就很方便。像是拿來遮陽或是冷的時候披著，還能當成哺乳巾。此外，寶寶睡午覺時可以馬上拿出來蓋，也能當成尿布墊。準備夏天用的薄披肩、冬天用的厚披肩2種，非常好用。

★密封塑膠袋

可以密封的袋子非常方便，可以用來裝濕的換洗衣物、濕毛巾等等。此外，由於是透明的，可以看見內容物，小東西整理起來也很方便。

★水壺

用來裝泡奶用的熱開水。建議使用等同於奶量的容量尺寸，並選擇可保持泡奶時所需之70～80度的可保溫類型。

★玩具

不要只帶1個，最好帶2～3個。吵鬧時有好幾個替換使用，寶寶就不會玩膩，效果較好。

揹帶？ or 嬰兒推車？

揹帶和嬰兒推車是外出時的必備物品。以下介紹選用的重點。

揹帶

優點
- 兩手空出來較輕便
- 和抱的人緊貼著，寶寶較安心
- 可以直接使用樓梯或手扶梯

缺點
- 長時間移動的話，媽媽和寶寶都很辛苦
- 因為緊貼著，夏天時很悶熱
- 穿脫較花時間

嬰兒推車

優點
- 不需要擔心重量
- 可以掛行李
- 長距離移動時較輕鬆

缺點
- 上下樓梯很麻煩
- 不能搭手扶梯
- 在狹窄或人潮擁擠的地方難以行走
- 很占空間，外出地點的放置場所很傷腦筋

這個時期寶寶的發育、發展

⇨頸部硬挺，培養好奇心的時期

愈來愈多寶寶頸部變得硬挺，想依照自己的意思伸手去拿玩具的這些意志也愈發強烈。「想摸」、「想拿在手上」，寶寶的好奇心日益增強。

哇～

逗弄就會大笑，不高興就放聲大哭。

用全身表達情緒

咿呀
咿呀

眼睛　會追隨物品的移動

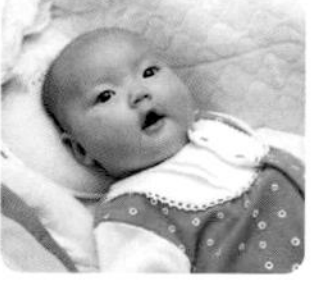

有時會目不轉睛地追隨進入視線的東西。

	身長
男寶寶	57.5～66.1cm
女寶寶	56.0～64.5cm

	體重
男寶寶	5120～8070g
女寶寶	4840～7530g

※出生3個月～未滿4個月的身長及體重參考值。

嘴巴　什麼都用嘴巴確認

用舌頭和嘴唇確認，漸漸認識東西。

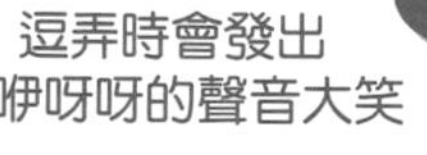

逗弄時會發出咿咿呀呀的聲音大笑

寶寶這時的表情和感情都變得豐富，不高興就會放聲大哭表達自我。相反的，逗弄時會發出咿咿呀呀的聲音笑，可愛度也倍增！此時寶寶會開始發展觸覺，用手掌感覺軟綿綿的觸感或粗糙的觸感。舌頭和嘴唇也變得發達，軟的東西、硬的東西都會放進嘴裡確認觸感。

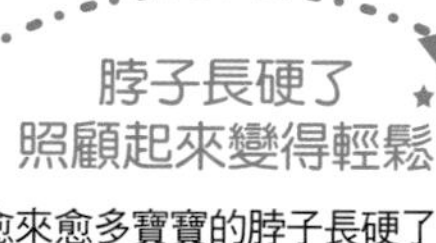

脖子長硬了 照顧起來變得輕鬆

愈來愈多寶寶的脖子長硬了。控制頸部肌肉的神經開始發達，頭不會晃來晃去，因此懷抱起來較為輕鬆，洗澡時也會愈來愈輕鬆。

有時會做出扭腰的動作

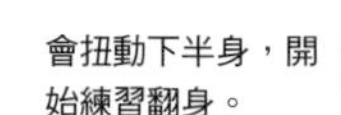

會扭動下半身，開始練習翻身。

把眼前的東西放進嘴巴裡確認

寶寶出生滿3個月後，**體重會變為剛出生時的約2倍**。頸部逐漸變得有力，俯臥著時開始能夠抬起頭、環視周圍了。

這時視力也變得更發達，會做出**「用眼睛看↓把手伸向感興趣的東西↓握住」**這一連串的動作。寶寶什麼都會往嘴裡放，試圖用自己的舌頭和嘴唇認識東西，所以寶寶的周圍除了安全的玩具以外，應避免放其他東西。

這個時期體重增加的速度會變得緩和，有些媽媽可能會在意「母乳或配方奶喝的量是不是變少了？」，其實並不需要擔心，這是由於大腦漸漸發展，**肚子飽了自己會停止喝奶的緣故**。

到了3個月，來自媽媽的免疫力差不多會開始變弱。由於罹患傳染病的風險增加，因此要接受預防接種（P170）、勤洗手、避免人群聚集處等等，採取預防傳染的措施。也要小心感冒。

3個月大寶寶的1天

◎排便1～2次／1天

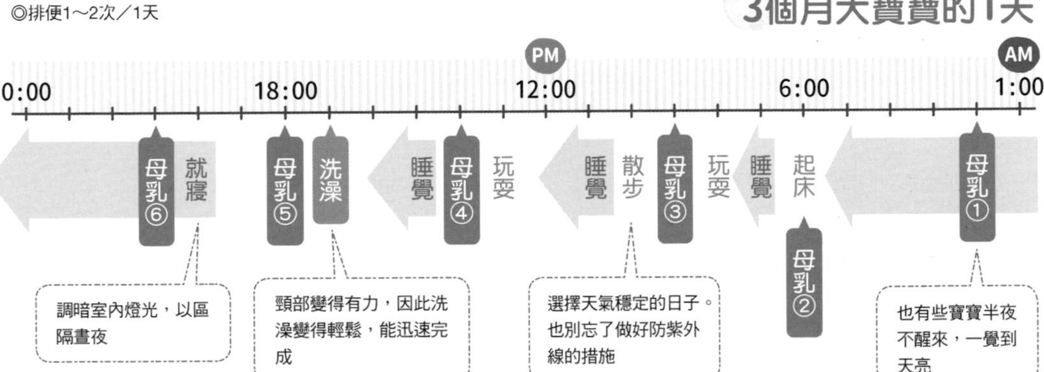

這個時期的爸爸應努力的事項

說聲「妳一個人外出走走吧」

這個時期哺乳的間隔拉長了，因此不妨對媽媽說聲「妳一個人外出走走吧」。媽媽有了自己的時間，心有餘裕，也能加深夫妻之間的牽絆。媽媽外出的期間，是爸爸和寶寶遊戲的好機會。這個時期寶寶的視力漸漸發展，可以嘗試和他玩玩各種材質或形狀的玩具。

這個時期媽媽的狀態、和寶寶相處的方式

職業婦女開始考慮重返職場

這時期哺乳的次數減少了，心情上也較為從容，或許也是職業婦女開始考慮重回職場的時期。應該很多人夾雜著既想集中精神育兒，又覺得「長期休假的話，有些擔心能否復職……」這兩種心情。首先不妨調整好生活作息，並考慮托嬰中心（P64）看看。

午睡2～3次。也有寶寶一到傍晚就哭鬧

這個時期的寶寶開始能區分晝夜，1天會午睡2～3次。到了準備晚餐的時間就開始「黃昏哭鬧」（一到傍晚就無緣無故哭鬧），令許多媽媽非常傷腦筋。原因雖然仍未知，但過幾個月後就會改善了。

堀 有愛
寶寶的例子

不高興
就哇哇大哭。

最喜歡和媽媽
說話了！

怎麼了？

啊嗚啊嗚

哥哥姊姊在旁邊吵鬧
一樣呼呼大睡。

ZZZ

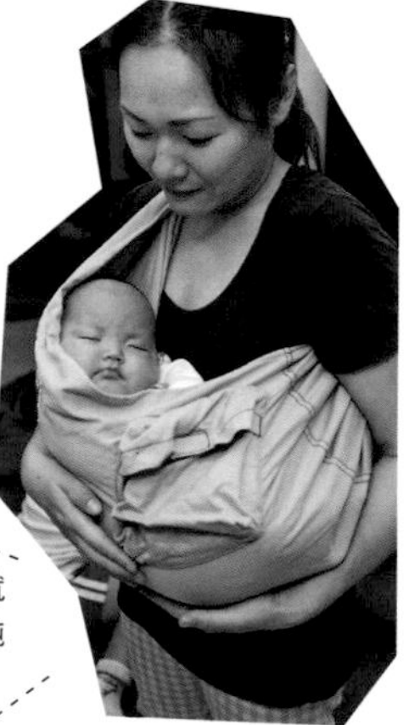

一用揹巾包起來，就馬上舒服地打起盹來。

有愛寶寶的1天

時間	寶寶	家人
AM 1:00	睡覺	
6:00	母乳	
	睡覺	爸爸起床 媽媽、哥哥、姊姊起床吃早餐，哥哥上學、爸爸上班
	母乳	9:30 送姊姊去幼稚園。抱著寶寶一起去。
	睡覺	
PM 12:00	母乳	
	睡覺	媽媽吃午餐
	母乳	14:15 去幼稚園接姊姊。抱著寶寶一起去。
	睡覺	哥哥回家
18:00	母乳	媽媽吃晚餐
	母乳	
	洗澡	媽媽洗澡
	母乳	爸爸回家、洗澡、吃晚餐
	睡覺	爸爸、媽媽就寢
0:00		

小兒科Dr.Advice

3個月是皮膚的分歧點

寶寶皮膚的小小表面積上，有著和大人相同數量的細胞，因此汗腺很密集，很容易出汗。此外，出生滿3個月以前，受荷爾蒙的影響，寶寶皮脂的分泌量較多，是容易形成嬰兒濕疹的時期。然而一過了3個月，分泌量就會銳減。建議做好保濕保養的準備，以備乾燥時之需。

安心 先塗抹乳液這類清爽型的，之後再以乳霜或油脂等保濕。

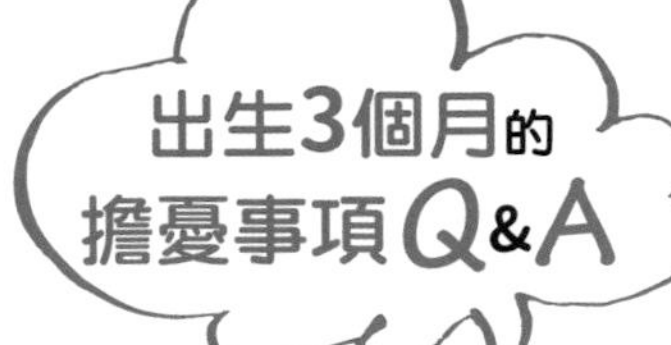

Q 臉有抓傷。剪指甲的頻率為何？

A 建議一週剪1次為準。

寶寶的指甲長得比大人快，因此以一週剪1次為準，長長了就剪（P39）。這時要留意不要剪到肉。1根手指分好幾次剪，就比較不會剪到肉。

寶寶的新陳代謝速度很快，所以就算臉被指甲抓傷也很快就會痊癒。即便不消毒擦藥也沒有問題。

Q 不小心變成趴睡怎麼辦？

A 附近不要放置可能塞住口鼻的東西。

的確有時會發生窒息的事故，令人擔心。其實趴睡很接近寶寶在媽媽肚子裡的睡姿，因此是最有安全感的姿勢。趴睡時最需留意的就是棉被或枕頭這些不要使用容易塞住口鼻的柔軟材質。此外，寶寶趴著睡著的話建議幫他翻過來仰睡。

Q 沒有每天排便，是便祕嗎？

A 排便順暢就沒問題。

排便的次數因人而異。即使每2～3天才排便一次，只要情緒良好、母乳或配方奶喝很多、排便順暢的話就沒有問題。5～6天沒有排便時，則有可能是便祕。這時可以用棉花棒按摩肛門，或是用掌心在肚子上輕輕畫圈來按摩（P91）。

Q 一直舔拳頭或手，有沒有關係呢？

A 這是發展階段很重要的一環任由他舔也無妨。

舔著、吸著的同時，寶寶也正在使用五感獲得氣味或是味道等各種資訊。此外，如果是自己的手，舔的時候舌頭的感覺，與被舔的手的感覺會同時傳遞到腦部，可促進腦部發展。舔手是發展階段當中很重要的行為，不妨任由他舔。

Q 玩具應該消毒嗎？

A 不必太過神經質。

寶寶什麼東西都往嘴裡送，很令人擔心病毒或細菌的問題吧。不過，並不需要太過神經質，據說適度接觸病毒或細菌有助於提高抵抗力。在自家玩的玩具用水清洗就很足夠了。還有，大人也要留意不要把病毒帶進家裡。

輕鬆

要消毒得滴水不漏是很困難的。雖然因種類玩具而異，但真的很在意的話，可以用消毒奶瓶的方法加以消毒（P31）。

確認頸部硬挺和髖關節的健檢

這個時期很重要的確認項目是頸部硬挺和髖關節脫臼。也會診察身心的發育狀況，例如對於周圍的刺激是否產生反應等等。如果有擔心的事項，像是脖子長硬的狀況，或是抓握玩具的方式、嬰兒脂漏性濕疹（P182）等等，都可以藉由這個機會諮詢醫師。有些還會另闢時間針對BCG（卡介苗）的預防接種（P173）和副食品相關資訊予以說明及建議。

確認追視
將玩具等物品在距離寶寶眼睛30～40cm左右的地方移動，確認寶寶的眼睛是否緊緊追著看。

確認脖子是否長硬
出生屆滿4個月時，90%的嬰兒頸部已經硬挺。拉著雙手坐起身時，即使慢，頭部如果可以跟著抬起來的話就OK。

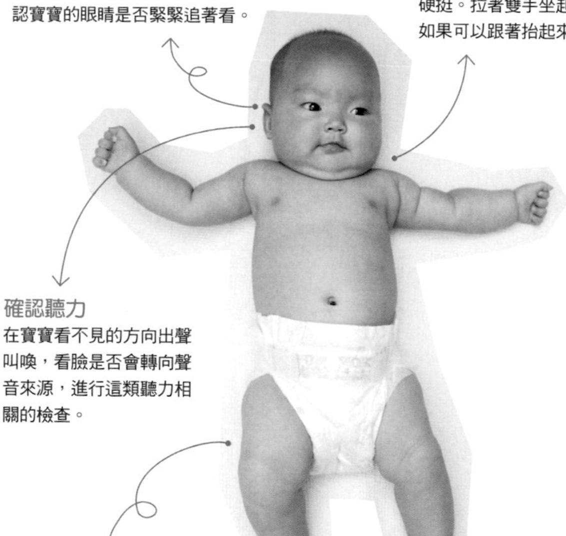

確認聽力
在寶寶看不見的方向出聲叫喚，看臉是否會轉向聲音來源，進行這類聽力相關的檢查。

確認髖關節
脫下尿布，確認髖關節可否順利打開、活動，以及是否有脫臼。

3～4個月健檢的確認事項清單

- ☐ 逗弄時會不會笑
- ☐ 是否會追視（眼睛追隨物品移動）
- ☐ 脖子長硬的狀況
- ☐ 雙手的手指是否會打開了
- ☐ 原始反射是否消失了
- ☐ 大便的次數和形狀
- ☐ 是否斜頸（脖子歪斜、頭不易轉向的疾病）

當成結交媽媽友的機會

在日本，3～4個月的健檢幾乎都是在各地區進行團體健檢，一次會有許多同一個地區的媽媽和寶寶聚集在一起。不妨當成結交同一個地區擁有相同月齡寶寶的同伴・媽媽友的機會。等待健檢的時間試著攀談，說不定還會意外發現其實是鄰居之類的呢。

有相同月齡寶寶的媽媽友，什麼都能商量，還可以互相交換資訊。

這個時期特別在意
關於頸部硬挺的
Q&A

脖子太慢長硬？判斷方法為何？

Q 寶寶的脖子還是晃來晃去，挺不起來。

A 發展的程度每個人多少會有差異。

即使現在脖子還沒完全長硬，**只要滿4個月左右長硬的話就沒問題。**有的寶寶發展較快，也有寶寶步調較慢，不妨再觀察一段時間。出生過半年頸部還是沒有硬挺的話，就要就醫。

Q 要怎麼判斷脖子長硬了沒？

A 拉著雙手坐起身時，看頭部是否跟著抬起來，藉此來判斷。

讓寶寶平躺，拉著他的雙手坐起身，頭部如果完全跟著抬起來的話，就表示脖子已經長硬。還有，**試著讓寶寶俯臥，**如果出現試圖抬起頭的動作，就表示脖子附近已經長了肌肉，只差一點點了。

Q 有幫助脖子變硬的練習嗎？

A 有個練習方式是俯臥著讓寶寶自主抬高頭部。

出生後過了5個月脖子還是晃來晃去的話，也可以試著做些促進頸部硬挺的練習。**讓寶寶俯臥，把玩具拿到寶寶頭部的斜上方。**一開始寶寶可能不喜歡俯臥，但只要每天持續一段時間，讓寶寶習慣後，寶寶就會自主性地抬頭了。只不過1天持續好幾個小時的話，會對身體造成不良影響，應避免過分勉強。

Q 脖子硬得慢，對今後的發展會有什麼影響嗎？

A 只是個別差異，不需擔心。

寶寶發展的速度因人而異。有些爸媽或許會想說「周遭的孩子大家都會了，我們家的寶寶……」而擔心不已，但請守候著孩子，不要心急。即使脖子比較慢長硬，對於今後的發展也無需擔心，頸部硬挺只是最早呈現出個別差異的成長過程之一。就算慢了點，不妨以「我家的孩子是悠哉的類型呢」這種心態**放寬心面對，別太過神經質了。**

Q 健檢時，脖子長硬這項被告知「再觀察看看」。

A 再次回診時幾乎都沒有問題。

3個月大時脖子已長硬的寶寶約**占整體的50～60％**，還只是一半左右而已。滿4個月後，脖子硬挺的寶寶會愈來愈多。不用著急，建議觀察一段時間，2～3週後再次回診給醫生看看。即使被告知要再回診，健檢後過2～3週，大多數的寶寶脖子差不多都會長硬，幾乎不會有問題。別太擔心，繼續觀察看看。

考慮關於復職及托嬰中心

寶寶出生滿3個月，早的人可能已經開始考慮關於重回職場和托嬰中心等事情。現今請育嬰假再復職的媽媽愈來愈多，也有些人從懷孕時就開始尋找托嬰中心。在某些地區可能會由於一直無法順利進入受托區間較少的0歲幼兒的班級，而形成空窗期。考慮復職的人，建議透過育兒支持服務、親子館（P72）等等，和附近的媽媽交換資訊，或是多方收集地區的口耳相傳，開始逐步收集資訊。

托嬰中心大致分為3種

在台灣，可以區分為「私立托嬰中心」、「準公共化托嬰中心」、「公共托育家園跟公設民營托嬰中心」3種。必須依法向當地主管機關申請設立許可，審核通過後始得核發設立許可證書，才是合法的托嬰中心。另外，也可選擇「居家式托育服務」。請見以下詳細說明。

私立托嬰中心

私人、團體或機構可依法申請設立托嬰中心，經當地主管機關（社會局／處）審核通過並核發設立許可證書，即為合格的私立托嬰中心。

準公共化托嬰中心

準公共化托嬰中心是指符合一定條件資格的合格私立托嬰中心與政府簽約合作加入托育準公共化機制，以確保托育服務品質。

公共托育家園跟公設民營托嬰中心

社區公共托育家園及公設民營托嬰中心皆屬公共托育的一環，由地方政府提供場地且委由民間團體經營管理，除訂定較為低廉的收托費用，亦優先提供弱勢家庭就托。

居家式托育服務

指有收費且在居家環境提供托育服務照顧兒童的人員，簡稱「居家托育人員」，也就是一般坊間俗稱的「保母」。且必須向直轄市、縣（市）主管機關（社會局／處）辦理登記。分為以下2種類型。

- ◆ 在宅托育服務：居家托育人員在自己家裡提供托育服務。
- ◆ 到宅托育服務：居家托育人員到家長指定的處所提供托育服務。

到底有何不同？ 幼兒園和托嬰中心

以台灣而言，幼兒園的主管機關，在中央是由教育部管轄，托嬰中心則是由衛生福利部管轄。幼兒園是為保障幼兒教保權利所設置，托嬰中心則是收托因雙親就業而需托育孩童的設施。兩者收托年齡和托育時間也不同。

幼兒園

- 對象：滿2歲以上～小學入學前
- 托育時間：早上9點～下午2點左右
- 午餐：供餐或便當

托嬰中心

- 對象：0歲～2歲
- 托育時間：早上7點～下午6點左右（依托嬰中心而異）
- 午餐：基本上有供餐

4月入園為止的流程

※此為日本情況

雖然認可托嬰中心隨時都可以申請，但以日本來說最容易申請入園的時間是新年度的4月。4月入園和其他月份不同，從前一年的10月開始申請。以下來看看4月入園的流程是如何進行的。只不過，入園的時期和方法因地方政府而異，因此建議透過各地方政府的公告或網站、區公所的窗口等處收集詳細資訊。（※台灣的托嬰中心一般8月是新學期，通常會建議預產期前3個月再去實際參觀。）

9月左右為止

9月

資料收集

透過地方政府的公告或網站、區公所的窗口等等，收集可入園人數、職員人數、該園的方針、等待入園的兒童人數這些資訊。

安心：家附近的媽媽友等等的口耳相傳也可作為參考。

10月

參觀托嬰中心／幼兒園

收集好資訊後，接著是參觀幾個托嬰中心／幼兒園。先打電話告知希望參觀，並決定日期。疫情流行期間，有可能因限制預約參觀的人數而不受理，因此最好盡早洽詢及確認。建議配合托嬰中心／幼兒園方便的時間。

安心：最好事先想一想參觀時注意的要點。

參觀要點

- □ 環境及設備
  ➡庭園的大小、建築物的新舊、育兒室的大小
- □ 園內氣氛
  ➡氣氛是否開朗，園內孩童看起來是否愉快、有活力
- □ 托育人員的人數
  ➡1班的托育人員和受托人數有幾人
- □ 該園的方針
  ➡該園投注心力的項目為何

11月 申請!!

參加說明會、準備資料

有些地方會選定日期辦理說明會，集中一次開放給家長參觀。

決定希望的設施後，就要準備申請書。資料放置於區公所的窗口或托嬰中心／幼兒園。有些欄位需由就職的公司填寫，最好及早準備。

輕鬆：接近申請書的截止日期，窗口會很擁擠，最好盡早提出。

12月

繼續參觀

4月入園的話，有些地方年底就截止參觀了，但有時也可以填寫多個希望的設施。提出申請書以後，希望入園的網站最好也都看一看，確認可否參觀。

安心：如果有填寫好幾個候補的話，不知道最後會是哪一家，因此最好全部都確認一下。

其他也要先確認的事項

- □ 和家人的合作模式
- □ 孩子生病、康復後要如何處理
- □ 家事的分工
- □ 預先查看接送路線

1月

入園內定!!

2月

收到入園內定通知

地方政府會通知結果。確定入園後，就會進行入園說明會和面談、健康檢查等等。

安心：面談是告知老師孩子狀況的場合，爸媽的服裝不一定要很正式。

如果無法入園怎麼辦？

如果無法入園，可考慮於二次招生時報名、申請等待候補，或是申請其他托嬰中心／幼兒園等等。

3月

入園準備與復職準備

將攜帶的物品寫上孩子的名字，依照設施規定準備指定的袋子或墊子等等，入園之前有很多事要忙。此外，關於復職，也要和任職的公司商量復職時期等事宜。還有，也需要調整親子生活的作息。

輕鬆：將攜帶的物品寫上名字很費工。可善加利用姓名標籤、姓名印章、姓名貼紙等各種便利的商品。

4月 入園!!

這個時期寶寶的發育、發展

⇨脖子終於長硬了。子音的牙牙學語也登場了

寶寶的頸部硬挺，運動的發展也從上半身往下半身進展，開始準備翻身。會開始發展感覺功能，好奇心也會增強。寶寶的口水量增加，可以開始考慮準備副食品了。

開始發展五感，情感變得豐富。

表情 情感表現變得豐富

哈哈哈

	身長
男寶寶	59.9～68.5cm
女寶寶	58.2～66.8cm

	體重
男寶寶	5670～8720g
女寶寶	5350～8180g

※出生4個月～未滿5個月的身長及體重參考值。

嘴巴 會發出ㄅㄨ、叭ㄅㄨ等發音

寶寶開始會使用嘴唇發音。

手 會用手掌一把抓住東西

會自己伸手抓東西。

個性綻放！討喜度倍增

這時的寶寶情感會變得更加多元豐富，高興、悲傷、不安、滿足……等等，表情的變化很多樣。對於討厭的事會用力揮動手腳、用全身抗拒，也會彎起身體哭泣。相反的，被逗弄就會出聲大笑。是充分發揮個性，討喜度倍增的時期。可以感覺到寶寶接收了媽媽和爸爸的愛，與生俱來的個性正在快速成長。

輕輕鬆鬆

是時候開始玩玩具了

這時的寶寶會對玩具感興趣、開始會玩了，照顧起來也稍微比較輕鬆。視覺會變得更發達，看得到遠處，因此媽媽或爸爸即使是在遠處叫喚名字，也會轉動脖子、對聲音產生反應。

踢踢

手腳

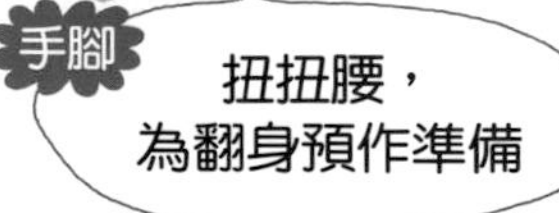

為了拿玩具，還會扭腰、踢腿。

0個月 1個月 2個月 3個月 4個月 5個月 6個月 7個月 8個月 9個月 10個月 11個月 1歲 1歲3個月 1歲6個月 2～3歲 預防接種 疾病、受傷

五感與運動功能發展。也能認得媽媽和爸爸的臉

到了這個時期，幾乎所有的寶寶頸部都已經變得硬挺，可以將脖子左右轉動，視野加大到180度。視覺、聽覺、嗅覺、味覺、觸覺等5種感覺會急速發展，不只是人的聲音，對電視或巨大的聲響等各種聲音都興趣盎然。

這個時期寶寶差不多會玩玩具了。對玩具「感興趣」→「伸手」→「抓住」→「觀察」→「放進嘴巴確認」→「把資訊反饋到腦部」等一連串高難度的流程，能處理得很好。

此外，這個時期寶寶已經認得媽媽、爸爸這些身邊的人的臉和表情。也有些發育快一點的寶寶已經開始會怕生（P118）。這是作為對話、讀寫、計算基礎的腦部工作記憶（暫時記憶）開始逐漸發達的跡象。牙牙學語也從「啊——嗚——」的母音，加入了用嘴唇發音的子音，像是「叭ㄅㄨ——」，跟寶寶的對話變得愈來愈有趣。

4個月大寶寶的1天

◎排便1～2次／1天

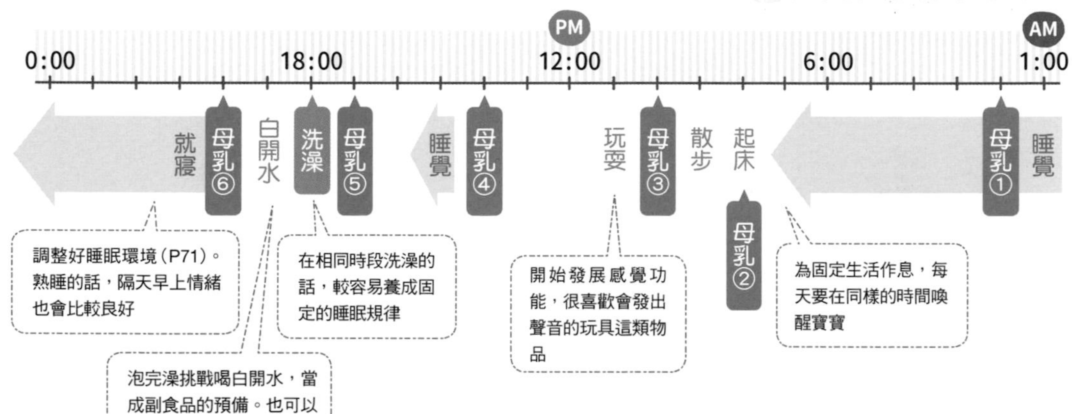

這個時期的爸爸應努力的事項

多多和寶寶肌膚接觸

寶寶的工作記憶裡也會輸入爸爸的資訊，只要叫喚他就會以笑容回應。不妨積極與寶寶互動。豎抱起來的話，寶寶的視野變寬廣，能給予更多觸發好奇心的刺激，培養寶寶的腦部發育。

這個時期媽媽的狀態、和寶寶相處的方式

調整哺乳規律的時期

哺乳的間隔差不多拉長到了3～4小時。有些寶寶晚上可以一覺到天亮，但也有些寶寶還沒戒夜奶。這時不用太勉強，不妨和寶寶一起午睡，努力恢復體力。為了調整哺乳的規律，不要「寶寶哭了就哺乳」，而是稍微逗逗他，試著用母乳以外的東西安撫他。

能悠閒地散步了。需留意體溫調節

寶寶白天開始能長時間醒著，因此天氣好的日子可以用嬰兒推車出門享受一下散步之樂。帶一條包巾出門以防太熱、太冷會比較安心。由於寶寶的體溫調節功能尚未發達，因此需配合氣溫調整衣著。

宮部 陽
寶寶的例子

一照鏡子
就微笑。

咦？
這是我嗎？

抓住自己的腳
搖啊搖

啊—

感興趣的東西
就放進嘴裡確認。

小陽寶寶的一天

時間	寶寶	家人
AM 1:00	睡覺 / 母乳 / 睡覺	
6:00	起床 母乳 開心地玩耍	爸爸、媽媽起床、吃早餐，爸爸去上班
	母乳 / 睡覺	
PM 12:00	醒來乖乖玩耍	媽媽吃午餐
	母乳 / 睡覺	
	洗澡	爸爸回家、洗澡
18:00	母乳 / 睡覺	爸爸、媽媽吃晚餐
		爸爸洗澡
	母乳 / 睡覺	爸爸、媽媽就寢
0:00		

小兒科Dr.Advice

冷熱的徵兆

由於嬰兒的體溫調節功能尚未發達，身體也小小的，因此很容易受到外界的溫度影響。雖然到了開始會爬的8個月大左右，調節功能就會大大提高，但在2歲以前還是必須由大人透過衣著幫忙調節。摸摸肚子或背部，如果涼涼的就表示寶寶會冷。出汗的話，則表示寶寶覺得太熱。

輕鬆 背心或襪套、薄外套這些衣物在調節體溫時都能派上用場。需不時確認寶寶冷、熱的徵兆。

出生4個月的擔憂事項Q&A

Q 寶寶會抗拒湯匙。是不是最好讓他習慣呢？

A 不要強迫他。

不必勉強寶寶去習慣也沒關係。不妨試試金屬、塑膠、木製等各種材質，看看寶寶的喜好。這個時期只需要把舔湯匙當成一種遊戲來試試即可。

安心

先了解平時的體溫，當身體不舒服的時候，就能馬上察覺。

輕輕鬆鬆

有時父母可能會因為寶寶一直吵鬧，沒辦法好好做家事，不得已只好讓幼兒節目充當保母。只要不是長時間的話就沒關係。節目裡的唱遊或歌曲等等，有時對寶寶來說也是一種良性的刺激。

Q 正常體溫和微發燒、高燒的標準為何？

A 37.5度以下是正常體溫。超過這個溫度就是發燒。

36.0～37.5度是嬰兒的健康體溫的正常值範圍。由於寶寶正透過活躍的細胞分裂日漸成長，因此正常體溫會比大人來得高。到了出生3～4個月左右開始，體溫就會慢慢降下來了。嬰兒的體溫會隨著氣溫高而變高、氣溫低就變低，而且一天當中體溫也會變動。可以在剛起床、早上、下午、晚上睡前，1天測量4次，先了解各時段的正常體溫。

Q 不能給寶寶看電視嗎？

A 30分鐘左右的話無妨。

如果是讓寶寶看30分鐘左右的幼兒節目這種程度，並沒有關係。不過，據說放寶寶一個人長時間看電視會阻礙腦部發育（P106）。「那個是狗狗唷」，最好像這樣一邊跟寶寶對話一邊看，刺激寶寶的好奇心。

Q 如何分辨是否腹瀉呢？

A 紅、白、黑色時，或是水水的就是腹瀉。

這個時期的排便次數為1天1～2次，喝母乳的寶寶大便較稀是正常的。平常就要仔細觀察排便的次數和氣味、顏色、狀態，如果有和平常不同的點，就是身體狀況不太好的跡象。顏色是紅、白、黑色時，或是水水的、幾乎全被尿布吸收的程度，就可以視為腹瀉。

Q 4個月時需要為副食品預作什麼準備嗎？

A 可以嘗試用湯匙餵白開水。

此時寶寶的口水量增加，家人在旁邊用餐時，也會張大嘴巴嚼呀嚼，咀嚼運動的準備已經確實到位了。洗完澡後可以試著用湯匙餵白開水，為出生5個月左右開始的副食品預作準備。把玩具、手之類什麼東西都送進嘴裡，就是舌頭以及下顎開始成長、功能變得發達的跡象。

寶寶的睡眠就是成長的時間

嬰兒在睡眠時腦部和身體都會成長。熟睡的話作用會變得更旺盛，因此必須讓寶寶有充足的睡眠時間。

有些寶寶在睡覺前哺乳的話，便可以一覺熟睡到天亮。但也有些寶寶還沒戒掉夜奶的習慣，睡眠時間很零碎。但是從7～8個月左右開始，寶寶零碎的睡眠就會漸漸變得集中。

睡眠的節律

「睡覺」和「清醒」的時間會隨著月齡增長而逐漸集中。

現在在這

0～2個月
1天的大半時間都在睡覺，無晝夜之分。

3～4個月
睡覺、清醒的間隔稍微拉長。哺乳量增加，夜奶也可能減少1次。

5～6個月
白天睡覺的次數逐漸減少，因此有時晚上能睡一整晚。

7～8個月
能睡過夜了，但也有些寶寶開始會夜啼。

9～11個月
白天睡覺變為1天1次。白天多多活動身體的話，晚上就能熟睡。

1歲～
需固定起床和就寢的時間，讓寶寶有規律的生活作息。

嬰兒與睡眠的關係

嬰兒睡覺的時間也在成長。

熟睡中生長激素分泌最多!!

睡眠時，嬰兒的腦部會整理記憶等等，漸漸發展。再加上生長激素開始分泌，會促進骨骼成長、肌肉量增加。生長激素**在晚上10點～半夜2點這個時段分泌最為旺盛，因此這個時間最好讓寶寶熟睡。**

如果養成了晚睡的習慣，會使得生長激素的分泌減少，有可能會妨害寶寶的成長發育。持續嬰幼兒時期的短時間睡眠，孩子長大後恐怕會體力偏弱、缺乏注意力、容易躁動等等。

在嬰兒時期讓孩子養成日夜有所區隔的規律生活習慣，是父母必做的功課。

媽媽如何有技巧地補眠？

媽媽也應該要好好睡一覺。以下介紹有技巧地找時間補眠的要訣。

白天時，寶寶睡著就跟著睡
寶寶睡覺時簡直就是大好機會，會讓媽媽忍不住這個也想做、那個也想做。但是現在姑且先跟著睡一覺吧。

晚上時，寶寶睡覺媽媽也就寢
媽媽經常不是等候晚歸的爸爸，就是操心家事還沒做完。不過，不妨趁寶寶睡覺的時候媽媽也跟著就寢。

輕鬆
早上8點以前媽媽和寶寶都要起床也很重要。

偶爾可以拜託周圍的人
可以請爸爸半夜起來抱抱，或是白天請家人幫忙看顧一下，小睡片刻。

從早期開始就調整生活作息
建議調整寶寶的生活作息（P82），讓寶寶養成白天醒著、晚上充分睡眠的規律，媽媽也能從早期開始就獲得充足的休息。

哄睡的要訣

不要急著要寶寶快點睡著。還有，寶寶抱著睡著了、要放到被窩裡時，重點是要輕柔、小心翼翼、慢慢地放下。

抱著輕輕搖

抱起來站著輕輕搖啊搖，這種振動會讓寶寶覺得很舒服，很容易就睡著了。溫柔而有節奏地輕拍背部的話，振動會更加舒服。用嬰兒搖椅搖也很有效。

躺在一旁

臉側向寶寶，一邊輕柔地拍拍寶寶的背部或肚子。寶寶感覺到媽媽或爸爸的體溫，便會產生睡意。若是趴在媽媽或爸爸的肚子上抱著睡，有些寶寶會覺得心跳聲很舒服，睡得更熟。

包起來

用毯子或包巾等把寶寶整個身體包起來，這個方法愈是低月齡效果愈好。包著抱起來哄睡後，便可以直接放到被窩裡。毯子很溫暖，可以減少和棉被的溫差，避免寶寶醒來。

摸摸頭

父母撫摸的手的溫度和安心感，能讓寶寶心情放鬆，呼吸變得深沉、產生睡意。要從額頭往後撫摸。此外，也有人說從眉頭往額頭撫摸的話會很舒服，寶寶馬上就會睡著了。

營造容易入睡的環境

太熱或太冷寶寶都無法睡得舒服。不妨重新檢視室溫以及棉被、睡衣等等，營造適合睡眠的環境。

枕頭

基本上不需要枕頭，用摺疊起來的毛巾之類的就很足夠了。鬆鬆軟軟的枕頭如果蓋住口鼻的話非常危險，應避免使用。

墊被、蓋被

蓋被一旦蓋住臉會有窒息的危險，應蓋到腋下附近的位置。墊被則要選擇不會過於柔軟的材質。

睡衣

為了營造睡覺的氣氛，不妨從4個月大左右開始讓寶寶穿固定的睡衣。由於寶寶睡覺時會流汗，故推薦吸水性較好的材質。圍兜有可能會纏住脖子，要拆掉。

溫度

適宜的溫度是夏天26～28度、冬天18～20度。空調的風不要直吹，建議把風向調向上，以電扇讓空氣循環。

媽媽、爸爸與寶寶的遊樂場

雖然寶寶已經漸漸熟悉外出，但這時期還是應該避免跑太遠或到人潮聚集的地方。這時候不妨試著利用附近的設施。在台灣可至各縣市的**托育資源中心（親子館）**等，這些地方會舉辦許多適合寶寶與媽媽、爸爸的活動。開辦的活動因地方政府而異，有時是採事先預約制以限制人數，建議先上網確認看看。

推薦托育資源中心（親子館）的原因

這類設施對寶寶和媽媽、爸爸來說都有說不完的好處，像是和其他媽媽、爸爸交流，還能商量育兒的煩惱。有些活動可以輕鬆地透過線上參加，也有些活動是專為嬰兒設計。

推薦 1

可以結交媽媽友

這些地點聚集了月齡、年齡相近的小朋友，因此可以商量育兒的煩惱、交換托嬰中心或幼稚園的相關資訊、結交媽媽友。

輕輕鬆鬆

住在相同地區的話，還可能結識直到上小學都在一起的朋友。

推薦 2

會舉辦育兒集會

有些還會開辦同月齡寶寶限定、關於育兒的煩惱分享會。有些還會有助產師參與，可以提供一些建議。

有些地方還能當場幫忙測量身體。由於能在月齡健檢以外的時機測量，得以查看寶寶成長的狀況。

推薦 3

會舉辦親子參加的活動

會舉辦各個季節的活動，或是助產師的育兒座談會等等，每個月、每週都有活動。都是可以親子一同參加的活動，不妨確認看看。

安心

像是寶寶按摩或耶誕聚會、七夕等等，依設施不同內容形形色色。有些地方還有寶寶也能樂在其中的活動。

推薦 4

會教授遊戲方式

會教授和寶寶同樂的唱遊、兒歌等等。此外，還能隨意使用各式各樣的玩具，可藉此得知寶寶的喜好。

輕輕鬆鬆

透過唱遊、兒歌，可以和寶寶享受肌膚接觸之樂。

其他推薦的設施

不時確認地方政府的公告或網站、布告欄等等會發現，針對育兒中的媽媽、爸爸所舉辦的活動、育兒座談會、夜間救護的小兒科等資訊比想像中還要多很多。除了托育資源中心（親子館）以外，還有圖書館、公園、幼兒園等各種設施。

好多書！接觸自然！

圖書館、公園

有些圖書館從0歲開始就可以製作借書證。此外，有些地方還會舉辦繪本選擇方法的講座、說故事時間等等。
公園則可以接觸花花草草和沙坑等自然環境。

可以體驗幼兒園！

幼兒園

地區的幼兒園當中，有些會舉辦育兒座談會，或是開設教室以教授幼兒園裡玩的遊戲、托育體驗等等，對象是未入園的兒童及其父母。由於可以查看幼兒園的狀況，因此之後有考慮上幼兒園的人不妨多加利用。

可以在家玩的遊戲

下雨天或疫情流行的期間，建議在家玩遊戲。以下介紹親子館所教授、適合這個時期的唱遊。

遮臉躲貓貓 你看不到我！哇！

這個時期對突然出現的臉會嚇一跳，但因為是媽媽和爸爸的臉，所以會感到開心、有趣。改變露臉的時機、聲音的語調的話，會讓寶寶期待地盯著臉露出來。

一、二

寶寶很喜歡被媽媽、爸爸碰觸和動動身體。可以試著配合喜歡的歌曲韻律，屈伸寶寶的手和腳。刺激手腳能促進今後的匍匐前進（肚子貼地爬）和爬行。

這個時期寶寶的發育、發展

⇨差不多要開始吃副食品。也有些寶寶會翻身

有些發育快一點的寶寶已經會翻身了。手能緊握住物品，遊戲的範圍也加大。這時期寶寶會頻繁地發出聲音，用嬰兒語言跟媽媽、爸爸說話。

安心 即使翻身較慢 發展上也沒有問題

每個嬰兒的發展個別差異很大，舉例來說，也有慢一點的孩子甚至要到9個月大才終於學會翻身。**就算慢了點，也不會影響發展，因此可以不用擔心。**一般而言，發展的順序是頸部硬挺→翻身→坐起，但也有些寶寶會跳過翻身直接坐起。在嬰兒的發展過程中，翻身並非絕對必要的。

對於親密的人會露出笑容，但是面對陌生人會有點不安，或是露出不可思議的表情。這證明了寶寶已經能夠辨識人臉。

	身長
男寶寶	61.9~70.4cm
女寶寶	60.1~68.7cm

	體重
男寶寶	6100~9200g
女寶寶	5740~8670g

※出生5個月～未滿6個月的身長及體重參考值。

表情 對媽媽和爸爸微笑

嘴巴 可以閉嘴巴吞嚥副食品

微笑

會用上嘴唇把副食品捲入，以舌頭送到喉嚨深處。

知道物品與自己之間的距離和方向，用手抓東西的動作變得更加熟練。

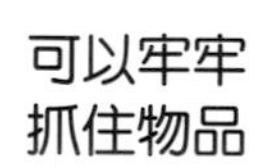

手

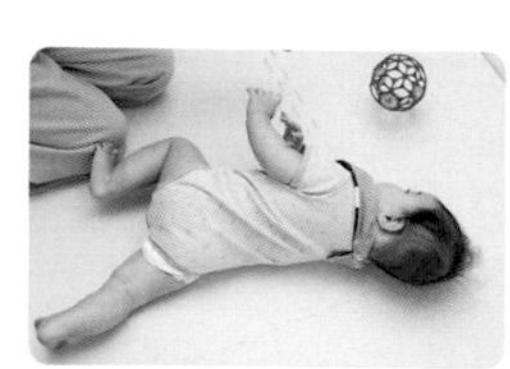

寶寶的腳力也會變強，也有些孩子會翻身了。有時會因為沒有順利翻身，手臂一直無法從身體下抽出來而哇哇大哭。

腳

輕輕鬆鬆 睡眠不足的煩惱也差不多要消除了！

由於寶寶午睡的時段漸趨固定，**生活作息穩定，比較容易擬定1天的計畫**。晚上也能睡完整的一段時間了，因此這個時期媽媽的睡眠不足也隨之消除。建議調整午睡的時間，不要太晚睡。

能依照自己的意志與周遭產生關聯

這時的寶寶只喝母乳或配方奶營養會漸漸不足，是開始要餵食副食品（P78）的時期了。

翻身算是5個月大的寶寶最大的成長。寶寶會交叉雙腳，扭動腰部，最後把上半身翻過來。一旦會翻身之後，「想看看更多不一樣的世界！」寶寶對於周遭的興趣也會提高，隨著腦部和身體的發展，好奇心會愈來愈旺盛。也有些寶寶會跳過翻身直接會坐，情況因人而異。

這時手部的發展也非常顯著，5個月大的寶寶已經會「用眼睛確認打算抓住的對象↓測量其距離↓由腦部傳指令給手部的肌肉，抓住物品」這個稱為伸手取物的高難度動作。這表示寶寶已經能夠依照自己的意志和周遭的事物產生關連。

伸手抓取物品、開始吃副食品，這個時期的寶寶接觸各種東西的機會日漸增加，照顧者要徹底洗手和消毒，採取不把病毒帶入家中的對策。

5個月大寶寶的1天

◎排便0～2次／1天

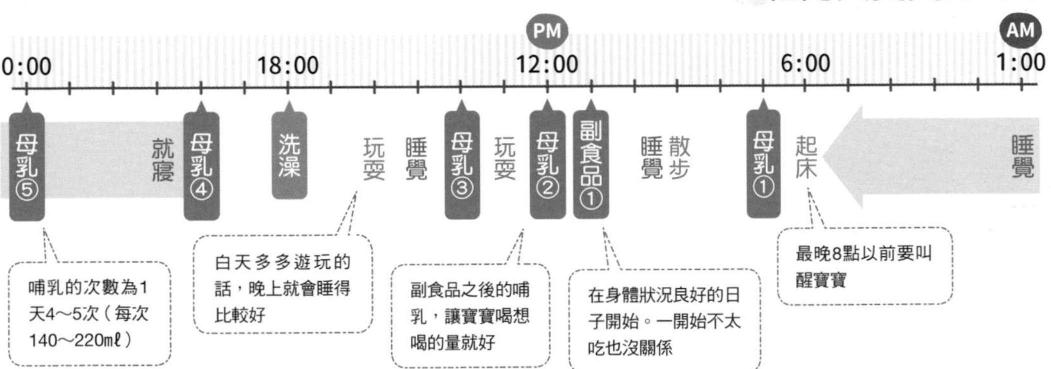

這個時期的爸爸應努力的事項

培養與爸爸之間的羈絆

爸爸一抱就哭，是表示寶寶和媽媽已經建立起信賴關係了。並不是因為討厭爸爸，而是「媽媽會讓人安心」的意思。即使寶寶哭了也不要灰心，可以讀這個時期寶寶開始感興趣的繪本給他聽，或是玩「抱高高」，多多增加肌膚接觸。

這個時期媽媽的狀態、和寶寶相處的方式

教導吃東西的樂趣

寶寶終於要開始吃副食品了。但好不容易辛辛苦苦做出來的餐點，寶寶不是一口都不吃，就是丟擲餐碗，令人煩躁不已……這是常有的事。然而，這個時期的飲食目標在於「透過吃東西培養生存的能力」。不妨輕鬆地進行，不要操之過急。

出生5個月的生活

對周遭的世界興趣盎然 積極擴展接觸的機會

這個時期的寶寶會伸手抓玩具，對於自己周遭的外面世界感到興趣盎然。不妨外出散散步，或是到公園看看其他嬰兒，積極地增加寶寶接觸外面世界的機會。

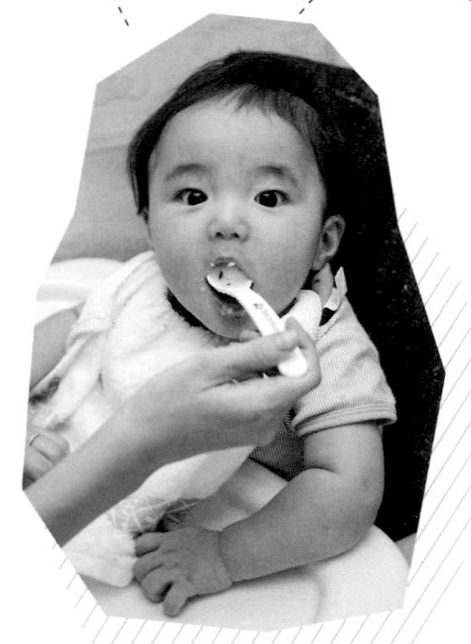

張大嘴巴咬！
嚼一嚼好好吃。

被玩具嚇一跳
哇哇大哭。

一小段時間的話，
能扶著東西站立。

和媽媽一起讀繪本呢，
好開心喔。

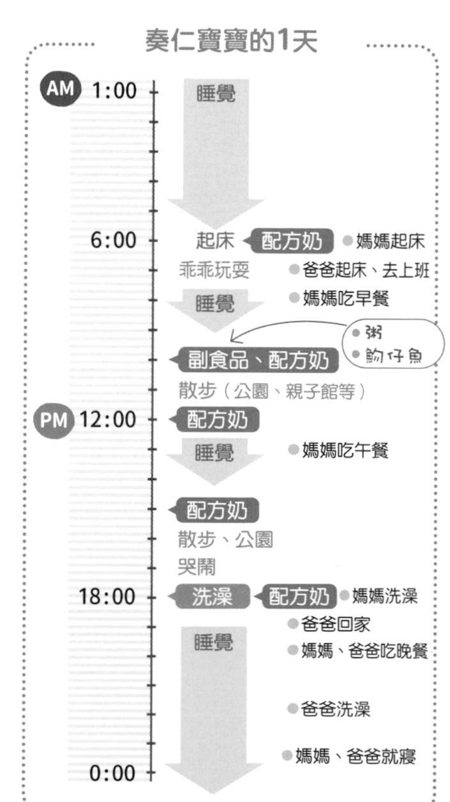

小兒科Dr.Advice

開始自己產生抗體

這個時期來自媽媽的抗體逐漸減少，到了出生3～5個月幾乎消失了。之後會透過感冒等經驗，自己形成抗體，漸漸提高免疫力。所以不需要因為寶寶感冒而感到沮喪。但話雖如此，外出回來還是別忘了洗手。

身體狀況好的話，可以刻意穿少一點（比大人少1件的程度），以培養因應外界氣溫變化的調節功能，養成不容易感冒的體質。

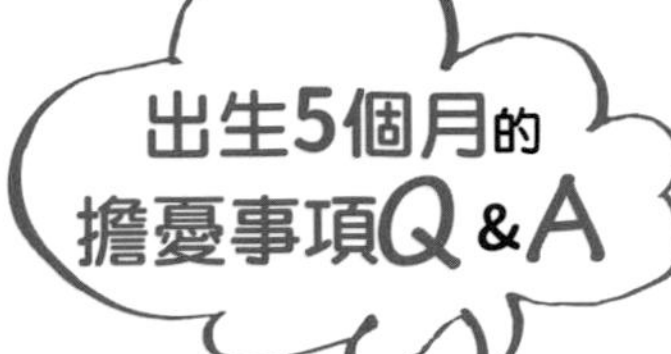

Q 寶寶長汗疹了，有什麼對策嗎？

A 若是輕微的汗疹，只要一流汗就換衣服便會痊癒。

這個時期由於汗腺尚未發達，分泌的汗水很容易堵塞汗腺的出口。如果是輕微的汗疹，只要流汗了就勤換衣服、沖澡洗掉汗水，便會痊癒。很癢的話建議到皮膚科就診。

P109介紹了夜啼的對策、技巧，不妨試試適合寶寶的對策。

Q 夜啼很受不了！

A 原因因寶寶而異。

有些早一點的孩子從5個月大（P108）就開始夜啼。原因可能是睡眠周期失調，或是白天的刺激或壓力。雖然媽媽或爸爸需應付寶寶的夜啼很辛苦，不過大多數到了1歲半左右就會改善，因此不妨將它視為暫時性的，努力撐過去吧。

輕輕鬆鬆

可以和寶寶說話或者讓他拿著要更換的衣服。如果很會翻身的寶寶，改穿褲型的尿布，就能輕鬆換尿布了。

Q 換尿布的時候動來動去很抗拒

A 趁轉移注意力的時候換。

換衣服時寶寶不是用力踢腳，就是翻身或大哭，實在很傷腦筋呢。這有可能是因為「討厭仰躺著被剝奪自由」、「尿布墊涼涼的不舒服」等原因。這也是寶寶表達自我意志的其中一種。不妨試著用點技巧，例如讓寶寶拿著喜歡的玩具以轉移注意力。

Q 後腦杓的頭髮變稀疏了。會再長回來嗎？

A 不需要特別保養。

寶寶的頭髮有時會打結，或是由於摩擦而變得稀疏，但並不需要特別保養。

Q 口水量太多，很擔心。

A 並不需要擔心口水太多。

唾液的分泌量增加，是寶寶開始在為消化副食品預作準備。唾液能保護口腔的黏膜，為口腔清潔、殺菌。此外，由於嘴巴周圍的肌肉尚未發達，所以還無法閉上嘴巴順利把唾液吞下去，並不需要因為口水太多而擔心。

Q 寶寶會拔頭髮，有什麼原因嗎？

A 可能是想睡覺或是汗疹、濕疹。

寶寶玩弄頭髮時通常是想睡覺的時候。嬰兒的新陳代謝旺盛，很容易出汗，因此也要確認頭部有沒有汗疹或濕疹。

試著開始餵食副食品吧

到現在為止只靠母乳或配方奶成長發育的寶寶，開始練習從固態食物當中攝取營養，就稱為斷奶，而這個食物就叫做副食品。配合寶寶的發展，食物形狀以及可以吃的食材幾乎都有一定準則，建議以月齡為參考基準，再漸進式升級。用餐的次數也是從1天1次增為2次、從2次增為3次，慢慢增加。接著經歷幼兒食物，從3歲左右起就可以和大人吃相同的食物了。

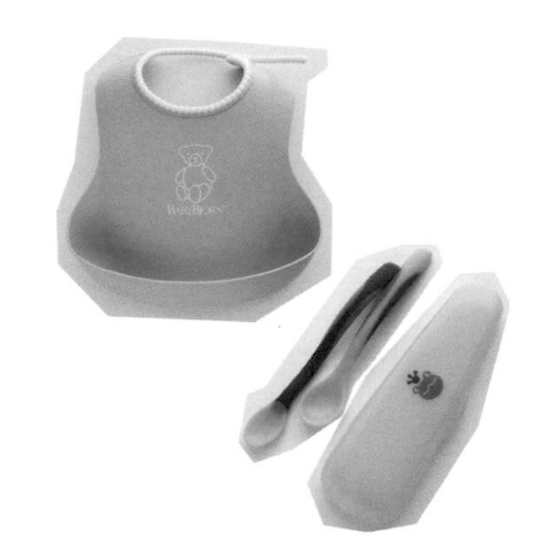

副食品 進階的流程

斷奶初期

（5～6個月左右）➡p.79

從大口大口喝開始！

從10倍粥米糊開始。是練習將母乳或配方奶以外的東西放入口中吞嚥的期間。母乳或配方奶則讓寶寶想喝就喝，這個時期仍需從母乳或配方奶當中攝取營養。習慣了以後，就可以餵蔬菜泥（菠菜、紅蘿蔔、南瓜等等）以及豆腐、魩仔魚乾、白身魚（鯛魚）、熟透的蛋黃等等。把早上10點左右的哺乳改成餵副食品。用餐的次數為1天1次。

斷奶中期

（7～8個月左右）➡p.100

可以調味了！

米糊改用7倍粥，1天吃2次。米糊以外也可以開始吃麵包、烏龍麵、雞里肌、雞絞肉、原味優格、水煮鮪魚、鮭魚等等。此外，由於蛋容易過敏，因此要等習慣蛋黃以後，再逐次少量嘗試全蛋。至於調味，可以開始使用鹽、醬油、砂糖、味噌，但用量只需增添風味的程度。

斷奶後期

（9～11個月左右）➡p.116

開始用手抓著吃！

米糊改用5倍粥，1天吃3次。可以開始吃紅肉魚的鮪魚、青魚類的竹筴魚。可以使用奶油、植物油、番茄醬、美乃滋調味，菜色的變化更為豐富。

此外，因為要練習用手拿著吃，食材建議幫寶寶切成容易拿取的棒狀。

斷奶完成期

（1歲～1歲6個月左右）➡p.142

3餐以外還可以吃點心！

米煮成軟飯，1天吃3次。除此之外，建議早上和下午共給予2次點心（飯糰或根莖類），當成補充食品。如果能喝鮮奶的話，也可以從1歲起當點心喝。雖然可以吃的食材增加了，但還不要給太硬、有彈性的食物。生魚片這類生食也還不能吃。在媽媽和爸爸的協助之下，也要開始練習用湯匙吃飯了。

接下來，改吃幼兒食品（P.144）

副食品（斷奶初期）的進行方式

找一個身體狀況良好的早上開始

到了出生後5～6個月，寶寶的口水變多了，就是可以開始吃副食品的指標。由於要給寶寶吃母乳或配方奶以外第一次吃的東西，因此建議選擇寶寶身體狀況良好的日子進行，把早上其中1次哺乳替換成副食品。

最初從10倍粥米糊1匙開始

磨成糊狀的10倍粥不太需要擔心過敏，且容易消化吸收，一開始先用嬰兒湯匙餵1匙份。

逐次少量加入蔬菜

花1週逐步增加米糊的量，等習慣了以後就加入蔬菜。只要是沒有特殊氣味、可以磨成泥糊狀的蔬菜都可以。等到寶寶也習慣蔬菜以後，就可以嘗試餵蛋白質來源的豆腐或魩仔魚乾、鯛魚等等。

斷奶初期（5～6個月左右）

這個時期的副食品

首先從10倍粥米糊開始。習慣以後，再慢慢給予蔬菜以及蛋白質食品。

開始的時機？

身體狀況良好的日子

寶寶的口水量變多了、很感興趣地盯著媽媽或爸爸的餐點，就表示可以開始了。建議選一天身體狀況好的早上開始。

1天幾次？

早上1次

把早上的哺乳其中一次替換成副食品。吃完後，母乳或配方奶想喝多少就給多少沒關係。

食材的種類？

從容易消化吸收的粥開始

碳水化合物從10倍粥開始。維生素、礦物質則推薦有甜味的南瓜、紅蘿蔔。

蛋白質來源可以給豆腐、魩仔魚乾。

硬度、1次的分量？

滑順的濃湯狀

以磨成滑順的濃湯狀為準。碳水化合物從嬰兒湯匙1匙開始，再逐步增加量。蔬菜、水果、蛋白質也是一樣。蛋白質建議設定於副食品開始後1個月左右再開始餵。

階段 1 某一天的菜單

※下列其中1餐在早上餵1次。

南瓜粥

作法

1. 將10g南瓜帶皮從冷水開始煮軟，瀝乾水分後趁熱去皮、磨成泥糊狀。
2. 放2大匙 *1* 在10倍粥米糊上。

番茄粥

作法

1. 番茄10g用熱水燙煮去皮後，橫切成兩半、去籽，再用濾網壓成糊。
2. 放2大匙 *1* 在10倍粥米糊上。

馬鈴薯泥與紅蘿蔔泥

作法

1. 馬鈴薯10g去皮，泡水20分鐘以去除澀味。用水煮軟後瀝乾水分，趁熱壓成泥。
2. 紅蘿蔔10g去皮、用水煮軟後，再用濾網壓成泥。
3. 將 *1*、*2* 以熱開水稀釋，裝到同一個盤子。

副食品時間要選在早上

首先把早上的其中一次哺乳替換成副食品。考慮到給寶寶吃第一次吃的食材時有可能會食物過敏（P145），因此建議在醫院有門診的早上10點左右進行。

從嬰兒湯匙1匙的量開始，再逐步增加餵食的量。餵完副食品之後，母乳或配方奶想喝多少就給多少。此時寶寶大部分營養還是從母乳或配方奶當中攝取。

時間表參考例

AM 6:00	母乳、配方奶①
10:00	副食品① ＋ 母乳、配方奶②
PM 14:00	母乳、配方奶③
18:00	母乳、配方奶④
22:00	母乳、配方奶⑤

開始後的分量進行方式（參考基準）

	第1天	第2天	第3天	第4天	第5天	第6天	第7天	第8天	第9天	第10天	第11天	第12天	第13天	第14天	第15天
主食（碳水化合物）➡米、麵包、烏龍麵	※從嬰兒湯匙1匙開始，再逐步增加 →														
配菜（維生素、礦物質）➡蔬菜、水果						※從嬰兒湯匙1匙開始，再逐步增加 →									
主菜（蛋白質）➡白身魚、豆腐											※從嬰兒湯匙1匙開始，再逐步增加 →				

用餐時的姿勢

重點是讓寶寶的身體稍微往後傾

這個時期寶寶還沒辦法坐穩，要抱著讓寶寶坐在媽媽的腿上、面向前方。身體稍微往後傾的話，副食品比較不會從嘴巴溢出來，也有利於吞嚥。也可以讓寶寶自己坐在有靠背的嬰兒餐搖椅或安撫椅。

媽媽抱著能讓寶寶吃得更安心。

○ 餵食方法

- 應使用嬰兒專用的湯匙。
- 輕碰下嘴唇，等嘴巴自然張開了再放入湯匙，閉上嘴巴後就抽出湯匙。

應避免的餵食方法 

- 把湯匙放到嘴巴深處的話，寶寶就無法練習用自己的舌頭搬運食物。
- 用力摩擦上嘴唇會妨礙寶寶練習自己閉上嘴巴吃東西。

Q 把蔬菜呸！地吐出來

A 要徹底磨碎成泥糊狀。

寶寶可能是覺得蔬菜苦苦的。還有，像蔬菜這類纖維較多的食物要徹底磨碎，盡可能做成泥糊狀。市面上也有販售細細磨成泥的菠菜這類嬰兒食品，不妨試一試。

將米湯等拌入蔬菜泥，就可以讓苦味比較不明顯。

Q 只要打算餵副食品就開始哭鬧

A 先給一點母乳或配方奶。

有可能是寶寶的肚子太餓了。寶寶因為肚子太餓哭鬧時，就先餵一點母乳或配方奶，讓寶寶冷靜下來再餵副食品。在習慣之前，要慎重摸索餵食副食品的時機點。

Q 開始吃副食品以後大便的氣味變了。有沒有關係呢？

A 情緒良好的話就不需擔心。

由於腸道內細菌的均衡改變的關係，大便的顏色或氣味、硬度等會產生變化，有時也會直接排出所吃食物的顏色。雖然也有可能是腹瀉或便祕，但如果寶寶的情緒不錯，也有食欲的話就沒什麼大礙。

Q 副食品吃完吵著「還要」

A 應依照規定的量。

剛開始吃副食品時，有些食材不容易消化，也有可能造成嘔吐或腹瀉。一開始的期間應依照規定的量。

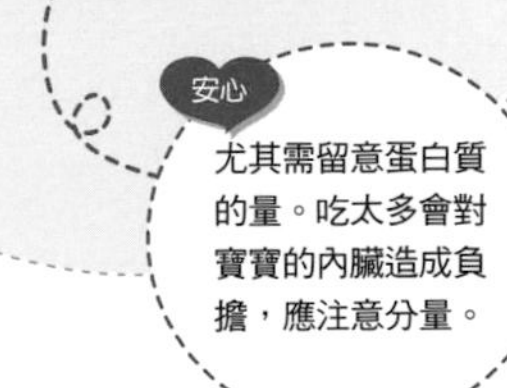

Q 比起自己做的副食品更愛吃嬰兒食品……

A 不妨作為喜好的參考。

可能是寶寶喜歡嬰兒食品的滑順度。媽媽不妨也吃吃看，作為今後製作副食品的參考。

為寶寶調整生活作息

早上起床、晚上睡覺，這個規律寶寶是無法自己調整的，要由父母幫忙調整。哺乳次數和睡眠時間配合寶寶的同時，早上可以打開窗簾讓寶寶沐浴陽光，晚上則調暗室內，營造利於睡眠的環境。開始餵食副食品之後，要盡量固定在相同的時間餵。

此外，不要讓寶寶配合大人的生活，像是早上起不來所以晚起，或是因為爸爸晚歸所以睡覺時間也變晚。對寶寶而言，睡眠當中會分泌生長激素，是身體成長的時間（P70），熬夜的話會導致生長激素的分泌減少。

父母應為寶寶調整規律的生活作息，白天時多多遊玩、活動身體，晚上則是睡覺時間。並不需要特別做什麼，只要每天持續規律的生活，就能養成生活作息。

大人也能重新檢視生活的機會

近年來，夜貓子體質的成人愈來愈多。有時還會因為晚睡，使得疲勞延續到隔天早上……形成惡性循環。

不只是嬰兒，早睡早起對大人而言也是理想的生活作息。生活作息紊亂不僅可能造成內分泌失調，也可能導致白天精神不濟、總是無法消除疲勞。建議媽媽和爸爸也跟孩子一起養成早睡早起的生活作息。如此一來便能夠獲得充分的休息，也可以進一步轉換心情。

早睡早起的好處

1 生活作息規律
2 因為能好好吃早餐，腦部運作也變好
3 早上的時間較充裕
4 皮膚的狀況變好

調整寶寶生活作息的7個要訣

1. 日夜作出區隔。（從早上打開窗簾沐浴陽光開始）
2. 早上最晚8點前起床。
3. 固定時間餵食副食品。
4. 白天多活動、晚上安靜度過。
5. 午睡要在傍晚之前結束。
6. 不小心熬了夜的隔天早上，也要在相同的時間喚醒。
7. 晚上把房間調暗、保持安靜，營造利於睡眠的環境。

這個時期特別在意
關於生活作息的
Q&A

生活作息不規律！不小心熬夜！

Q 爸爸晚歸，結果把寶寶吵醒了。

A 肌膚接觸晚上先忍耐，早點起床早上再進行。

雖然能理解爸爸想和寶寶相處的心情，但為此吵醒寶寶則要三思。請爸爸忍耐一下，可以改成早上比平常早一點起床，空出與寶寶接觸相處的時間。即使只有早起30分鐘，作為肌膚接觸的時光也很足夠了。

Q 午睡的時間每天固定比較好嗎？

A 就寢的時間大致相同的話，就不需要調整午睡。

如果晚上大致都在相同時間睡覺的話，就不需要特別調整。只不過，如果午睡的時間比平常晚，有可能晚上也會更晚睡。這時建議把寶寶叫醒，中斷午睡。寶寶身體開始在扭動是睡眠變淺的時機，這個時候比較能順利叫醒。

Q 為了調整生活作息而刻意早睡，結果寶寶卻很抗拒、哭鬧不肯睡。

A 有可能是不睏所以才哭。

有些孩子會乖乖睡覺，也有些孩子一直睡不著到後來就哭了，每個人的個性不盡相同。孩子當中有的是長時間熟睡型，有的則是睡短時間就有精神的類型。一直不睡覺有可能是只需短時間睡眠就足夠的類型。只不過，早上必須維持早起。要是即使晚睡早起情緒也不錯的話，可能這樣的生活作息比較適合寶寶。

Q 無法每天都維持準確時間的生活作息。

A 時間大致相同就可以了。

寶寶的作息每天都不同，有些日子能夠按照努力想達到的作息，有時則可能哭鬧，或是午睡時間拉長、晚上晚睡等等。即使無法做到完全在同一個時間也沒關係，時間大致上有維持規律就沒問題。

Q 寶寶白天不睡覺，沒關係嗎？

A 晚上有睡覺就不用擔心。

由於每個寶寶都不同，如果寶寶晚上睡得很熟、白天情緒也不錯的話，就沒有問題。即使白天不睡覺，也可以試試和媽媽一起在被窩裡躺一躺。讓房間保持安靜，抱著寶寶或是讓寶寶趴在媽媽身體上，光是這樣也能讓寶寶的身體獲得休息。

讓周遭的人也參與育兒

寶寶和媽媽出院以後，育兒生活就正式開始了。能拜託爸爸、父母的事情不妨麻煩他們，不一定要把全部的事情都攬在媽媽一個人身上。和周遭的人一起育兒吧。

育兒要和爸爸分擔

媽媽是否一個人在硬撐？

寶寶出生後馬上就有很多事要做。哺乳、換尿布、沐浴、哄睡……雖然育兒的爸爸比起以往來得更多了，但主要的育兒工作還是很容易落在媽媽身上。

然而，媽媽和爸爸一樣都是育兒新手，爸爸從一開始就要盡可能多多參與育兒。

此外，爸爸事先理解寶寶的生活作息的話，就能為接著要做的事預作準備。例如，從公司回來時，「這個時間應該正在洗澡，可以幫忙穿衣服」像這樣知道回到家之後可以做什麼事。爸爸只要利用待在家的日子，先掌握寶寶的生活作息就行了。

如果育兒都是媽媽一個人在硬撐的話，身心都無法休息。跟家人一起進行育兒生活吧。

看整體還是只看某一部分

一旦開始育兒，媽媽的負擔無論如何都會加重。爸爸雖然想積極參與育兒，卻不知該做什麼才好……寶寶對媽媽會露出笑容，看到爸爸就哭……爸爸雖然想和寶寶好好相處，卻可能常常感到自己像局外人。

讓爸爸育兒的時候，建議具體告知爸爸該做什麼事，例如「換好尿布後，把髒尿布拿去丟掉喔」、「麻煩你先補充新的尿布」等等，而不是只說「幫忙換一下尿布」。詳細告知的話，爸爸就比較容易理解要做什麼。

還有，爸爸很容易做的就是「只看到一部分」。例如洗澡，媽媽想的是「蓄熱水、做好準備、洗澡、穿衣服、完成」，但很多爸爸想的是「把寶寶洗好就完成了」，所以看整體流程的媽媽，和只看流程其中一部分的爸爸，彼此會沒有交集。因此媽媽不妨具體告知希望做的事，讓爸爸漸漸理解整體的流程，主動積極地加以實踐。

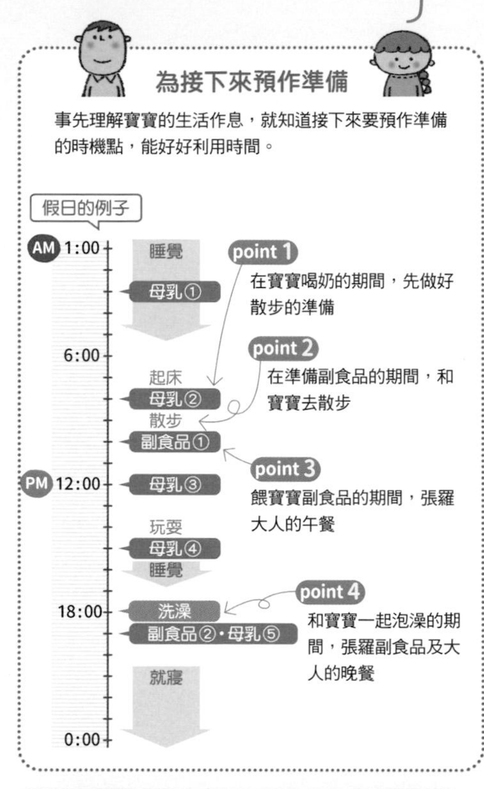

和爺爺奶奶，外公外婆的往來方式？

保有適度距離較為理想

自從寶寶出生後，和自己的父母以及公婆（寶寶的祖父母）在各方面的往來都增加了。從身為育兒前輩的父母親們聽來的育兒經，雖然許多都很有用，但育兒方法會隨著時代變遷而改變。

有時對於育兒的想法和父母親一代相左，還可能形成意見對立。尤其是分開住的話，無法頻繁見面，往往會使得溝通變得困難。

和父母親們融洽相處的要訣就是「保持適當的距離」。不過分倚賴，恰到好處地麻煩對方，便能一同育兒又不至於對彼此造成負擔。

關係融洽的  個訣竅

明確表明希望做的事和不希望做的事

尤其關於孩子的健康和安全的事更要事先告知。像是「為了防止蛀牙，希望不要給孩子吃甜食」、「因為法律規定，搭車時要使用嬰兒座椅」，要同時明確地告知理由。

不要否定他們與寶寶相處的方式

如果打從心底否定爺爺奶奶、外公外婆為了孫子好而做的事，有時容易產生芥蒂。
不妨體諒對方是出於疼愛孫子才這麼做，以寬大的心情接受。

不忘表達感謝

把對方幫忙育兒視為理所當然而毫不客氣、缺乏謝意或感謝的話語，會讓爺爺奶奶、外公外婆覺得照顧孫子是一種負擔。麻煩人家後別忘了表達感謝之意。

讓對方了解現在與過去育兒方法的不同

「太常抱的話會養成習慣」是引發爭論的育兒方法之一。現今即便是為了表達關愛之情也都推崇多抱寶寶了。像這樣過去與現在如果有不同的地方，建議有禮貌地讓對方知道。

借助地區的力量育兒

托育資源中心（親子館）（P72）等都是地方上致力於協助育兒的措施。是由地方政府提供地點或線上社群，辦理育兒座談會、副食品試吃會等活動，讓相同月齡的兒童與爸媽交流的場所。此外，有些還會請年長的義工教導孩子從前的遊戲。

日本還有「家庭支持中心」，這是地方上希望接受育兒相關援助者、希望援助他人者成為會員的互助會員組織。

像這樣以地區為單位支援育兒、協助媽媽和爸爸的措施正在推展當中。由於活動內容依地方政府而異，建議查詢看看。

你知道有「祖父母手冊」嗎？

在日本，有一些地方政府為祖父母或父母們製作了「祖父母手冊」。裡面刊載了育兒的新常識、和父母一代相處的訣竅等內容。祖父母和父母一起閱讀，能了解現在的育兒方法與過去的差異、縮小世代之間隔閡，使得彼此之間的溝通更加順暢——當中包含了地方政府如此的冀望。有些在網路上就能看到內容，不妨確認看看。

這個時期寶寶的發育、發展

⇨有些孩子能短時間坐著

寶寶會藉由翻身移動了。有些孩子可以把東西從這隻手換到另一隻手拿，或是短時間坐著。寶寶開始會怕生，有時看到媽媽、爸爸以外的人就放聲大哭。

安心 漸漸習慣了副食品的時期

這個時期媽媽和寶寶都已漸漸習慣1天1次的副食品，**也有些寶寶能順利從飲食當中攝取營養，副食品之後的哺乳量逐漸減少**。此外，這時寶寶的嗅覺幾乎達到和成人同樣的等級，其中還有些寶寶開始長乳牙了。這個時期寶寶會細細品嚐每一個食材的味道和口感，將情報傳送到腦部。如果還沒開始副食品，是時候該挑戰看看了。

想要人抱抱就哭，靈活地運用表情。

表情 也會故意哭

微笑

發育早一點的孩子已經開始長乳牙了。由於有個別差異，即使還沒開始長也不必擔心。如果門牙長出來了，要用紗布巾幫寶寶擦拭（P102）。

嘴巴 有些寶寶開始長牙了

	身長
男寶寶	63.6~72.1cm
女寶寶	61.7~70.4cm
	體重
男寶寶	6440~9570g
女寶寶	6060~9060g

※出生6個月～未滿7個月的身長及體重參考值。

輕輕鬆鬆 差不多會坐了

這時期寶寶的脖子已經完全硬挺，可以安心地豎抱或背著了。**在反覆翻身的同時，寶寶會學會使用全身的肌肉**，接著還會挑戰肚子貼地爬行，再過不久就會坐了。會坐以後，照顧起來會一下子變得輕鬆許多。

手 能把東西左右換手拿

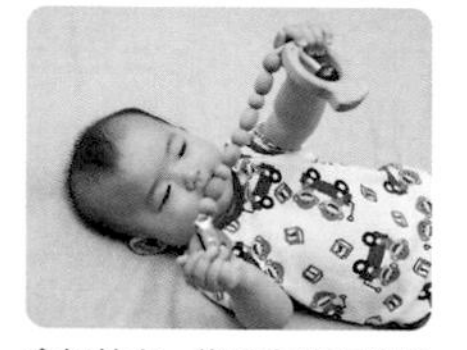

會把其中一隻手拿的玩具換到另一隻手了。

腰 能短時間坐著

能挺直身體坐著還要一段時間。雖然坐得不穩，但已經可以獨自坐著了。

有些孩子會故意哭以引起大人的注意

在觀察6個月大的發展時，很重要的一大重點就是坐著。完成的基準是能否不靠人扶持獨自坐著。即使寶寶坐得不穩、手還要撐著地也不用擔心，到了7月大時腰部也穩定了就能達成。

在手腳的發展上，會從左右的運動分化開始。到目前為止，左右的手腳只能一起活動，但現在能把玩具換手拿了。左右手腳個別活動的練習，關係到爬行的動作。

有些寶寶這時開始會怕生（P118）。這表示寶寶已經能夠識別媽媽、爸爸的臉，和他人做出區別。不喜歡的話會抗拒之類，需求的種類也會增加。到目前為止只有「想喝奶～」這類的生理需求，但這時還會出現「要抱抱～」這種情緒性需求，也會有為了吸引人注意而故意哭泣的行為。盡可能達成寶寶的需求，有助於加深與寶寶之間的牽絆。

6個月大寶寶的1天

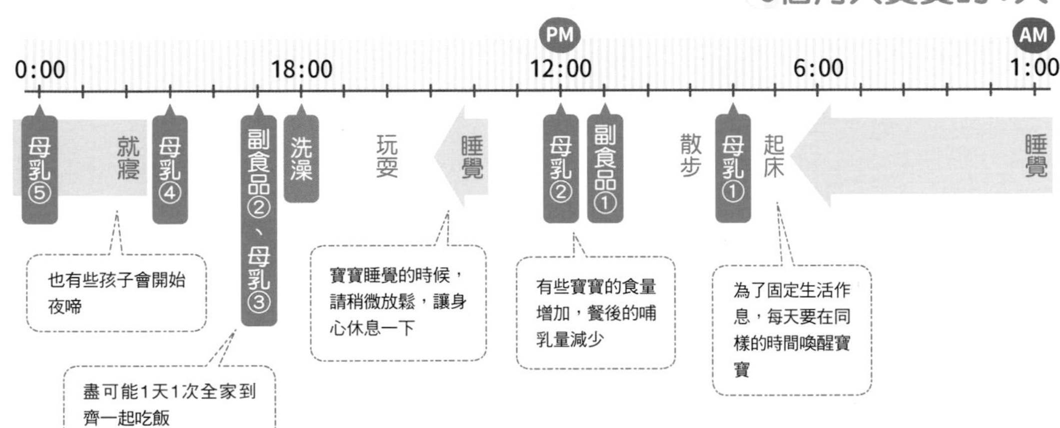

這個時期的爸爸應努力的事項

成為應付夜啼的達人

這個時期的寶寶會翻身了，有時白天為了緊盯活動力變強的寶寶，會令人精疲力盡。如果寶寶開始夜啼，不妨自動自發把寶寶抱起來在房間裡走動，在享受肌膚接觸的同時，試著採取對策。

這個時期媽媽的狀態、和寶寶相處的方式

照顧自己也很重要

寶寶1天的睡眠時間變成15小時左右，白天也開始能睡完整的一段時間了。在這期間可以多做一些副食品，分成小份冷凍，也可以開始準備把副食品增為1天2次。

不過，別努力過頭了，記得省略一些家事，別忘了照顧自己的身心。

生後6個月的生活

在同樣的時間睡覺 調整生活作息

為了讓生活作息有規律（P82），要養成每天在同樣時間起床、用餐、洗澡、就寢的習慣。起床後換衣服、晚上穿睡衣等，在生活上有所區隔。最理想的情況是每天全家人要聚在一起同桌吃飯1次。

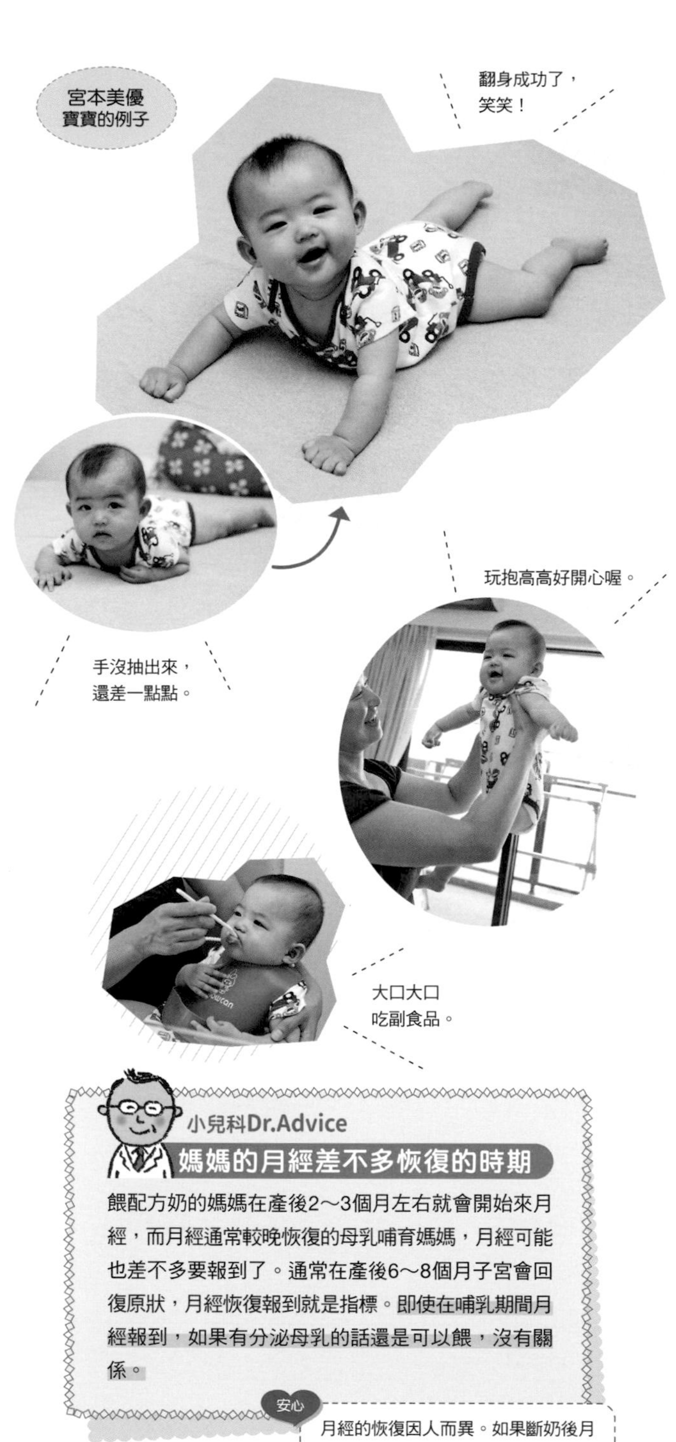

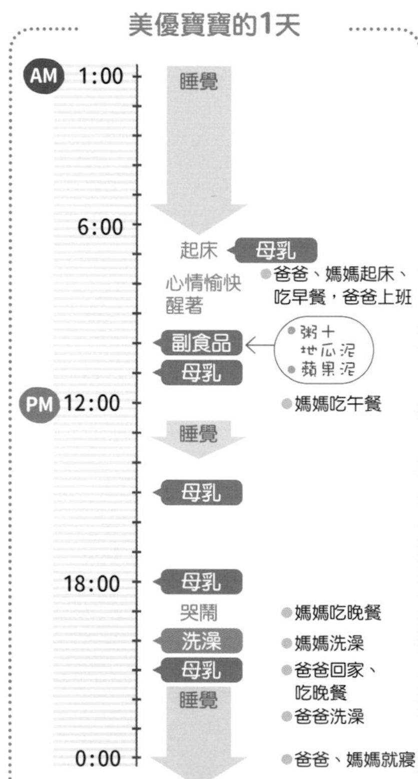

小兒科Dr.Advice
媽媽的月經差不多恢復的時期

餵配方奶的媽媽在產後2～3個月左右就會開始來月經，而月經通常較晚恢復的母乳哺育媽媽，月經可能也差不多要報到了。通常在產後6～8個月子宮會回復原狀，月經恢復報到就是指標。即使在哺乳期間月經報到，如果有分泌母乳的話還是可以餵，沒有關係。

安心

月經的恢復因人而異。如果斷奶後月經仍沒有報到的話，保險起見建議就醫。

Q 寶寶的頭髮很稀疏……

A 不必擔心。

嬰兒從出生3個月左右起會開始換髮，到了1歲左右，胎毛的任務完成便會漸漸脫落。嬰兒新長出來的毛髮，特徵是一開始細細軟軟的。之後就會逐漸變為粗的毛髮了，因此即使稀疏也不必擔心。

Q 衣服該穿幾件？

A 會翻身以後和大人一樣。

常聽人家說「小孩子體溫比較高，衣服要比大人少穿1件」。不過，這是指超過1歲會走了以後。3個月大左右以前，寶寶很容易受室外氣溫的影響，要比大人多穿1件，想辦法避免體溫降低。會翻身以後，件數就跟大人穿的一樣。

外出時隨身攜帶毯子或薄外套、背心這些方便依氣溫調節的衣物，較為安心。

Q 寶寶什麼都舔，不用擔心細菌嗎？

A 不用擔心。但是要小心避免誤吞異物。

嬰兒會透過舔東西來認識自己周遭的世界。這個時期來自媽媽的免疫也差不多變弱了，透過舔東西適度攝入細菌，可以獲得免疫力，有助於打造強健的身體。無論如何還是非常在意細菌的話，可以洗的東西就用水洗後徹底乾燥，布製品則加以清洗。此外，不要把病毒帶入家中。

安心

寶寶什麼東西都會往嘴裡送。可能造成誤食（P110）、直徑4cm以下的小東西，要避免放在寶寶手搆得到的範圍內。

Q 還不會翻身

A 不妨再守候一段時間。

寶寶各有各的個性，有的孩子喜歡獨自玩耍、有的孩子很喜歡媽媽抱抱，也有些孩子對翻身不感興趣，形形色色。試著讓寶寶俯臥，看看是否會用力把頭抬高。如果會抬頭，也許再過不久就會翻身了。

安心

雖然體重較重的孩子也有稍慢的傾向，但並無大礙。體重較輕的寶寶如果對翻身沒有興趣，也有可能直接跳到坐起。

Q 嬰兒有傳染病對策嗎？

A 為避免傳染，大人要勤洗手、漱口、戴口罩。

家人外出時要戴口罩，回家後要徹底洗手、漱口。新型冠狀病毒等傳染病流行期間，非必要最好盡可能不要外出，並避免群聚。

寶寶生病時的居家照護

免疫力較弱的寶寶常常會發燒或是腹瀉。這個時候媽媽、爸爸可能會很猶豫是要在家裡觀察狀況，還是該前往醫療院所接受診療。可以仔細觀察寶寶是否有「和平常不同的地方」，像是情緒不佳、不太攝取水分、全身無力、看起來怪怪的等等。其中也可能潛藏了嚴重的疾病，因此確實進行適切的判斷非常重要。也可以參考各疾病症狀的緊急程度確認表（P188）。

居家照護的基本

附生病時需就醫的基準！

要盡可能讓身體不適的寶寶舒服一點。可以給予適當的照護，並觀察狀況。

※以下也介紹了最好前往醫療院所接受診療的基準，請作為參考。

發燒的時候

除了體溫的高低，還要觀察全身的狀況，例如有沒有起疹子、是否臉色發青、嘴唇變黑（發紺），脖子是否僵硬等等。

居家照護&就醫的基準

寶寶的情緒良好，有補充水分的話就不用擔心。

居家照護

如果持續發燒，體內的水分和礦物質會隨著汗水等流失，因此要不時以母乳或配方奶、白開水麥茶等等補充水分。也很推薦能有效補充電解質的嬰兒專用口服電解水。
若是體溫升高、臉紅、大量出汗的話，就少穿一點衣服。有流汗的話應隨時換衣服。

就醫的基準

沒有食欲、全身無力、無法攝取水分的狀態、月齡未滿4個月的寶寶發燒到38度以上、滿4個月的寶寶發燒到40度以上的話，應馬上就醫。

可能的疾病

- 感冒、流感（P176）
- 玫瑰疹（P177）
- 疱疹性咽峽炎（P177）
- 手足口病（P178）
- 麻疹（P178）
- 水痘（P179）
- 傳染性紅斑症（第五病）（P179）
- 肺炎（P180）

可以泡澡嗎？

用熱水浸濕毛巾擦澡或改成淋浴

泡在浴缸裡的話會消耗體力，應避免。由於發燒會流汗，可以把毛巾用熱水浸濕擦擦身體，或是改成淋浴就好。

可以外出嗎？

前2～3天應避免

1天測量3次左右，如果體溫都正常，就可以算是退燒了。不過，即使退燒了體力還是很虛弱，應待在家2～3天悠閒度過。

冰敷的要訣？

脖子後方和腋下

把小的保冷劑用毛巾包起來，或是將沾濕後擰乾的毛巾等放在粗血管或淋巴通過的脖子後方和腋下退燒。冷卻淋巴有幫助身體降溫的效果。中暑時冰敷相同的部位也很有效。

腹瀉的時候

大便是健康的指標。寶寶不管是內臟和消化機能都還未發達，有可能因所吃的食物而腹瀉。

居家照護&就醫的基準

容易引發脫水症狀，要特別留意

居家照護

需不時補充水分。如果寶寶有食欲，可以餵粥這類容易消化的東西。也很推薦具有整腸作用的蘋果，可以餵蘋果汁或蘋果泥。

就醫的基準

情緒良好，並且有攝取水分的話，不必慌忙就醫也沒關係。腹瀉時還有笑容就不需要太過擔心。不過，如果有情緒不佳、拒絕補充水分、尿量很少、嚴重腹瀉或嘔吐、高燒、血便、肚子痛、嘴唇發紫（發紺）、痙攣等症狀的話，應馬上就醫。

可以吃副食品嗎？

改吃容易消化的東西

要逐次少量給一些容易消化的東西，像是粥、烏龍麵之類。副食品可以退回到前一個階段。

腹瀉之後呢？

避免發炎的照護方式

大便後用濕一點的紗布巾擦拭，或用熱水沖洗屁股。

可能的疾病

- 細菌性食物中毒
- 急性腸胃炎（P181）
- 諾羅病毒感染症（P181）
- 感冒、流感（P176）
- 玫瑰疹（P177）
- 腸套疊（P181）
- 食物過敏所引發之腹瀉

便祕的時候

一旦開始吃副食品，飲食生活改變，腸道內細菌便會產生變化，使得大便的次數比新生兒時期、哺乳時期來得少。

居家照護&就醫的基準

如果只有2～3天沒排便也沒關係

居家照護

用棉花棒按摩肛門（請參考右邊），或是在肚子上畫圈按摩，以排出氣體。此外，應多補充水分，增加蔬菜、根莖類、蘋果或黑棗汁這類膳食纖維含量豐富的食品。

就醫的基準

即使重新檢視飲食或生活作息還是沒有排便、有好幾次1週以上的便祕、寶寶看起來很痛苦、大便很硬只大出來一點點，這時就應該前往醫療院所接受診療。

棉花棒按摩的方法

用棉花棒刺激肛門

1. 將大人用的棉花棒前端約3㎝沾上凡士林或嬰兒油。
2. 在屁股下方墊毛巾或報紙。
3. 將棉花棒的棉頭部分放入肛門，像畫圓圈般轉一轉、來回進出。
4. 用手輕壓下腹部。

畫圓圈按摩的方法

在肚臍周圍畫圈

1. 以肚臍為中心用掌心順時針移動，畫大圓。
2. 一邊輕輕壓，刺激腸道。

咳嗽的時候

咳嗽是為了排出氣管內的分泌液或異物，以維持呼吸功能正常的防禦反應。嚴重的咳嗽會消耗體力。

居家照護＆就醫的基準

嚴重咳嗽時要及早就醫

居家照護

室內的濕度應保持在50～60%，要勤於補充水分，豎抱著輕拍背部。

就醫的基準

有咻咻、咻咻這種呼吸聲的話，有可能是支氣管或肺部的疾病，即使半夜也要馬上就醫。每當呼吸時，肋骨之間或鎖骨會凹陷、呼吸困難時，也要馬上就醫。

可能的疾病

- 肺炎（P180）
- 百日咳（P180）
- 支氣管炎（P180）
- 兒童支氣管哮喘

拍背的理由？

排出氣管內的痰

要排出支氣管裡的痰，豎抱著輕輕拍背的效果最好，震動有助於排出痰。此外，躺下時，用枕頭或摺疊起來的毛巾等物品把上半身稍微墊高，也能讓呼吸較為順暢。

加濕和通風

室內環境是關鍵

為防止氣管乾燥，要提高濕度。建議使用加濕器或在室內晾衣服。也別忘了1～2小時開窗戶1次通風換氣，以排出髒空氣。

流鼻水的時候

嬰兒的黏膜很敏感，只要空氣乾燥或氣溫變化馬上就會流鼻水，有時還會因為鼻塞導致淺眠，因此要幫孩子通鼻。

居家照護＆就醫的基準

鼻腔狹窄所以容易鼻塞

居家照護

不時用棉花棒之類的幫寶寶擦去鼻水。嬰兒連接鼻腔和中耳的耳道短而寬，放置不管的話，有可能會導致中耳炎。

就醫的基準

鼻水是濃稠狀的黃色或咖啡色、鼻塞不喝奶、鼻塞半夜睡不著，有這些情況時要盡早就醫。

鼻子下方的照護

塗抹凡士林或乳液

鼻子下方可能因鼻水而乾燥粗糙，要塗抹凡士林或乳液保護，防止肌膚不適。

中耳炎的徵兆為何？

一直摸耳朵

寶寶由於疼痛一直去摸耳朵、情緒不佳、發燒或耳朵流膿的話，有可能是急性中耳炎，應及早就醫。

可能的疾病

- 感冒（P176）
- 中耳炎（P183）
- 過敏性鼻炎

嘔吐的時候

寶寶只要有一點小狀況都很容易嘔吐，像是哺乳後拍嗝時吐奶之類。但如果由於病毒或細菌感染而嘔吐好幾次的話，就要注意避免脫水症。

居家照護＆就醫的基準

不再噁心反胃就要補充水分

居家照護

應讓寶寶側躺以免嘔吐物堵塞喉嚨。噁心、反胃的症狀較為緩解之後，就要逐次少量補給水分，勤餵口服電解水或麥茶、母乳、配方奶等等。

就醫的基準

寶寶情緒良好，也有補充水分的話，就不需擔心。但如果有感冒症狀、大小便次數很少、情緒不佳且哭鬧、持續嘔吐的話，則應該就醫。

嘔吐物如何處理？

戴上塑膠手套處理

接觸嘔吐物有可能會被傳染，為了保險起見，清理時最好戴上塑膠手套、口罩，清理完畢後請徹底洗手。清理用的塑膠手套要丟棄，下一次使用新的。

什麼水分不能給？

果汁和鮮奶NG

柳橙等柑橘類的果汁或鮮奶容易引發噁心、反胃，所以應避免，可以餵冷開水、麥茶、嬰兒專用離子水或口服電解水。餵的時候要一邊觀察狀況，逐次少量地餵。

可能的疾病

- 感冒、流感（P176）
- 急性腸胃炎（P181）
- 腸套疊（P181）
- 細菌性食物中毒

順利讓寶寶喝藥的訣竅

餵藥是有訣竅的。基本上很多藥為了讓寶寶容易入口都帶有甜味，但有時寶寶就是不肯乖乖喝。
以下依照藥的形狀整理出餵藥的訣竅。

※開立的藥物會依寶寶的體重、月齡、症狀而改變，請依照醫師的指示服用。

將藥粉弄成泥糊狀

加少量的白開水攪拌成泥糊狀，抹在臉頰內側或上顎。也可以混合在果汁裡。有時混合後反而會變苦，或是可能產生副作用，最好先諮詢藥局。

不要把藥摻在配方奶或副食品裡。因為配方奶或副食品有藥味，可能會讓寶寶變得不愛吃。

糖漿用湯匙餵

輕輕搖晃容器，使內容物混合均勻。由於有甜味，絕大多數的孩子都能用湯匙喝得很好。如果抗拒的話也可以使用滴管。

輕輕鬆鬆

還沒開始吃副食品時，如果寶寶抗拒湯匙或滴管的話，先讓寶寶吸奶瓶的奶嘴部分，開始吸奶嘴之後，再把糖漿放進去。

拿藥時的重點

1.製作藥品手冊

拿處方箋到藥局後，建議一定要製作「藥品手冊」。由於有用藥紀錄，下次回診時別忘了提出。

※台灣健保卡上有用藥紀錄。

2.告知寶寶的體重

服用的藥物分量依照寶寶的體重而定。可以在前往醫院之前測量，或是事先確認兒童健康手冊。

6～7個月健檢

於固定看診的小兒科接受健檢

以日本而言，這次健檢是在附近的小兒科接受的個別健檢。由於是開始會感冒的月齡，因此這個時期跑醫院的次數會變得更頻繁。可以向附近鄰居打聽風評之類的，趁此機會決定固定看診的小兒科。

在6～7個月的健檢當中，會診察能否以手撐住短暫坐著、可否熟練地抓握玩具、是否會翻身這些運動功能的發展，以及對於玩具或人表現關心的方式等心智的發展。

6～7個月健檢的確認事項清單

- □基本的測量和診察（P46）
- □坐的狀態
- □有無翻身
- □蒙臉測試（在臉上蓋布是否會拿開）
- □手是否會伸向想要的物品
- □副食品的次數
- □有無神經母細胞瘤

蒙臉測試
在臉上蓋布，看看是否會用手撥開，以診察視覺和手的連動。即使不會撥開，只要有抗拒或哭泣這些反應的話就沒問題。

手伸向想要的物品
展示玩具給寶寶，看看是否會感興趣靠近或是伸手想玩，從狀態診察精神層面的發展。

安心
確認是否會用眼睛測量目標物的方向和距離感。

翻身的確認
讓寶寶仰躺著，提高其中一邊的屁股、扭動腰部，確認寶寶的上半身是否能跟著扭動。

安心
健檢當下，有時寶寶會感覺到異於往常而不肯翻身。如果在家會做的話，可以告知醫生。

坐的確認
目的是診察身體的發展狀況。讓寶寶坐起來然後稍微放手，確認能否保持坐姿。

安心
只要能坐一下下就OK。這個時期如果能把手向前撐住坐著的話，就不需要擔心。

這個時期特別在意
關於成長個別差異的
Q&A

成長緩慢？太快？

Q 寶寶滿6個月了，卻還沒有要坐的徵兆。其他的孩子都已經開始會坐了……。

A 還不用著急。

寶寶要到8～9個月大左右才會穩坐著，現在還不用著急也沒關係。寶寶也許是屬於謹慎派的，要等到腰部和背部的肌肉都完全長好之後才打算坐。

Q 成長的幅度和相同月齡的孩子有差距，很擔心。

A 不妨尊重寶寶的步調。

成長的速度有的孩子慢、有的孩子快，並沒有優劣之分。如果媽媽或爸爸很著急、感到不安而把擔心寫在臉上的話，寶寶也會感受到。即使知道有個別差異，但還是很擔心的話，這時不妨試著這麼想：「這孩子有他的步調呢。」寶寶會好好長大的。

安心

發展是透過練習各肌肉的運動方式慢慢向前邁進，而且會根據進步情況呈現出個別差異。

Q 個子雖小，但6個月大就會扶站了。是不是太早了？

A 沒有問題。應趕緊調整房間擺設以免寶寶發生危險。

以成長的順序來說的話，等於是跳過爬直接到扶站了。寶寶的體重較輕，成長的進度有可能會比較快。或許爸媽會擔心速度太快是否會對身體造成負擔，但其實並不會有問題。只不過，由於需視線不離的時期也更快來到，應預先做好準備，像是寶寶伸手所及之處不要放置危險的物品等等。

安心

在成長的幅度上會呈現個別差異。現在的進度比較快，並不表示今後什麼都會比較快。不妨尊重孩子自己的步調。

Q 想等會坐以後再開始副食品。

A 最晚6個月以內要開始。

如果等到寶寶能穩穩坐著可能會超過6個月的話，就要先開始餵食副食品。雖然會坐以後的確比較方便餵副食品，但只靠母乳或配方奶，營養會漸漸不足。副食品應於5～6個月以內開始。

輕輕鬆鬆

這個時期只要大人支撐著能坐的話就OK。副食品剛開始時是抱著餵的（P80），所以即使坐不穩也沒關係。

這個時期寶寶的發育、發展

⇨把手伸向有興趣的東西

這時寶寶能挺直背部穩穩坐著，兩手自由了。此外，寶寶的手指變得更加靈巧，也會捏東西了。會積極地把手伸向感興趣的東西。

	身長
男寶寶	65.0～73.6cm
女寶寶	63.1～71.9cm
	體重
男寶寶	6730～9870g
女寶寶	6320～9370g

※出生7個月～未滿8個月的身長及體重參考值。

安心

愛哭是表示寶寶正在發展

嬰兒真的非常愛哭，這是隨著大腦邊緣系統的發展，需求、欲望、不安等情緒正在發展的象徵。但是由於還不會說話，控制情感的情緒控制系統還沒完成，因此寶寶只會用哭來表達。這個時期，這個情緒控制系統會透過媽媽、爸爸逗弄或和寶寶說話而大大成長。不妨盡可能滿足寶寶的訴求。

一看到媽媽、爸爸以外的人，或是被其他人抱，寶寶就會哭或抗拒，或是露出不安的表情。

表情 有可能會怕生

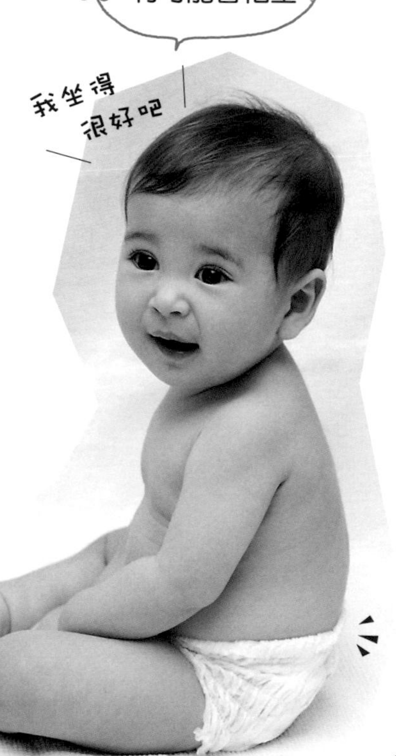

遊戲的範疇一下子擴大

這時期寶寶差不多會開始模仿「握緊拳頭」、「拳頭山的貍貓先生」（※日本民謠）的唱遊歌。唱遊歌可以同時刺激視覺、聽覺、觸覺，具有提高模仿能力的效果。此外，透過歌曲和媽媽、爸爸進行肌膚接觸，也有助於提升溝通能力。

會捏東西 手

會靈活運用手指捏取東西。

腳 腳力變強

腳力一旦變強，就會開始從用肚子貼地匍匐前進改成腳踢地板爬行。

把報紙撕得碎爛。會「捏」東西了

由於體重的增加變得和緩，運動量也增加，有些寶寶的體型會從胖嘟嘟變得苗條。另外，寶寶的手指漸漸發展、變得靈巧，能用5根手指握持玩具後，接著會用拇指和其他4根手指靈活地「捏」。也很喜歡撕報紙這類東西。

從這個時期開始，寶寶還會模仿媽媽和爸爸聲音的聲調和抑揚頓挫，也很愛模仿動作，「來，給你」像這樣把玩具遞過去後，寶寶就會做出一樣的動作還回來，對遞過來遞過去的一來一往樂在其中。

對於會發出窸窸窣窣聲的超市塑膠袋，或是面紙、遙控器和手機這些大人使用的東西，寶寶也會感到興趣盎然。如果寶寶想去碰危險的東西，應以不同於往常的強烈語氣和恐怖表情告知「那個很危險，不行」。這個時期是時候該教導生活的基本規矩了。寶寶會從媽媽和爸爸說話的語調理解「原來不可以這麼做」。

7個月大寶寶的1天

◎排便0～2次／1天

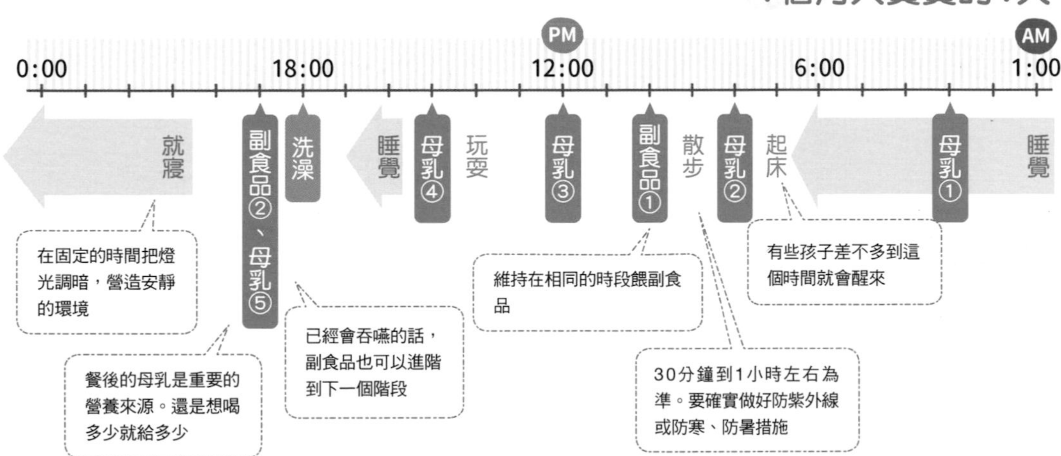

這個時期媽媽的狀態、和寶寶相處的方式

房間配置要怎麼動都安全

這時期很容易發生父母只是「去個廁所」稍微離開一下視線，寶寶就從沙發上摔下來這類的事故，絲毫不能大意。24小時一直神經緊繃，著實令人疲憊。寶寶無時無刻都想動來動去，換衣服或換尿布應該很大費周章吧。建議留意房間的配置，讓寶寶怎麼動都安全。

這個時期的爸爸應努力的事項

要注意誤吞異物的時期

一旦開始肚子貼地爬行，寶寶的行動範圍加大，會心想「這是什麼呀？」而把眼睛所及的東西全都往嘴裡放。由於寶寶已經會用手指捏取細小的東西，因此要特別注意別誤吞異物。應檢查地板上是否掉落了危險的東西，垃圾桶或遙控器的電池、衣服鈕扣等要收到手搆不到的地方。

生後7個月的生活

遊戲的範疇變廣的時期。今天要玩什麼呢？

寶寶白天遊戲的範疇變得更廣。可以讓寶寶敲打大的空箱發出聲響，或是把報紙揉得皺巴巴、用手指玩遊戲。在公園裡可以坐在大人的腿上玩盪鞦韆。

聖玲奈寶寶的1天

- AM 1:00　睡覺
- 母乳　睡覺
- 6:00
- 起床　母乳　●爸爸、媽媽起床
- ●爸爸、媽媽吃早餐
- ●爸爸去上班
- 母乳　睡覺
- PM 12:00　副食品（●粥 ●番茄糊 ●雞里肌 ●草莓）
- ●媽媽吃午餐
- 母乳
- 睡覺
- 18:00　副食品、母乳（●粥 ●豆腐 ●優格 ●麝香葡萄）
- 洗澡　●媽媽洗澡
- 配方奶　●媽媽吃晚餐
- 睡覺
- ●爸爸回家、吃晚餐
- ●爸爸洗澡
- 0:00　●爸爸、媽媽就寢

小兒科Dr.Advice
一進入副食品中期有可能便祕

這個時期副食品差不多可以增加到1天2次了。一旦進入副食品中期，有些孩子會開始便祕。原因是哺乳量減少導致水分不足，或是膳食纖維不足等等。一旦吃的量變多使得大便的體積增加，大便集合成一團、變硬，有時就會難以排出。要留意水分的補給，像是增加哺乳次數或配方奶的量，或是餵湯汁、麥茶。

輕鬆　要補充膳食纖維、調整腸道細菌，推薦多吃優格、菠菜、蘋果這些食物。而蔬菜汁不僅方便，也能補給水分，值得推薦。

生後7個月的擔憂事項Q&A

Q 不怕生會很奇怪嗎？

A 也有孩子完全不怕生。

雖然過於怕生（P118）而放聲大哭有時讓人很傷腦筋，但也有媽媽、爸爸則是擔心孩子完全不怕生。一般而言，怕生是在出生6個月～1歲左右開始，過了2歲以後就會緩和下來，但這只是一般而言。寶寶各有各的性格和個性，也有些孩子完全不怕生。

怕生也有程度之分。有些孩子會嚎啕大哭，而看到不認識的人會露出不安的表情，也算是怕生的一種。

Q 要塗防曬比較好嗎？

A 日常生活的話建議戴帽子。

如果是散步或買東西的程度，不用塗防曬，戴帽子即可。用嬰兒推車的話也要拉開遮陽罩。還有，走路的時候盡量走在遮蔭處。

Q 不會肚子貼地爬

A 若健檢沒有問題就不需擔心。

寶寶用肚子貼地爬是由於肌力還沒跟上，無法抬起腰部，因此才以匍匐前進的方式移動。如果到目前為止的嬰兒健檢都沒有問題，就不需太過擔心。有些寶寶會坐以後，沒有貼地爬就直接「站起來」了。

每個人發展的順序有個別差異。順序顛倒也不用擔心。

Q 發出很大的聲音，擔心吵到鄰居

A 不妨事先打聲招呼。

這個時期寶寶的聽力變得發達，聽自己的聲音很樂在其中。既不會顧及到他人的困擾，也無法好好控制音量。如果擔心造成鄰居的困擾，不妨先打聲招呼。今後隨著寶寶的成長，還會有跑來跑去的聲響這些問題。

安心

發出很大的聲音是寶寶的情感表現方式。有時大聲叫是為了向周遭表現自我的一種手段。在1歲左右會達到顛峰，隨著成長就會緩和下來了。

Q 需要練習坐嗎？

A 不必特別練習。

讓寶寶坐在媽媽的腿上，在過程中會自然而然養成肌力，慢慢就能自己坐了。只要腰部和背部的肌肉和骨骼成長，自然就會自己坐了，因此不要著急，在一旁守候吧。

一旦會坐了以後，寶寶的視野變得寬廣，活動力將會更強。

副食品（斷奶中期）的進行方式

調味也OK

來到出生7～8月，習慣了1天2次副食品以後，就可以進入斷奶中期。到了這個時期，寶寶開始會用舌頭壓碎吃，因此以接近豆腐的軟硬度為基準。此外，也可以少量調味。只不過要非常清淡，以便嚐到食材本身的鮮味。

增加蛋白質食品

進入斷奶中期後，就要增加可以吃的蛋白質食品種類，例如雞里肌或全蛋。蛋白質1次能吃多少有標準的量，要注意不要給太多。

蛋要逐次少量給

蛋是常見的致敏原，必須特別小心。蛋白容易引起過敏，因此副食品初期先給予少量全熟的蛋黃觀察狀況，等到漸漸習慣以後，再嘗試逐步給予少量煮到熟透的全蛋。

斷奶中期（7～8個月左右）

這個時期的副食品

雞里肌這類可以吃的食品增加了，因此可以增加副食品的多樣性。另外，也可以吃全蛋了。

轉換的時機？

習慣湯匙、1天吃2次之後

寶寶習慣了湯匙、會閉上嘴吃，而且1天吃2次以後，就表示可以進展到下個階段了。即使吃得很少，只要能確實閉上嘴巴吞嚥就沒有問題。

食材的種類？

可以吃的蛋白質食品增加

碳水化合物有7倍粥、麵包、烏龍麵。維生素、礦物質有根莖類、葉菜類。蛋白質可以開始吃新鮮鮭魚、水煮鮪魚、納豆、雞里肌、優格等等。

1天幾次？

養成習慣1天2次

要養成吃2餐的習慣，在早上10點左右和下午2點左右（或下午6點）餵。餐後的母乳或配方奶想喝多少就給多少沒關係。

硬度、1次的分量？

能用舌頭壓碎的硬度為準

以嫩豆腐的硬度為準。碳水化合物（7倍粥）50～80g，蔬菜、水果20～30g，蛋白質為肉、魚（10～15g）、豆腐（30～40g）、蛋黃1個～全蛋1/3個。

階段2　某一天的菜單

主食　紅蘿蔔雞里肌粥

作法

1. 雞里肌10g水煮。煮熟後繼續放在熱水中冷卻再磨碎。
2. 紅蘿蔔5g去皮，從冷水開始煮軟後，磨成泥。
3. 在50g 7倍粥上放上1、2。

配菜　白蘿蔔拌納豆

作法

1. 白蘿蔔20g削皮削厚一點，從冷水開始煮，煮軟後磨成泥。碎粒納豆3g也磨成粗顆粒。
2. 在1裡加入適量高湯攪拌後盛盤。

粥的變化

馬鈴薯泥鮭魚粥

作法

1. 馬鈴薯10g從冷水開始煮，煮軟後磨成泥。
2. 鮭魚10g水煮，去皮、去骨後剁成粗塊。
3. 在40g 7倍粥上放上1、2。

用餐時的姿勢

腳穩穩踏著的姿勢

不用手撐住也能坐著之後，就要準備符合體型的嬰兒餐椅。建議使用腳可以踏到地板或附有踏腳板的類型。腳穩穩踏著的姿勢，有利於下顎和舌頭施力。

○ 餵食方法

坐在寶寶的正前方，確認嘴裡含的食物已經確實吞下去之後，再餵下一口。

應避免的餵食方法、姿勢 ✕

- 一匙接一匙硬塞，是造成囫圇吞下的原因。
- 從嬰兒餐椅上滑下來。

可以在椅背和背部之間放靠枕之類的支撐。

副食品（斷奶中期）的Q&A

Q 吃的量每天都不一樣

A 或許是有些天比較想吃、有些天不想吃。

體重有適度增加，副食品的時間也固定的話，就沒有問題。

也有可能是副食品的軟硬度每天都不同的關係，建議確認一下軟硬度。又或者是寶寶可能有些天比較想吃、有些天不想吃。

Q 吃的速度太快了……

A 最好確認有無咀嚼過再吞嚥。

寶寶有可能是沒有咀嚼就直接吞下去了。看到寶寶吃得多，餵的速度很容易不小心就加快起來。如此一來，恐怕會讓寶寶養成囫圇吞下的習慣。這是練習咀嚼很重要的時期，因此需確認寶寶有沒有嚼一嚼再確實吞下去，接著再餵下一口。

安心

比起吃的量，更應注意的是有沒有在咀嚼、沒有囫圇吞下。

Q 菜色很容易淪為一成不變

A 試著改變味道或改成烏龍麵或麵包。

即使是吃慣的食材，做成日式高湯還是蔬菜湯，味道也會改變。另外，不要只吃米飯，可以試著改成烏龍麵或麵包。光是變換味道或食材，就能做出各式各樣的菜色。

Q 吃的時候看起來不開心……

A 花點巧思讓寶寶覺得是愉快的時光。

不妨花點巧思，讓寶寶覺得用餐的時光很愉快。例如媽媽和爸爸也在同樣的時間吃飯，或者可以對寶寶說說話，像是「好好吃喔」。如果這樣還是情緒不佳的話，乾脆想開一點：「有時總會不順利」，就此告一段落不再勉強也是一個方法。

開始長牙後就要開始保健

在5～6個月左右就會開始長乳牙。乳牙只有1～2顆的時候，只要用紗布巾擦拭就可以了，但是從上下門牙長出來的7個月左右起，就要開始用牙刷照護。

雖然乳牙只在換長恆齒以前的這幾年使用，但如果疏於保健的話，不只會形成蛀牙，口腔內的病原菌也會增生，還可能因此導致連新長出來的恆齒都蛀掉，必須特別注意。即使為了將來換長的恆齒，也應該開始保健。多花心思細心照護，有助於牙齒常保強健。

要準備讓寶寶握著的牙刷，把這當成練習，以便學會將來自己刷牙。當然寶寶還不太會刷，所以最後媽媽或爸爸要再刷過。建議溫柔地和寶寶說說話，或是唱唱歌，讓寶寶覺得刷牙很愉快而養成習慣。

刷牙的進行方式

6～7個月

將紗布巾沾濕纏在大人的手指上，把牙齒磨一磨。為了讓寶寶適應牙刷，也可以使用固齒器或訓練用的牙刷等等。

8個月～1歲

下門牙、上門牙長齊了以後，就應該正式開始使用牙刷。準備2支牙刷會比較方便，一支是大人最後用來刷乾淨的，一支是給寶寶自己手拿的。

1歲以上

應養成早晚2次刷牙的習慣。至少晚上睡覺前要刷1次。最後大人要仔細幫寶寶刷乾淨。

牙齒的生長時期及順序

A（下）
5～6個月　全部共2顆（下排正中間2顆）

B
1歲左右　全部共8顆（上排4顆、下排4顆）

D
2歲左右　全部共16顆（長出犬齒）

A（上）
10個月　全部共4顆（上下排正中間2顆）

C
1歲6個月　全部共12顆（長出第一臼齒）

E
2歲半左右　全部共20顆（上下排長齊）

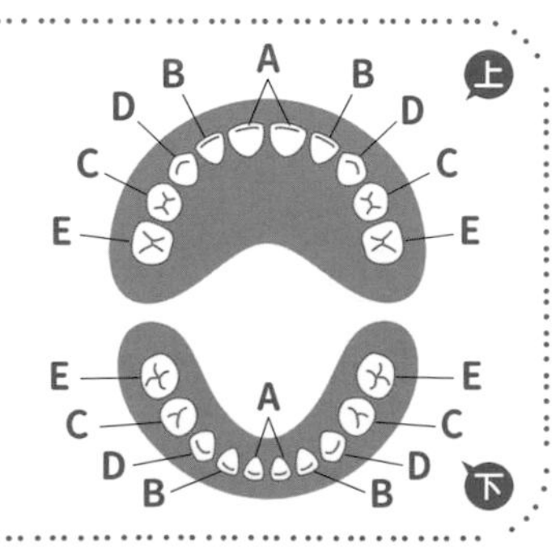

※這是大概的參考基準，實際上有個別差異。

刷牙的要訣

大人屈膝跪坐，如右頁「刷牙的進行方式」的插圖，讓寶寶的頭靠在大腿上做準備。大人拿牙刷的那隻手固定在寶寶的臉頰上。

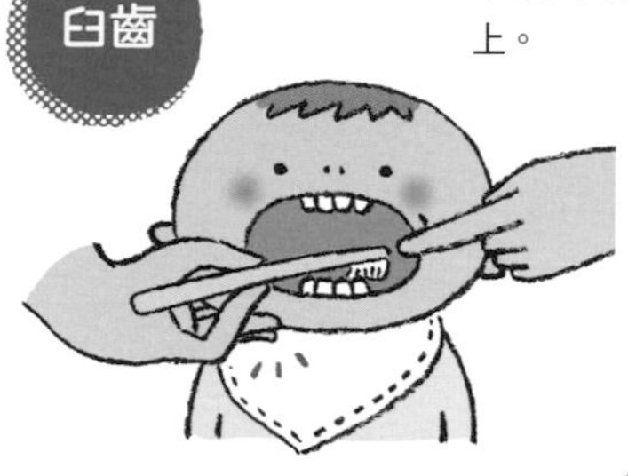

用另一隻手的手指拉開嘴角刷。

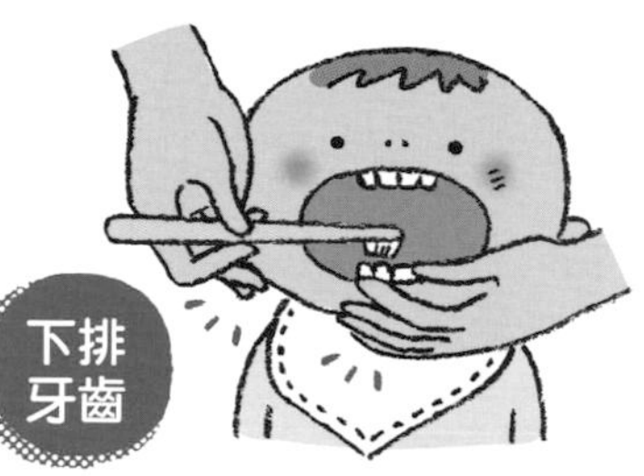

用另一隻手壓著下嘴唇刷。

用另一隻手壓著上嘴唇刷。

關於牙齒的擔憂事項Q&A

Q 什麼時候開始用牙膏？

A 可以從3歲左右開始使用。

恐怕會誤吞食的時期還不能使用。約以3歲為基準，等會漱口了再擠出3mm到牙刷上使用。建議使用含氟的製品。

氟化物具有強化又薄又脆弱的牙齒琺瑯質之效果。

Q 睡前的母乳會造成蛀牙嗎？

A 不需擔心。

如果平時有確實做好保健的話就不必擔心。現在這個時期寶寶已經開始吃副食品，應刷牙予以保健。即使晚上仍會繼續哺乳，只要睡覺前有確實刷牙的話就沒關係。

Q 蛀牙菌會被大人傳染嗎？

A 會經由大人的唾液傳染。

嬰兒口腔內原本並不存在蛀牙菌，會從大人的唾液感染。應避免口對口餵食以及共用湯匙、寶特瓶或吸管。

安心

為了避免傳染給寶寶，關係最密切的大人，也就是媽媽和爸爸，應留意蛀牙的預防與治療。

Q 怎麼做才能讓牙齒整齊排列？

A 仔細咀嚼很重要。

咀嚼有助於牙齒排列整齊，一起來讓下顎的骨骼變得更強健吧。可以加入根莖類，促使寶寶多多咀嚼。只不過，必須遵守符合該階段副食品的硬度。

這個時期寶寶的發育、發展

⇨爬行加大了行動範圍

媽媽、爸爸與寶寶之間至今為止所建構起來的羈絆增強，寶寶黏人和怕生的情況達到最高峰。由於會爬了，行動範圍變得更加寬廣。

	身長
男寶寶	66.3～75.0cm
女寶寶	64.4～73.2cm

	體重
男寶寶	6960g～10.14kg
女寶寶	6530～9630g

※出生8個月～未滿9個月的身長及體重參考值。

安心 黏人和怕生是依附發展完成的象徵

寶寶黏人和怕生的情況（P118）達到最高峰。這是與媽媽、爸爸的依附關係發展完成的證明。依附是指對特定的人建立起「和能理解自己需求、感情、意思的人在一起而感到安心」這樣的牽絆關係。正因為有媽媽和爸爸這樣令人感到安心的存在，才得以藉由爬行來進行探索。與父母的依附關係會成為信賴感的基礎，隨著成長，逐漸向外擴展為對他人的信賴。

表情 媽媽一不在就很不安

怕生和黏人的情況達到最高峰。會哭或是露出不安的表情。

輕輕鬆鬆 智能的發展突飛猛進

寶寶開始聽得懂大人所說的話，像是招手叫他「過來」，就會朝著這邊爬過來。能夠解讀話裡的意涵，溝通變得更輕鬆，可以享受透過語言互動的樂趣。

嘴巴 使用舌頭和上顎嚼啊嚼

會熟練地把食物磨碎後再吃。

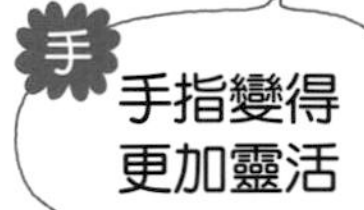

會用手指捏細小的東西，或是熟練地用雙手拿。

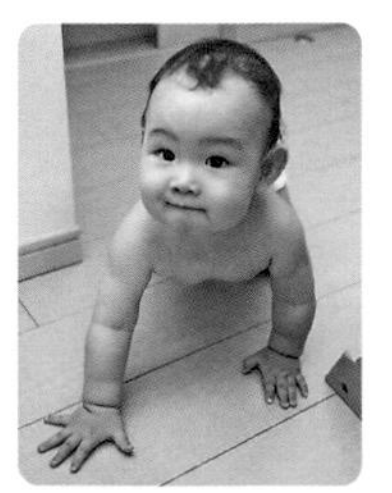

一旦會爬了，就可能移動到意想不到的地方。

這個時期最大的課題是安全管理

坐著會讓放眼望去的視野變得更加寬廣，如果有東西引起寶寶的興趣，寶寶就會自己往那邊爬過去。會爬行是表示左右運動的分化發展已經完成了。由於行動範圍加大，因此安全管理（P110）也變得更加重要。是媽媽、爸爸的視線片刻都不能離開寶寶的時期。會爬了以後，接著寶寶會對稍微高一些的地方產生興趣，往扶站邁進。必須開始加大範圍注意是否有危險。

這時的副食品已經可以吃接近豆腐的硬度（P100），1餐吃得下將近1碗嬰兒碗的分量。雖然可以吃的食材也增加了，但這個時期營養的主要來源還是母乳或配方奶。

4個月大左右開始的牙牙學語（P67），到了8～9個月左右達到最高峰，會很熟練地說類似「漫、漫」這種疊字音的語詞，開始為說話做準備。

8個月大寶寶的1天

◎排便0～2次／1天

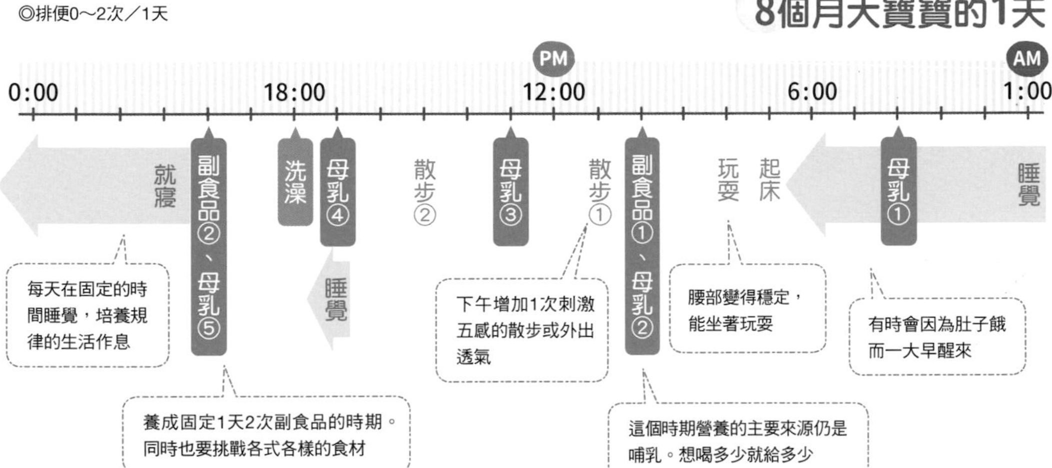

這個時期的爸爸應努力的事項

主動和寶寶玩耍的時期

這個時期媽媽一整天被寶寶黏人黏得緊緊的，也沒有足夠的時間做副食品等家事。爸爸在家的時間不妨主動陪寶寶玩。即使只是抱抱寶寶，媽媽就能藉機做想做的事，或是本來想做卻不能做的事，會幫上大忙。

這個時期媽媽的狀態、和寶寶相處的方式

需留意乳腺炎等問題

這個時期副食品的階段往前推進，寶寶可以吃的食材也變多了。因寶寶而異，也開始有些孩子漸漸不太想喝母乳了。

這個時期因母乳有殘留或哺乳的間隔不規律等原因，乳腺炎等問題將會增加。應避免高脂肪的飲食、留意營養的均衡。

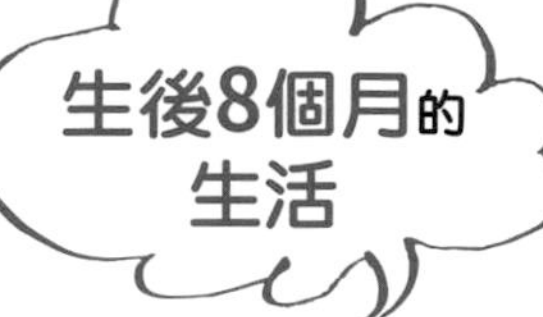

手指變得靈活。也會挑戰使用杯子

一旦開始用手抓東西吃，副食品時間可能出現把碗打翻等狀況，弄得人仰馬翻，不過這也是寶寶的手指變得靈活、發展順利的證明。也有些孩子會用吸管或杯子喝東西了。

中村博幸寶寶的例子

從媽媽身上跨過去，笑笑。

不想去睡覺，連換衣服都很費勁！

靜靜跪坐著翻找玩具箱。

很熟練地翻繪本。

博幸寶寶的1天

時間	寶寶	家人
AM 1:00	躺餵母乳、睡覺	●爸爸就寢
	躺餵母乳、睡覺	
6:00		●爸爸、媽媽起床、爸爸去上班
	起床	●媽媽吃早餐
	副食品、配方奶（●粥 ●高湯煮根莖類 ●優格）	
	睡覺	●姊姊吃早餐
PM 12:00	配方奶	●姊姊吃午餐
	玩耍	●媽媽吃午餐
	躺餵母乳、睡覺	
	副食品、配方奶（●粥 ●高湯煮豆腐、南瓜 ●蘋果泥）	
18:00	洗澡	●媽媽、姊姊洗澡
	玩耍	●姊姊吃晚餐
	想睡而開始哭鬧	●媽媽吃晚餐
	配方奶	●媽媽、姊姊就寢
	睡覺	
0:00		●爸爸回家、吃晚餐、洗澡

小兒科Dr.Advice

對於長時間看電視的警示

近年來，小兒科醫生們一直在呼籲「不要給未滿2歲的孩子們長時間看電視」。經指出，1天看電視4個小時以上的電視兒童，語言的發展會變得遲緩、不善於眼神接觸、缺乏表情等等，智能及社會性的發展遲緩的可能性很高。

安心

因為孩子會乖乖的，於是一不小心就讓電視充當保母了。建議決定好只看短時間，例如只在做家事的一小段時間看。

Q 或許是咳嗽和流鼻水不舒服半夜醒來好幾次

A 加濕是第一要務。

晚上在副交感神經的作用下，很容易咳嗽和流鼻水。用毛巾鋪在頭部到背部，稍微墊高上半身，可以讓鼻子較為暢通。讓寶寶喝白開水則對咳嗽有效。室內空氣乾燥的話容易引發咳嗽，建議活用加濕器。鼻塞看起來很不舒服時，可以用稍微降溫的熱毛巾靠近鼻子，讓寶寶吸蒸氣。

即使沒有加濕器，只要把濕毛巾掛在房間的角落，或是放個裝有熱水的臉盆，也很有效果。

請設計一個「不可以碰的箱子」，並將對寶寶來說太過危險的物品都放進去。建議可以自由發揮創意。

Q 做出危險的舉動時可以責罵嗎？

A 建議搶先一步撤離危險物品。

現在是寶寶的好奇心蓬勃發展的時期，與其責備並無止境地限制行動，不如大人搶先一步把危險的東西撤離。

Q 外出期間副食品的時間可以挪動嗎？

A 不是每天的話就無妨。

只要不是每天，即使時間稍微變動也沒關係。用不著因太過在意餵食副食品的時間，而過度避免外出。副食品是為了讓寶寶習慣食物的步驟。外出時可以善加利用市面販售可常溫保存的嬰兒食品。

安心

事先調查外出的地點有無餵食副食品的場所會比較安心。育嬰室或親子餐廳等地方有兒童椅，較為方便。

Q 發展的順序不一樣沒問題嗎？

A 每個人有個別差異，所以不需擔心。

運動功能是從頭開始往下發展，眼睛→脖子→手臂→手→腰→腳，雖然其發展有順序性，然而成長是有個別差異的。大致上的進展是頸部硬挺、翻身、坐起、爬行、扶站、獨自步行，但也有些孩子跳過爬行而直接到獨自行走。

尊重寶寶想做的心情，不必因為不願意做就勉強他練習。

克服夜啼的高峰期

夜啼會在7～8個月左右達到高峰，到了1歲6個月左右漸漸平息，但也有孩子超過2歲還是沒有改善。

夜啼和異睡症是一樣的。**夜啼時如果硬是叫醒或是開燈哺乳，都會形成刺激，導致之後又再度發生夜啼。**

目前對於夜啼的機制還不是很清楚，但有可能是因為不安，或是想睡卻睡不著、生活作息被打亂等各式各樣的原因。有效的對策雖然因每個寶寶而異，但**像是懷抱或躺餵母乳這些與媽媽、爸爸的接觸通常是有效的。**這是因為寶寶會感到安心而更容易入睡的緣故。

夜啼只是暫時性的，終究會結束。不過，為了避免夜啼變成習慣，應調整生活作息，並記得要早睡早起。

夜啼的4個原因

不管哺乳還是安撫都還是哭個不停、不睡覺，其中有種種原因。

原因 1

生活作息被打亂

午睡的時間太長，或是有訪客等等，平常的生活作息被打亂時，就有可能哭。

安心

建議恢復睡眠的規律。首先，恢復到原先的起床時間，也就比較容易調整用餐和午睡這些作息的規律。

原因 2

興奮而睡不著

睡眠時寶寶正在整理白天腦部所受到的刺激。也因此腦部會變得活躍、受到刺激而處於興奮狀態，於是便醒了過來。

安心

這是腦部充分發展的象徵。整理刺激是必要的一環。不妨正面思考：「寶寶的腦部正在成長呢」。

原因 3

未能熟睡

絕大部分的夜啼容易在淺眠的時候發生。由於尚未發展完全的嬰兒睡眠技巧還沒有很成熟，其實很想睡卻醒了過來，所以才會哭泣。

輕鬆觀察

屬於淺眠的快速動眼期到來的循環，相較於大人的90分鐘1次，嬰兒為40～60分鐘1次，只有一半。由於淺眠以如此短的循環到來，因此只要有一點點聲音或刺激就會醒過來。

原因 4

覺得不安

有時是睡著睡著醒過來卻發現「媽媽不見了！」因感到不安而哭泣。這是因為認定了媽媽總是會在身邊，是令人安心的存在的緣故。

防止夜啼可以這麼做

有3個重點，不妨試試這些方法。

1 讓生活作息規律

最重要的一點就是生活作息。決定了早上起床的時間以後，即使是休假日，或是因夜啼而睡眠不足的時候，都要在相同的時間叫醒。

此外，起床後拉開窗簾沐浴早晨的陽光，身體就會清醒過來。在剛開始調整的期間雖然辛苦，但自然而然地就會養成在相同時間起床了。

2 早一點結束午睡

白天讓寶寶精力充沛地玩，適度的疲勞有助於晚上熟睡。午睡則建議在傍晚以前早點結束。午睡時間過長的話，晚上會難以入眠導致熬夜，是造成生活作息紊亂的原因。

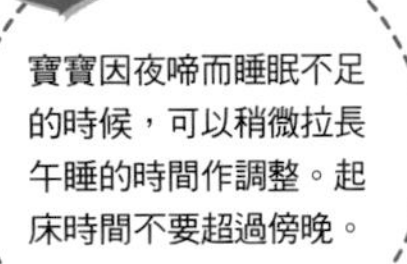

寶寶因夜啼而睡眠不足的時候，可以稍微拉長午睡的時間作調整。起床時間不要超過傍晚。

3 睡前充分給予肌膚接觸

在睡覺前充分給予肌膚接觸、讓寶寶安心也是值得推薦的方法。讀讀繪本，或是說說話，像是「今天散步好開心喔。還看到狗狗了呢」之類的，又或者是按摩、抱緊。藉由一些小動作就能緩和寶寶的不安。每天固定進行這種肌膚接觸，讓它成為入睡的固定儀式之後，哄睡會變得較為輕鬆。

按摩可以輕擦背部、撫摸肚子，重點在於「碰觸媽媽或爸爸的手」。也可以在洗完澡後用嬰兒油按摩全身。

我家孩子的例子

夜啼對策的6個技巧

哪個技巧有效，要視寶寶而定。
不妨各種都試一試，找出適合寶寶的方式。

技巧1
守候2~3分鐘
不要馬上反應，先守候一段時間。有時候寶寶哭一下哭完會直接睡著。因為哭也可能是夢話之一。

技巧2
抱抱
抱起來輕輕拍背或是輕輕搖一搖。有時抱著一邊走動，搖著搖著很舒服就會想睡了。

技巧3
哺乳
可以試一試不開燈，直接在棉被上或床上躺餵母乳。有時寶寶吸到母乳感到安心會再次入睡。

技巧4
補充水分
有可能是口渴了，只要給寶寶喝麥茶或白開水就會停止哭泣繼續睡。可以先在床邊準備水分。

技巧5
出去陽台試試
如果是溫暖的季節，也可以抱著寶寶出去陽台吹吹晚風以轉換心情。

技巧6
抱在肚子上
抱起來搖著搖著就睡著了，但一放到棉被上就哭，這時候不妨試著抱在肚子上。有時會睡得更熟。

為了打造安全的室內空間變更擺設

一旦變得很會坐、開始會爬以後，寶寶的行動範圍將一口氣擴大。好奇心旺盛的寶寶只要一有感興趣的東西，便會想「那個是什麼呢？」一股腦往那邊衝去。即使是大人不想讓他碰的東西，也不管三七二十一就摸，要不然就是舔一舔加以確認。

寶寶移動的速度也一天比一天快，有時候在不經意離開視線的空檔，人就跑到意想不到的地方。要24小時都盯著片刻不離是不可能的。要想成「再怎麼小心，事故還是會發生」，為了防範事故於未然，調整成安全的室內環境是很重要的。

即使是室內，還是有許多危險的地方，導致事故急速增加。由於需要注意的點會依照成長的狀況而改變，家具的配置等等也要每次都隨著變更。最好事先了解緊急處置的方法（P186），以防萬一。

至少應該做到這些

打造安全的室內3大鐵則!!

寶寶開始會爬了以後，首先應該要做到這3點。寶寶每天都在成長，有可能昨天還不會的事，今天就能夠做得到了。重點在於搶先一步讓寶寶避開危險。

鐵則1

要放到手搆不到的地方！

直徑4㎝以下的東西如果不小心放到嘴巴裡吞下，可能會堵塞氣管，恐怕會導致窒息等事故。錢幣、鈕扣、鈕扣電池這一類小東西，應該放到寶寶的手搆不到的地方，或收進箱子裡。**能否通過捲筒衛生紙的紙芯，可以當成直徑4㎝的參考。**可能會刺傷喉嚨或眼睛的細長物品，例如剪刀、筆、膠水等物品也要收好。

鐵則2

家具的邊緣要用防撞商品包覆！

桌子或衣櫃等邊緣，寶寶有可能在爬的時候用力撞上去，或者是從坐姿往後倒，頭部猛力撞上身後的角等等，導致頭部或臉部受傷。**應該用邊緣（角）專用的防撞商品包覆起來，或是用具有緩衝功能的膠帶貼起來。**只不過，這樣有時反而會引起寶寶的注意，最好用強力的雙面膠帶貼緊，或是多準備一些商品備用。

安心

具備緩衝功能的膠帶（上）、邊緣專用的防撞商品（下）。兩者都可以簡單用剪刀或刀片裁剪，可以依照家具的尺寸做調整。

鐵則3

垃圾桶要藏起來＆加蓋！

寶寶伸手可及的垃圾桶，很容易成為他惡作劇的對象。**建議把整個垃圾桶藏到壁櫥裡，或是事先改成寶寶無法開啟的有蓋式垃圾桶。**把真的垃圾桶藏起來，另外再放一個寶寶用垃圾桶，用來裝紙類這種即使觸摸也沒有危險的垃圾，就能充分滿足寶寶的好奇心。

輕輕鬆鬆

在牆壁上寶寶手搆不到的高度黏上掛勾、掛上紙袋，當成暫時的垃圾桶使用，也是個值得推薦的方法。

對寶寶來說很有魅力!?
這些地方要特別注意

寶寶的視線與大人不同，感興趣的地方常是大人意想不到的。下面4個是事故報告很多的地方，需特別注意。

抽屜

手指變得靈活以後，即使是牢牢關上的抽屜也會輕而易舉地被打開。建議裝上固定抽屜的防護鎖扣。此外，高度伸手可及的抽屜應事先排除危險，不要放置可能破裂的東西、尖銳的物品等等。

廚房

廚房藏有許多危險，像是瓦斯爐的開關或菜刀、餐具、冰箱、洗碗精等等。建議在廚房的入口裝設可上鎖的安全門欄，以防止寶寶進入。此外，寶寶的手搆得到的門，要裝上防開門的鎖扣。

插座孔

靠近地板附近的插座孔，寶寶如果插入夾子等金屬物品的話，會有觸電的危險，應裝上插座保護蓋等防護商品加以預防。有些是把插座孔本身塞住的類型，也有蓋住整個插座的類型。

門

有時一旦知道手一推就可以關上，寶寶就會開始玩起關門的遊戲。關門時恐怕會夾到手指，或是手指被鉸鏈那一側的縫隙夾住。一定要把門關好，讓寶寶無法開關門。

其他也需注意的家中的危險場所 ⇨ ●洗臉台、浴室 ●浴缸 ●廁所 ●臥室 ●客廳

關於各個地方的注意點請參照P184～185。

變更擺設的Q&A

Q 防護商品在哪裡可以買到？

A 推薦均一價商店。

均一價商店或家居用品店有販售各式各樣的嬰兒防護商品。很多都是只會使用一小段時間的商品，依使用場所不同種類也很豐富。此外，有時也會被寶寶拔掉。不妨有技巧地買來使用看看。

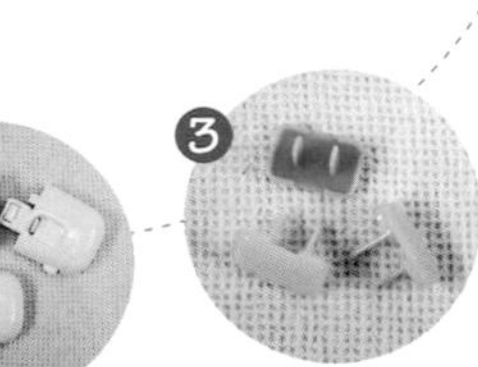

❶抽屜安全鎖扣。 ❷防夾手門擋。 ❸插座安全蓋。
建議使用這些商品，打造安全的室內空間。

如果是木地板的話，先鋪上地墊便可以防止滑倒。弄髒時只要簡單一擦即可，也可以替換成新的，很方便。

Q 安全空間大概需要多大

A 有個1～2張榻榻米大就可以了。

挪出一個可以隨意爬行的空間給寶寶。排除危險的東西，挪出寶寶可以自由活動的空間，就表示增加了大人容易看顧的範圍。空間雖然是愈大愈好，但只要有個1～2張榻榻米大（約0.5～1坪）就能安心了。

這個時期寶寶的發育、發展

⇨營養的6成從餐點當中攝取

這時期的寶寶變得很會爬，也會一直黏著媽媽。其中也有些寶寶開始會扶站。副食品增加到1天3次，營養的6成已經能從餐點當中攝取了。

安心

一邊遊戲 一邊學習

手指有很多神經通過，愈使用愈能促進腦部的發展。在視線稍微離開的空檔，寶寶就會把面紙從面紙盒裡面抽出來之類，很喜歡這類用到手的遊戲。雖然有時這些遊戲讓大人們很傷腦筋，但做了大量抓捏的練習，將來就能夠翻繪本或是畫畫，也會熟練地拿筷子。寶寶現在熱中的遊戲，關係到將來生存下去所必要的技能。

表情

表情變得更加豐富

嚇一跳、開心等情緒會透過表情表現出來。

微笑

	身長
男寶寶	67.4~76.2cm
女寶寶	65.5~74.5cm

	體重
男寶寶	7160g~10.3kg
女寶寶	6710~9850g

※出生9個月～未滿10個月的身長及體重參考值。

嘴

會用吸管喝

愈來愈多寶寶會用吸管或杯子喝東西。

手

會用2根手指靈巧地捏

會用拇指和其他手指捏住物品。

輕輕鬆鬆

掰掰的肢體動作 可愛度倍增

這時寶寶會對於遮臉躲貓貓這類記憶遊戲，或是「給我」、「給你」這類互動遊戲樂在其中。此外，如果拍拍手稱讚他「好棒好棒」，寶寶就會有樣學樣跟著拍手。知道大人會高興，便會不停重複做以製造歡樂。模仿也是在為不久後與周圍溝通練習。

下半身變得強壯，不只是用雙手雙膝著地爬，有時候也會抬高腰部爬的小狗爬。之後還有些寶寶開始會扶站。

腰腿

有些寶寶已經會扶站

用2隻腳穩穩站立。好奇心更向外擴展

寶寶「爬行」的技巧大大進步，鍛鍊了下半身的肌肉以後，有些寶寶還會猛力抓住矮一點的桌子或大人的腳等站立起來。也因此，原本搆不到的高度也變得伸手可及，所以不要放置危險物品。**放眼望去，看到的是和目前為止完全不同的世界，讓寶寶的好奇心益發向外擴展。**

這時手指的細微運動能力變得更發達，也開始會用拇指和其他手指等2根手指捏住東西，這稱為「鉗狀抓握」。手指和腦部中樞神經的發展關係密切，隨著手指的發展，腦部也會跟著發展，因此建議要多多使用。

此外，副食品將往1天3次邁進。雖然還是要喝母乳或配方奶，但營養的6成已經能從餐點當中攝取。副食品可以準備蔬菜棒或是小尺寸的飯糰這類容易用手捏的東西，讓寶寶練習用手抓著吃。用手抓著吃也是為了不久之後拿湯匙做準備。

9個月大寶寶的1天

◎排便0～2次／1天

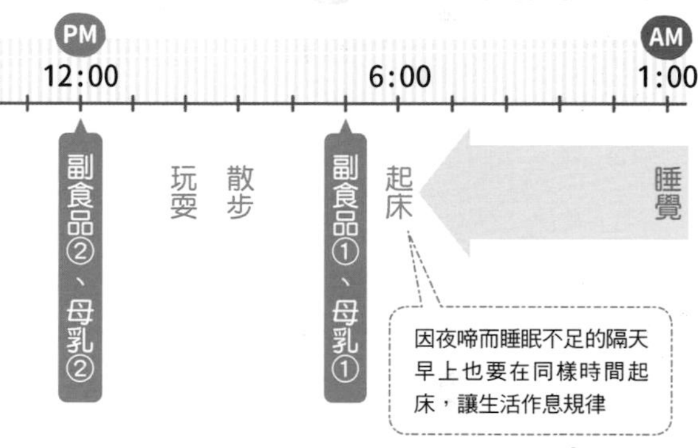

這個時期的爸爸應努力的事項

推薦的遊戲是「舉高高」

把坐著的寶寶慢慢舉起來，和站著的爸爸眼神相對，並叫喚名字或是說說話，寶寶會因為視野改變覺得很有趣而開心不已。舉起來和放下的時候都要慢慢的。太過劇烈的動作有影響寶寶腦部的隱憂，絕對要避免。

這個時期媽媽的狀態、和寶寶相處的方式

煩惱副食品菜色的時期

副食品變為1天3餐，是開始煩惱菜色的時期。有時會一連好幾餐都是冰箱裡平常有的食材且容易製作的東西。

即使調味一樣，可以試著把肉換成魚，或者把肉跟魚改用同樣是蛋白質的豆腐或蛋取代，只需變更一種食材，即可避免一成不變。

種村朔太郎
寶寶的例子

生後9個月的生活

語詞的理解能力進步。樂於重複發音的時期

雖然還不到能聽懂意思的地步，但這時是寶寶開始理解話語的時期。不妨玩玩重複單純的發音，或玩顏色漂亮的繪本、遮臉躲貓貓這些遊戲。戶外遊戲也是一種刺激，可以多多享受散步之樂。

會和媽媽一起拍拍手唷。

最喜歡繪本了！會自己翻頁。

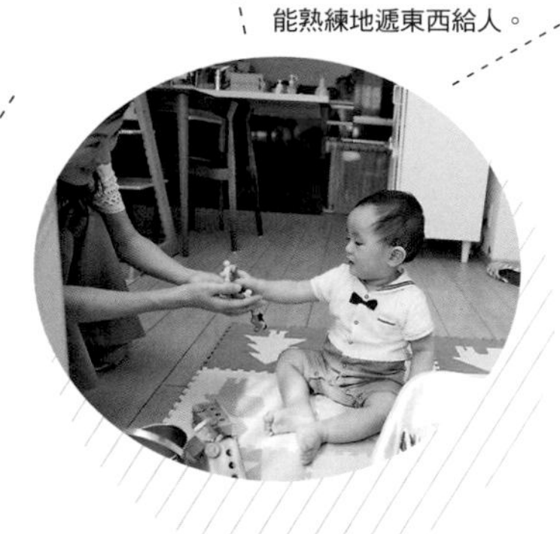

「來，給你」
能熟練地遞東西給人。

會自己抓小飯糰吃。

朔太郎寶寶的1天

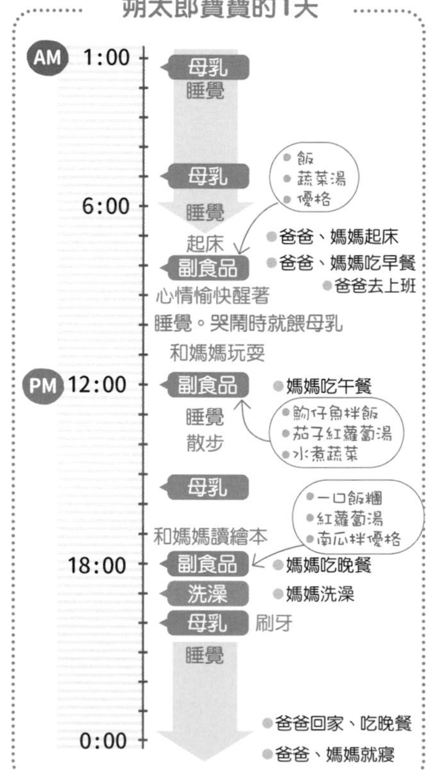

小兒科Dr.Advice

會持續一生的原始反射 降落傘反射

快要跌倒的時候，大人當下會以手撐住，出於本能地保護自己，這就是降落傘反射（P120）。9～10個月健檢時，有診察這個降落傘反射的項目，確認作勢要讓頭朝下往下墜落時，寶寶是否會往前伸出雙臂試圖支撐身體。

安心

這是是否已準備好獨自步行的象徵。會的話，接下來就是往步行邁進。

生後9個月的擔憂事項Q&A

Q 撞到頭的時候應確認的重點是？

A 確認有無意識、有無嘔吐。

這時是扶站時往後倒撞到頭這類事故增加的時期。撞到頭時，要確認有無意識、有無嘔吐、撞到的地方有無凹陷或腫起來、有無痙攣等等。即使在醫院檢查沒有異常，在撞到頭的48小時以內仍要觀察狀況，例如是否嘔吐、有沒有變嚴重、腫包有無變色及腫脹是否惡化等等。頭部內出血時，即使外表看起來沒有異常，也有可能突然病情惡化，因此要特別注意。

安心
撞到頭後，如果寶寶立刻哭泣，或是抱抱之後就冷靜下來的話，便可以暫時安心。如果寶寶的樣子跟平常不同，最好還是去診察一下。

Q 吸管或茶杯的練習訣竅是什麼？

A 給寶寶看媽媽使用的樣子。

如果寶寶學會使用吸管或茶杯，將更便於在各種場合補充水分。用餐時可以放在旁邊，先從引起寶寶的興趣開始試試。看到媽媽用吸管或有把手的杯子喝東西的模樣，寶寶就會想模仿。

Q 扶站時用腳尖站立沒關係嗎？

A 習慣以後就會用整個腳掌站立了。

剛開始扶站的時候，很多寶寶都是用腳尖站立的。可能是寶寶還不善於用整個腳掌好好站立吧。等到習慣以後，就會用腳掌牢牢踩住地面站著了。因此即使現在用腳尖站立也沒關係。

安心
用腳尖站的話很容易重心不穩。為避免跌倒撞到頭，建議媽媽或爸爸在一旁看著。

Q 下排牙齒只長出1顆，上排牙齒已經長出來了

A 牙齒的生長方式因人而異，不需擔心。

先是下排門牙2顆，之後會再長出2顆上排門牙（P102）。只不過，長的順序很容易因人而異。不久後所有的牙齒就會長出來了，不需擔心。

安心
即使生長的順序不同，對今後牙齒的排列也不會有影響。

副食品（斷奶後期）的進行方式

終於要開始吃3餐了

出生滿9個月後，寶寶也習慣1天2次的副食品了。若是寶寶會試圖抓食物，或是看起來有用牙齦在咬的話，就可以進階到副食品後期了。終於要吃3餐了。建議讓寶寶和大人在同樣的時段吃。由於大部分營養將改為從副食品當中攝取，所以要更加留意營養均衡。

應多攝取鐵質

出生6個月左右開始，母乳所含的鐵質會減少，因此寶寶也可能貧血。應刻意多給予紅肉魚、豬肝、黃豆、蛋這些富含鐵質的食材。

開始用手抓著吃

透過用手抓去感覺食物，是為了之後使用湯匙或叉子吃東西預作練習。建議準備容易用手抓著吃的棒狀食材。

斷奶後期（9～11個月左右）

這個時期的副食品

改為1天3餐，和大人在相同時段用餐。從母乳當中攝取的營養逐漸變少，因此菜色的搭配要考量到營養均衡。

轉換的時機？

已經習慣2餐，會動口咀嚼了

當寶寶會動口咀嚼和豆腐差不多硬度的東西，並且已養成習慣吃2餐的話，就表示可以轉換至斷奶後期了。

1天幾次？

養成習慣1天3次

1天吃3次。建議慢慢配合大人的用餐時間，在早上9點、下午2點、下午6點左右吃。

食材的種類？

著重含鐵質的食材

碳水化合物有5倍粥、麵包、烏龍麵。維生素、礦物質有根莖類、葉菜類。蛋白質有青背魚、紅肉、豬肝等等。由於這個時期會缺乏鐵質，應刻意多多攝取。

硬度、1次的分量？

做成容易用手抓的形狀

以香蕉程度的軟硬度為準。碳水化合物為粥（5倍粥）90g，蔬菜、水果30～40g，蛋白質為肉、魚（15g）、豆腐（45g）、全蛋1/2個。

階段3 某一天的菜單

主食 軟綿綿雞絞肉親子丼

作法

1. 洋蔥10g切成5mm的丁狀。
2. 在鍋裡放入高湯50mℓ再加入1，蓋上鍋蓋煮軟。
3. 加入雞絞肉8g煮熟後，倒入2小匙打散的蛋，煮至熟透。
4. 裝5倍粥90g到碗裡，再放上3、撒少許青海苔粉。

配菜 燉煮小松菜紅蘿蔔

作法

1. 小松菜10g、紅蘿蔔10g切成1.5cm長條後各自水煮。紅蘿蔔從冷水開始煮、小松菜用熱水燙熟。
2. 在鍋裡放入高湯50mℓ、加入1煮5～6分鐘。

用餐時的姿勢

調整為稍微前傾的姿勢

將椅子和餐桌的位置調節成身體稍微前傾、容易用手抓著吃的姿勢。也可以在背部放個靠枕調整姿勢。腳要踏住地板或腳踏板以便施力。

輕輕鬆鬆

用手抓著吃附近很容易弄髒，建議先在椅子下鋪報紙，即使吃得掉滿地也無妨。

○ 給餐方法

當寶寶出自對吃東西的興趣，試圖把手伸向湯匙或食物之後，就可以開始讓寶寶用手抓著吃了。一開始建議給蔬菜棒或吐司這類即使抓了也不容易捏碎的食物。

！應注意的重點

- 手抓著吃的食材，若是太長、太粗的東西寶寶不容易拿，也不容易咬，要留意。
- 大人要調整分量，以免一次塞太多到嘴巴裡。

副食品（斷奶後期）的Q&A

Q 寶寶無法專心吃飯

A 試試一邊對話一邊吃。

這時期寶寶的好奇心旺盛，對於所有映入眼簾的東西都很感興趣。開著電視或是附近有玩具的話，注意力都會被吸引過去。建議吃飯時關掉電視，全家人一邊說話一邊吃飯。

Q 外食時，可以分食大人的餐點嗎？

A 如果是平常會給的食物就OK。

要等到2～3歲外食時才可以吃兒童餐，還有一段時間。超過1歲以後，如果有煮軟的烏龍麵這些平常會吃的食物，就可以分食。不過應該避免重口味的東西。

Q 用手抓著吃，塞太多到嘴巴裡

A 要幫忙調節分量和時間點。

寶寶還不知道如何斟酌吃的量和時間點。建議準備嬰兒用的小碗，放入媽媽或爸爸已撕成一定大小的食物，讓寶寶用手抓來吃。續碗要視寶寶吃的狀況再給下一碗。

Q 和大人同桌吃飯比較好嗎？

A 同桌吃寶寶會很開心。

比起一個人吃，和媽媽、爸爸同桌吃飯，寶寶會更加開心。只不過，要一邊餵寶寶吃飯、一邊自己吃飯是件大工程。媽媽和爸爸都在家的時候，不妨想些好方法，像是其中一個人先用完餐，中間再換人餵之類。

讓媽媽傷透腦筋的怕生與黏人

寶寶怕生和黏人的情況到出生8～9個月左右會達到高峰。怕生是因為寶寶已經能夠區分最喜歡的媽媽和爸爸，以及除這以外的人。也有些孩子一被媽媽或爸爸以外的人抱就會感到不安而哭泣。

或許有些媽媽會擔心「一整天都只有母子兩人一起度過的話，寶寶會不會容易怕生？」其實並沒有這回事，接觸很多人的孩子也會怕生。這也是寶寶智力增長的成長象徵，本來是件值得高興的事，但如果面對媽媽以外的人就哭的話，那麼就連拜託別人幫忙抱抱都不行了。

黏人是因為最喜歡的媽媽不見了，會讓寶寶非常不安、感到害怕。有時只要知道媽媽的存在，寶寶就能放下心來，因此離開的時候不妨先說一聲，像是「媽媽去一下廁所喔」等。

什麼是黏人？

黏人是指媽媽消失在眼前時，寶寶會哭著追上來，一旦確認身影便會停止哭泣。

對於「不見了」感到不安

這是由於寶寶對媽媽的依附增加，對於不見了這件事感到不安所引起的。雖然媽媽辛苦了點，但除了離開的時候以外，多抱抱他或是一起玩，像這樣認真包容寶寶的需求，能使寶寶保有穩定的情緒，進而培養其自主心。

媽媽的「稍微」對寶寶來說很遠

對嬰兒來說眼前所見就是一切，即使媽媽自認只是稍微離開一下，對寶寶來說感覺就像是去了很遙遠的地方而陷入不安。離開的時候先說聲「我到隔壁的房間一下喔」會令寶寶較為放心。

安心

「媽媽在這裡唷」像這樣告知自己在哪裡，寶寶就會放心。

克服黏人的方法

寶寶只要媽媽不在面前就會不安，因此要出聲告知，或是讓寶寶能看到自己的身影，不要一聲不響突然從寶寶面前不見。

方法1 出聲告知

要離開的時候告訴他「我離開一下馬上回來唷」，回來了就說聲「我回來囉」，可以讓寶寶放心。

方法2 保持身影可見

連廁所都要跟來的時候，如果是在家裡，不妨就當是非常時期，乾脆把門打開。寶寶只要看到媽媽的身影就會冷靜下來。

方法3 背著做家事

身體緊密接觸的話，寶寶便會感到安心。話雖如此，抱著做家事實在滿困難的，這時建議可以背在身後、騰出雙手。

因依附關係所引起

證明寶寶已經把媽媽和爸爸視為最喜歡的人，尤其表現出對媽媽的依附。寶寶將透過媽媽、爸爸漸漸學習與他人的關係。

什麼是怕生？

被媽媽或爸爸以外的人抱就會哭，或是即使沒哭也會露出不安的表情。

也有小孩不怕生？

看到不熟悉的人會緊張、身體僵硬或是移開目光，也可以視為怕生的一種。很少有孩子完全不怕生。

8～9個月是高峰

開始怕生的時期因人而異，也有些孩子比較早，4個月左右就開始了。在8～9個月左右是怕生的高峰。有些孩子到2歲左右才會緩和下來。

怕生的等級

怕生的程度有個別差異。分為不會哭的孩子、只要媽媽或爸爸在附近就沒關係的孩子，以及會大哭的孩子。

弱　盯著陌生人看

雖然不會哭，但會露出不安的表情盯著陌生人看，或是身體變得僵硬。

中　雖然會哭一下，但只要媽媽或爸爸在身邊就會安心

雖然因媽媽或爸爸在身邊而感到放心，但還是能夠識別陌生人。

強　放聲大哭

即使媽媽或爸爸在身邊，只要和陌生人視線交會或是被抱就會放聲大哭。

克服怕生的方法

重點是讓寶寶安心。媽媽或爸爸陪在身邊是最好的方法。

方法1　在習慣以前由媽媽、爸爸抱

把寶寶緊緊抱著，讓他安心。要讓其他人抱的時候，媽媽和爸爸在一旁，寶寶會比較安心。

方法2　表現出與對方感情融洽的樣子

如果對方和媽媽或爸爸感情融洽地交談，寶寶也會安心。相反的，如果媽媽或爸爸對對方抱持著緊張感的話，這些情緒也會傳達給寶寶。

方法3　視為成長的必經之路

怕生是成長的象徵，並不是媽媽或爸爸的錯。不妨告知周遭的人寶寶會怕生，讓對方了解這是暫時性的。

確認運動方面發展的健檢

這個月齡每個寶寶發展的個別差異更大了。由於健檢時也會被問到，建議把開始會爬以及會扶站的日期記錄在兒童健康手冊上。

健檢時會確認身體的發展狀況，以及做抓握積木測試這類運動方面的發展。這個時期也比較容易找出以往難以判別的先天性疾病，以及視覺和聽覺方面的異常。別忘了要去接受健檢。雖然有些寶寶怕生的情況會加劇而抗拒診察，甚至放聲大哭，不過並不需擔心。

9～10個月健檢的確認事項清單

- ☐ 基本的測量和診察（P46）
- ☐ 會不會爬
- ☐ 會不會扶站
- ☐ 有無降落傘反應
- ☐ 呼喚他是否會回頭
- ☐ 會不會獨自玩得很開心
- ☐ 會不會模仿拍手等動作
- ☐ 牙齒的生長狀況
- ☐ 可否用手指捏住小東西
- ☐ 對聲音的反應及看東西時的樣子
- ☐ 接受了哪些預防接種
- ☐ 怕生的狀態

安心

即使健檢時哭了，也是確認是否怕生的一環，沒有關係。

降落傘反應的確認

把寶寶呈俯臥的姿勢抱起來，看看作勢要讓頭朝下往下墜的時候，會不會有張開手試圖支撐的反應。

手指的動作確認

看看是否能用手指捏住較小的積木，而不是用手抓握。確認神經的運作是否到達手指。

扶站的確認

是否會抓著東西站起來，或是托住兩邊腋下的話，會不會用力伸出腳作勢要站立。另外也會診察腳部肌肉的發展。

爬行的確認

從腹部離地爬或腹部貼地爬等爬行的樣子，診察手腳及背部、腰部等發展的狀況。也有些孩子還完全不會爬。

這個時期特別在意
關於爬行的
Q&A

周遭的孩子都會了，還不爬嗎？奇怪的動作？

Q 肚子貼地爬的時期很長，不會雙手雙膝著地爬。

A 如果會坐、有扶站的徵兆就不用擔心。

有些孩子是腹部貼地快速移動著，就跳過腹部離地爬，直接進展到扶站了。如果寶寶會坐著，也有扶站的徵兆的話，發展上就沒有問題。

Q 坐著以兔子跳的方式移動，這也算是爬嗎？

A 沒錯。

寶寶爬行的形式五花八門。對嬰兒來說，爬行的目的是要移動到感興趣的地方去。

即使是像兔子般跳著移動，對於扶站和獨自行走的發展來說也沒有問題，每個孩子都有獨有的爬行姿勢，因此不妨想成是一種個性。

Q 屁股翹高高地爬，不會累嗎？

A 本人看起來很開心的話就不用擔心。

並非只有整齊的雙手雙膝著地爬才是爬的形式。屁股翹高高地爬（小狗爬）也許是那個孩子的風格。在大人看來似乎很累，但如果本人看起來很開心、覺得很有趣的話，就沒有關係。

Q 好像很討厭俯臥，都不爬。

A 有時會因為想拿的欲望而動起來。

如果會坐的話就沒有問題。再過不久等寶寶產生了「想動」、「想摸那個」的欲望，也許就會開始爬了。有些孩子不怎麼爬就會站了，因此即使孩子不爬也不需要太擔心。

Q 可能是木地板的關係，寶寶會一邊爬一邊滑行。有什麼對策嗎？

A 建議鋪上地墊。

木地板很容易打滑，有時候寶寶爬著爬著就會滑倒而撞到下巴。可以鋪上地墊或是地毯，讓地板不易打滑。

Q 有促使寶寶想爬行的玩具嗎？

A 推薦碰了會動或是以電動旋轉的東西。

推薦會自己動的玩具。不妨讓寶寶產生「想摸會動的玩具」、「很好奇」的欲望。由於玩具會動，寶寶便會產生想追逐的欲望。只不過，如果寶寶會怕或是嚇哭的話，就要改用其他東西。

這個時期寶寶的發育、發展

⇨運動功能到達腳的末端，也會扶著東西走

寶寶會扶著東西走了，手指也會「扭」、「壓」，變得更加靈巧。自我主張變得強硬，有時候想做的事被出言制止還會大哭。

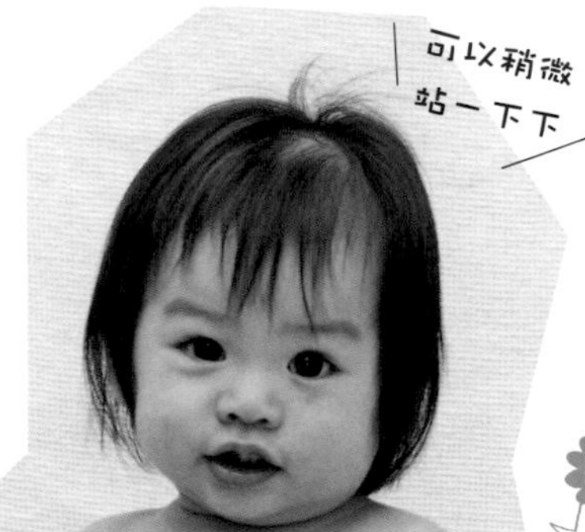

可以稍微站一下下

身長

男寶寶	68.4～77.4cm
女寶寶	66.6～75.6cm

體重

男寶寶	7340g～10.59kg
女寶寶	6860g～10.06kg

※出生10個月～未滿11個月的身長及體重參考值。

表情 自我主張變得強硬

驚嚇、很高興等心情表露在表情上。

會按壓開關，或是捏住掉落的小垃圾。

嘴巴 長出4顆牙齒

長出下排2顆、上排2顆門牙。

腰 從扶站到扶走

一旦會扶站以後，就會開始扶走。發展快的孩子還會短時間站立或是邁步往前走。

手 手指愈來愈靈活

安心 透過說話溝通意思

寶寶開始會出現各種語言或手勢，這是想要傳達自己的意圖或意思的聲音。像是指著發出聲響的地方一邊說「啊（好像有聽到什麼聲音！）」以表達意思，又或者是指著空盤催促說「嗯嘛嗯嘛（我還想吃！）」。看到這個模樣，任誰都會忍不住會心一笑。這是想把透過五感所感受到的事物與他人分享、溝通的開始。

外出能給予腦部許多刺激

在公園的戶外遊戲，或是去超市買東西，即使是稍微外出一下都能大大刺激寶寶的腦部。「花好漂亮喔」像這樣對於寶寶感興趣的東西代為說出共鳴的心情，更有助於促進語言的發展。

關注寶寶會了什麼——為成長喝采

寶寶一旦會扶站以後，很快就會扶走了。這個時期的發展每個人都不一樣，有的孩子會爬，有的孩子會扶站，有的會扶走，其中也有些孩子能稍微站立，情況各異。這也是一種個性。與其和其他孩子相比，為自己的孩子「不會」而感到憂心，不妨將注意力放在寶寶昨天不會的事，今天「會了」，為寶寶的成長喝采。媽媽和爸爸說著「會了耶，好棒喔」為寶寶加油喝采，可以引發寶寶的動力。運動功能的發展如果到達腳的末端，就會站立了。

這時手指也開始會「扭」、「按壓」的動作了，寶寶會想要去碰廚房的瓦斯爐或開關類。這個時期差不多該教導什麼事不可以做了。要眼睛直視著寶寶告訴他「不行」。

寶寶的自我主張變得強烈，開始清楚表現出好惡。不喜歡就透過大哭來表達，想要的東西會用手指著，透過手勢來表達。

10個月大寶寶的1天

◎排便0～2次／1天

AM 1:00	睡覺
	母乳①
6:00	起床
	副食品①、母乳②
	玩耍
	散步
PM 12:00	副食品②、母乳③
	玩耍
	母乳④
	睡覺
18:00	洗澡
	副食品③
	母乳⑤
	就寢
0:00	

和媽媽、爸爸一起吃早餐。和大人同時間用餐比較容易讓生活作息規律

外出，在沙坑或草地爬

1天3次，和大人一起吃副食品。營養的一半從副食品當中攝取

總是在固定時間就寢的話，比較容易讓生活作息規律

這個時期的爸爸應努力的事項

檢查家中是否有危險的時期

寶寶會的動作愈來愈多，不是把重要的東西翻得亂七八糟，就是把電線拿來咬或舔，是惡作劇快速增加的時期。由於寶寶還沒有自己避開危險或是保護自己的智力，因此需要大人密切注意。應再次確認環境，像是把危險的物品收到手搆不到的地方，以打造安全第一的室內環境。

這個時期媽媽的狀態、和寶寶相處的方式

把心思放在愉快地用餐這件事上

寶寶有時吃多有時吃少、邊吃邊玩、開始會挑食，是用餐很辛苦的時期。有時還會把飯弄得一團亂，要不然就是被遊戲吸引不好好吃。這個時候，乾脆地想「沒有必要勉強寶寶吃」也很重要。比起吃這件事，不妨享受大家一起用餐的愉悅。

透過會用到手指的玩具或戶外遊戲刺激五感

玩開關或遙控器類的玩具，或是去戶外玩耍，都有助於刺激寶寶的五感。也可以讓寶寶在草地上爬。此外，由於寶寶已經能獨自專心玩遊戲了，因此要隨時注意有沒有危險。

大內麗香寶寶的例子

被出言制止，哭哭。

想要爬上沙發，嘿咻！

靈巧地用手指按按鈕。

因為媽媽親手做的玩具笑呵呵。

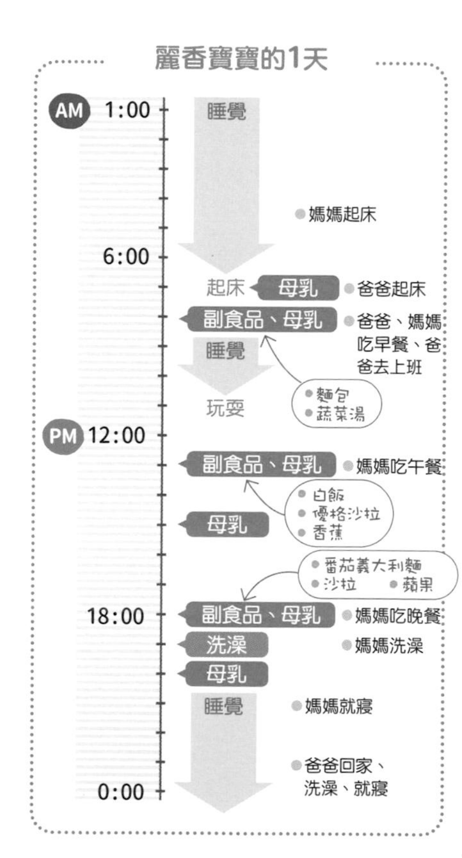

小兒科Dr.Advice

不要不要期是建構親子關係的中繼點

寶寶的自我主張開始進入「第1反抗期」。反抗並不等於壞事，而是成長的必經過程，也是父母親學習與孩子的相處方式以及責備方法，進而建構親子關係基礎的重要時期。「告訴他不行」、「今天就試著讓他玩個夠吧」……不妨像這樣在試錯當中慢慢建立起信賴關係。

Q 不會模仿

A 守護也是父母的任務。

模仿遊戲雖然是發展的一個參考基準，但不會也無妨。不要和其他孩子做比較，把眼光放遠，相信自己孩子的成長、在一旁守護也是父母重要的任務。

安心

發展時的一大煩惱，就是孩子被周遭的人說「很慢呢」而介意很多事。「孩子也許是慎重派的」不妨像這樣放寬心守護他。

Q 會咬媽媽或爸爸的手臂或肩膀

A 要正色告知「不行」。

長出門牙以後，有時寶寶會覺得牙齦癢而咬人。咬人是不對的行為，應試著用不同於往常的嚴肅語調，簡短地說一句「不行」。

輕鬆

寶寶並非討厭才咬人，這也是一種覺得好玩、愛情的表現。不過還是必須教導他咬人是不對的行為。

Q 一天到晚說「不行！」有時對自己很厭惡

A 製造不需斥責「不行」的狀況。

大人看來危險的東西是寶寶的最愛。這並非惡作劇，而是出於好奇心的探索行動。建議把危險的東西收到手不能及之處，製造出不需要斥責「不行」、「危險」的狀況。

Q 寶寶跟同伴一起玩時該注意什麼？

A 危險的時候要介入制止。

這個時期寶寶之間最常見的就是搶玩具。這對寶寶來說是絕佳的學習與成長的機會。當寶寶在意對方的行為、自己也想跟著做時，便會開始互搶，不過大人不要馬上干涉，先在一旁守候，最終孩子將學著忍耐或禮讓。寶寶在3歲以前還不能理解他人也有情感，很自我中心，喜歡的玩具全部都是「自己的」。如果快要做出咬人這類危險的行為時，則應馬上介入制止。

Q 應該幫忙嗎？

A 盡量放孩子自由去做。

扶站失敗而跌倒是這個時期常有的事。雖然大人會忍不住想幫忙，不過寶寶能從失敗當中學會很多事。建議留意家具或地板上的東西，打造沒有危險的環境（P110），盡量讓孩子能自由地到處活動。

開始教養生活習慣

刷牙、洗手、洗澡等等，差不多是時候開始教養生活習慣了。雖然說教養，不需要想得太艱深，以適合孩子的步調進行即可。

10個月前後是寶寶對於媽媽和爸爸所說的話或行為，開始特別感興趣的時期。正因為如此，生活習慣的教養建議從模仿爸爸和媽媽開始。一開始變成在玩也無妨。從平常開始就對寶寶說「洗澡好舒服喔」、「從外面回來要洗手唷」這類的話，並且讓寶寶看到媽媽和爸爸示範實行的模樣，漸漸地寶寶就會模仿而做出相同的舉動了。

到了2歲左右，便能夠透過語言對話來進行教養了。到了3歲後，只要說明理由，孩子就能夠聽懂、信服。

教養沒辦法一下子就記得，因此重要的是有耐心地持續下去，以養成習慣。媽媽和爸爸不要焦急，不妨以從容的心情一點一滴逐步進行。

這個時期的生活習慣教養

刷牙

4顆牙齒長齊了就要用牙刷

寶寶開始長牙後，等上排2顆、下排2顆長齊了，用紗布巾刷牙就要告一段落，開始用牙刷刷牙（P102）。首先，副食品之後讓寶寶喝茶或開水，感受一下清潔嘴巴裡的感覺，等到習慣以後，再教導睡前要刷牙。

輕輕鬆鬆

這個時期寶寶會很想自己拿牙刷。給寶寶嬰兒用的牙刷，由大人抓著手一起刷。像這樣讓寶寶拿牙刷並讓他習慣。

用餐

教導他用餐是愉悅的時光

教導與媽媽、爸爸圍坐在餐桌前一起用餐是愉快的時光。並積極地和寶寶說話，像是「飯好好吃喔」、「有沒有咬一咬再吃下去呢」。此外，由於是用手抓著吃的時期，不妨充分給予寶寶自己吃的樂趣。

輕輕鬆鬆

對寶寶說「啊姆啊姆」、「咕嚕」這些促進咀嚼或吃的話，可以預防囫圇吞下。

洗澡

讓寶寶感受潔淨清爽的體驗

讓寶寶意識到把身體洗乾淨就會很舒服的這個體驗。可以在洗完澡後積極對寶寶說「好舒服喔」、「身體變溫暖了熱呼呼的呢」這類的話。

輕輕鬆鬆

對於不太敢碰水的孩子，可以把蓮蓬頭的水壓調弱，或是用比較不熱的水來泡澡，從玩水的感覺開始。

洗手

媽媽和爸爸當範本

首先，媽媽和爸爸要示範從外面回到家時，或是吃飯前要洗手給寶寶看。寶寶看了開始感興趣以後，再告訴他「從外面回來了就要洗手喔」。

安心

如果從這個時期開始教，不久就能養成習慣。洗手對於預防傳染病也是不可欠缺的一環，因此是一定要教導的教養。

時而讚美時而責備，反覆教導

教養時的讚美或是責備都是很重要的事。只不過，還無法長時間記憶的寶寶並不能一下子就理解。10個月大的這個時期，建議要反覆地教導。不久之後只要寶寶具備了理解力，自然而然就會懂了。

教養應隨著成長而改變方法。1歲以前不論寶寶的反應如何，都要反覆告知；2歲以後透過言語交談來教；3歲時則在旁邊看著他自己完成……建議像這樣配合發展以及理解力改變方法。

各年齡的教養方法

0～1歲　反覆告知
這個時期寶寶記憶的容量還很小。不過，即使寶寶還無法充分理解被責備的這件事，父母仍然要持續反覆告知。

2歲　言語交談
已經可以透過言語和寶寶交談了，因此要像「燙燙的所以不行碰喔」這樣用簡潔的話告訴寶寶為什麼不行的原因。

3歲　讓孩子自己做
什麼都想要自己做的時期。讓孩子體驗自己完成的經驗。只不過，不可以做的事還是要告知不行。

培育寶寶的心智　教養的4個要訣

培育寶寶從容自在的心，教養時有4個要訣。不妨抓住重點，保持良好溝通的同時一邊教導。

要訣1　做到了就讚美　失敗了就緊抱

寶寶被稱讚了，就會獲得成就感並產生自信，進而感受到媽媽和爸爸一直在旁看著自己，對媽媽和爸爸的信任感也會增加。相反的，失敗的時候，寶寶會感到不安。**這種時候抱緊他、讓他安心是很重要的。**

要訣2　大人心情上要從容

有時或許不免會對寶寶老是做不好而感到焦躁。第一次做的事情一直學不會是理所當然的，請從容以對。**大人負面的情緒是會傳達給寶寶的。**

即使還不太了解話語的意思，否定的語言或表現還是會透過氣氛傳達給寶寶。

要訣3　讓他自己做

因為太花時間了、因為還做得不夠好，**當寶寶做到一半時媽媽就幫忙做，這是不好的。**這樣恐怕會讓孩子馬上就放棄。試著自己做到最後的經驗是非常重要的，請媽媽或爸爸強忍住想幫忙的念頭，在一旁守候吧。

要訣4　出聲喝采

不妨鼓勵寶寶正在做的事。不光只是旁觀，**還要聲援「加油」。**媽媽或爸爸的聲援可以讓寶寶更有動力。

培育心智的

讚美法 責備法

這個時期寶寶會開始對媽媽或爸爸的行為、表情、話語感興趣，並試著理解。從這個時期開始讚美或是責備，**能夠讓寶寶學到除了語言之外的其他許多資訊**。不妨多多讚美他，危險時則要責備。

讚美

讚美法的提示1

分享「喜悅」和「樂趣」

「吃了好多飯喔」、「笑得很開心耶」、「這本繪本很有趣吧」……**像這樣與寶寶分享日常的感動**。

讚美法的提示2

媽媽和爸爸要高興

自己的行動讓媽媽和爸爸很高興、看起來很快樂，寶寶會認為「被稱讚了」而感到開心。即使只是件小事也不妨高興一下，**培養寶寶的自信心**。

安心

有了自信，寶寶對媽媽和爸爸的信任感也會增加。如此一來，也能夠坦然接受像是責備這種否定的事。

讚美法的提示3

會做某件事就予以讚美

像是「會模仿人說掰掰了」、「會熟練地用手抓東西吃」，會做某件事的時候不妨也予以讚美。這時可以再一起告訴寶寶接下來的目標，例如「接著蔬菜也要用手抓著吃喔」，**為寶寶加油**。

責備

責備法的提示1

有耐心地教導

雖然在某種程度上寶寶已經聽得懂媽媽或爸爸所說的話了，但才1次還無法完全理解，**要慢慢地、有耐心地教導**。

責備法的提示2

危險的舉動要責備

由於寶寶會爬著到處移動，行動範圍一口氣加大，出於好奇心也會靠近家裡危險的地方。**危險而有受傷之虞時，就要喝斥「不行」**。

安心

不妨事先把危險的東西收好，或是放在寶寶的手搆不到的地方，打造安全的室內環境（P110），就不用老是說這個「不行」、那個「不行」了。

責備法的提示3

加上簡單的說明

出生9～10個月左右開始，寶寶試圖做什麼事的時候會先偷瞄大人的表情再動手。即使是0歲的寶寶也有「學習」精神。像是「熱熱所以不行喔」、「會痛痛所以不可以喔」，**一邊簡單地說明一邊責備，寶寶就會漸漸理解**。

這個時期特別在意
關於教養的
Q&A

每天太常責備了？和其他孩子比起來缺乏教養？

Q 和同月齡的朋友比起來，我是否太常責備孩子了？

A 打造不需要責備的環境。

每個孩子的行動都不盡相同，有慎重型的孩子，也有天不怕地不怕勇往直前的孩子、文靜的孩子、活潑的孩子，行動的方式因性格而異。

此外，孩子有時還會為了引起大人的注意而故意惡作劇，或是做出危險的舉動。這時候，重要的是打造不需要責備孩子的環境。不妨試試把寶寶可能會惡作劇的東西整理好，或是當寶寶打算惡作劇時就叫喚他，讓他轉換心情。如此一來，責備的事情減少、讚美的事情變多，想要吸引大人注意的動作也會減少許多。

Q 副食品邊吃邊玩，對此覺得很煩躁。

A 不妨途中告一段落。

這個時期有些寶寶的食量會起起伏伏，邊吃邊玩是常有的事。建議不要拖拖拉拉把用餐時間拉得太長，「肚子已經吃飽了吧？收起來囉」就此告一段落吧。孩子不想吃卻強迫他，或是媽媽和爸爸顯得很煩躁，這些都會傳達給孩子，導致孩子把用餐時光視為不喜歡的時光。

Q 會打旁邊的孩子。該怎麼責備才好呢？

A 代替寶寶說出心情。

「打」有時候是一種溝通方式，寶寶也可能其實是想表達「喂！喂！」卻不會斟酌力道而變成打。不過，如果是打算攻擊而打人時，就要先代替寶寶說出心情：「你剛剛想要○○吧？」然後再告訴他打人是不對的。

Q 已經喝斥說危險了，卻還是再犯。是責備的方式不對嗎？

A 這個時期還不清楚為什麼被責備。

雖然寶寶被大聲喝斥會對那個聲音感到害怕、知道那是責備，但是還不清楚被責備的內容。不管多少次，每次還是要不厭其煩地告訴他不能做出危險的舉動。

輕輕鬆鬆

在責備的時候，必須用嚴厲的表情或改變聲調等，用寶寶能夠察覺「與平時不同」的說話方式。大概到2～3歲才會明白斥責的內容。現在當務之急是在需要責備時，反覆多說幾次。

這個時期寶寶的發育、發展

⇨明確展現個性的時期。自我主張也強

乳牙長到8顆，開始可以充分咀嚼了。寶寶的手指變得靈活，也有些寶寶會試圖用湯匙吃東西。是明確展露個性的時期。

發展的速度每個寶寶各異

安心

在寶寶發展顯著的這個時期，有時大人會擔心「別的孩子已經會了，我家的還不會……」。然而，這個時期的特徵就是發展的個別差異非常大。雖然忍不住會去注意「不會」的事，不過還是建議聲援寶寶「會做」的事，不要焦急。由大人做示範，也有助於增加寶寶「會做」的事。

給我

	身長
男寶寶	69.4～78.5cm
女寶寶	67.4～76.7cm
	體重
男寶寶	7510g～10.82kg
女寶寶	7020g～10.27kg

※出生11個月～未滿1歲的身長及體重參考值。

表情

可以和周遭進行溝通

模仿的技巧更上一層樓，跟寶寶揮手「掰掰」的話，寶寶便會揮手；說「給我」寶寶就會把東西遞過來。寶寶會覺得這樣一來一往互動很有趣而笑容滿面。

腰腿

透過扶走移動到各個地方

透過爬行或扶走，移動的範圍更加擴大。也有些孩子會試著推著學步推車行走。

指尖可以集中施力

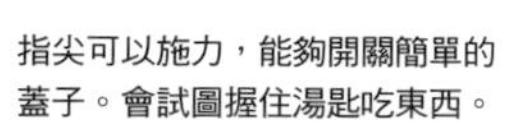

開始單獨遊戲。照顧起來變得輕鬆

輕輕鬆鬆

寶寶開始真正的單獨遊戲。會學習玩具的使用方法，動腦想一想或用點技巧，依自己的步調反覆嘗試。單獨遊戲可以培養集中力和想像力，提升自我肯定感。大人不妨在旁靜靜看著，不要予以干擾。

午睡改成1天1次。遊戲的範圍增加

這個時期的寶寶會做很多事情了，手指變得靈活，會開關蓋子，或是握住湯匙往嘴裡送。也很喜歡按壓開關和按鈕。

愈來愈多孩子**1天只睡1次午覺，白天醒著的時間變長了**。也開始能夠專注投入於某件事而獨自遊戲，例如玩益智積木之類。由於記憶力開始發展，跟他玩遮臉躲貓貓時，說著「你看不見我！」把臉遮住的話，寶寶已經能預料到再露臉時會出現有趣的臉，是這個時期很喜歡的遊戲。大人做出各式各樣的表情露臉，寶寶會被逗得很開心。

隨著心智的發展，**寶寶開始展露出個性**，像是悠哉派、慎重派、講究派等等。例如慎重派的類型，在扶走的時候也是怕怕的。不要太心急或是拿來和其他孩子比較，不妨耐心守候。

這個時期會長齊8顆乳牙。一般而言，副食品將進入斷奶後期的後半段，不過請一邊觀察狀況循序漸進，不要操之過急。

11個月大寶寶的1天

◎排便0～2次／1天

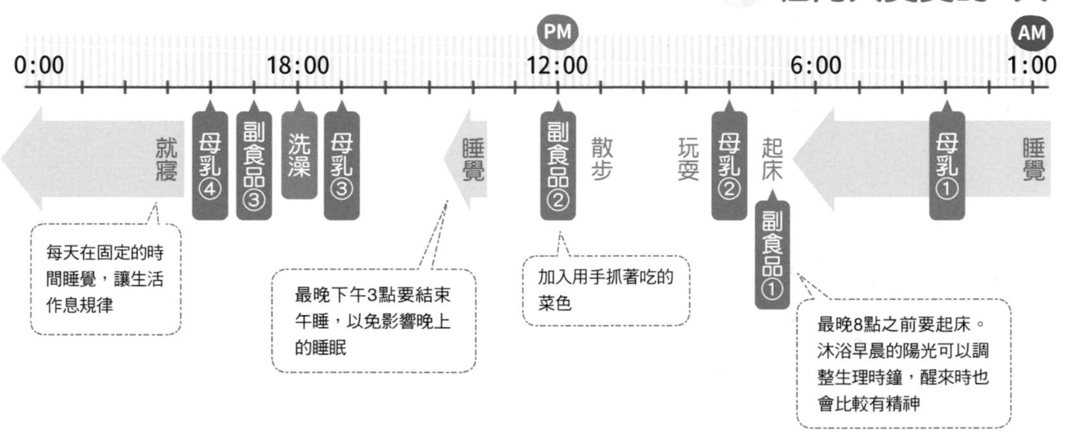

這個時期媽媽的狀態、和寶寶相處的方式

再次檢視生活作息的時機

這時期寶寶的副食品變為1天3次，起床、就寢的時間差不多固定下來了。已經能清楚區分晝夜，1天只在下午午睡1次。這是重新檢視生活作息的好時機。

白天愈是有精神地玩耍，讓身體疲累一點，晚上就能熟睡到早上。媽媽也能一覺到天亮。

這個時期的爸爸應努力的事項

不要吵醒寶寶

工作晚歸的日子，是不是忍不住想跟寶寶玩而把他吵醒了呢？晚上10點後，生長激素的分泌會變得旺盛，為了有良好的睡眠品質，這個時期應調整1天的流程，最晚晚上8點就要就寢。建議別吵醒好不容易睡著的寶寶。

出生11個月的生活

聽得懂語言的時期。不妨積極跟寶寶說話

這時期寶寶漸漸聽得懂大人所說的話了，因此不妨積極跟寶寶說話。建議多讀繪本給寶寶聽。繪本中會反覆出現相同的句子，寶寶會高興地用手指或出聲。

井辻理理杏寶寶的例子

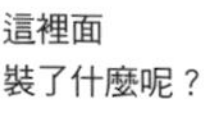

這裡面裝了什麼呢？

最喜歡和媽媽一起讀繪本。

抱緊

緊緊抱住最喜歡的狗狗。

耶～

坐上哥哥以前也坐過的玩具車，笑容滿面。

理理杏寶寶的1天

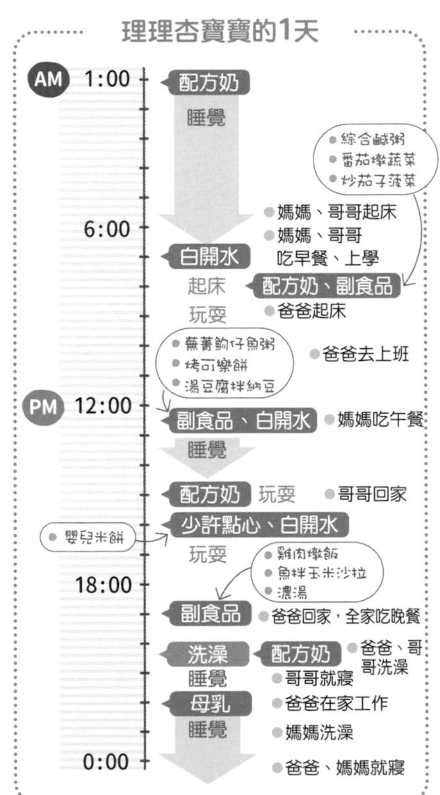

小兒科Dr.Advice

表現出好惡的時期

副食品也進階了不少，可以吃的食材一旦增加，就會開始出現挑食的煩惱。讓寶寶習慣吃各種食材是很重要的，建議花點巧思，像是把食物切碎或是勾芡，讓食物比較容易入口。

安心

副食品當中有寶寶不敢吃的口感或食材，卻急著往下進行的話，會使得寶寶無法愉快地享受用餐時光。建議看看寶寶不敢吃什麼，花點巧思，有時可以倒退回前一個階段，配合孩子自己的步調往前進。

0個月 1個月 2個月 3個月 4個月 5個月 6個月 7個月 8個月 9個月 10個月 11個月 1歲 1歲3個月 1歲6個月 2歲3歲～ 預防接種 疾病、受傷

Q 會摸小弟弟，有沒有關係呢？

寶寶正在確認自己的身體。

寶寶對自己的身體深感興趣，不是把手指伸進鼻孔或耳朵裡，就是摸摸突出的小弟弟。這是為了確認、認識自己的身體、是發展上必要的一個過程。如果寶寶看起來很癢的話，不妨在洗澡時幫他洗一洗。

如果寶寶在換尿布的時候摸了小弟弟，要幫他把手擦乾淨。

Q 流鼻水了，要看耳鼻喉科還是小兒科？

哪一個都可以。

哪一個都可以，選擇方便前往的即可。兩者都會幫忙吸鼻涕。只不過，嚴重流鼻水、耳朵疼痛的話，則有可能是中耳炎，前往耳鼻喉科較為放心。

Q 一個人很投入地玩耍時應該不要管他？

靜靜守候即可。

單獨遊戲可以提高寶寶的專注力，因此請靜靜守候。寶寶正投入在遊戲中，腦子裡思考著各種事物一邊嘗試，或是進行想像。

寶寶跑來跟媽媽或爸爸講些什麼的時候，可以到他身邊說聲「好棒喔」、「好厲害喔」之類的話。

Q 差不多該斷奶了嗎？

不必著急也沒關係。

可能有些人已經開始擔心「什麼時候該停止哺餵母乳呢？」，其實並沒有明確的期限說到幾歲以前一定要斷奶。也有些人擔心「母乳是否會造成蛀牙？」，並沒有這種事。哺乳的次數變少了，或是1天有確實餵食3次副食品、生活作息規律的話，就可以考慮斷奶了。斷奶要有計畫地進行（P154）。

Q 不會模仿大人掰掰等動作

如果能溝通的話就不用擔心。

有些孩子會模仿掰掰的動作，但也有些孩子不太會。如果會盯著大人的動作看，或是問他會笑、會用手指著東西來溝通的話就沒有問題。

獨自站立，接下來是蹣跚學步的時期

會扶走了以後，寶寶接著就會獨自站立了。會站了以後，接下來就是開始蹣跚學步。雖然這些成長的象徵令人欣喜，然而也有可能導致摔落或跌倒、撞到桌角這些事故，因此必須從安全層面再次檢視家中的環境。再加上這時也是外出時的事故增加的時期，應特別留意，避免孩子放開牽住的手跑到馬路上去，或是走失在人群裡。

一旦會獨自站立後的擔心事項 預防與對策

寶寶可以站立後，行動範圍比起爬行時更加擴大，能獨力完成的事也漸漸增加，愈來愈無法離開視線。

	預防	對策
摔落 一旦寶寶會站了以後，比起以往更加能四處自由移動。不是在沙發跳上跳下，就是試著爬上大人用的桌子，而導致摔落等事故。	**隨時留意** 注意不要讓寶寶爬上沙發或桌子。有時寶寶也會用椅子爬到桌子上去，要小心。隨時留意，看看有無危險。	**不放置墊腳台** 不要放置像是箱子這類可能成為墊腳台的物品。如果是寶寶搬得動的大小或重量，可能會自己拿來爬上去。
跌倒 嬰兒的頭部比身體來得重，因此經常會因為難以保持平衡而跌倒，尤其常發生往後倒的事故，有撞到後腦杓的危險。	**不要放置會讓人想拉扯的物品** 寶寶只要看到布或繩索這些東西就會想拉，因此要收到寶寶看不到的地方。有時可能拉著拉著就失去平衡直接向後摔倒。	**在地板上鋪上地墊** 為防範跌倒摔傷，建議在地板上鋪上地墊或地毯。再加上也可以降低噪音，之後開始在意跑來跑去的腳步聲時，也值得推薦。
撞到桌角 即使是爬行時還搆不到的高度，站起來的時候便可能有撞到頭的危險。桌子或抽屜的角這些地方頗為尖銳，要特別小心。	**固定好家具** 撞到角的時候恐怕會導致電視或架子等家具倒下，因此應把家具固定好，或是在架子最下方放置重物穩住，也是一個方法。	**裝上防撞角或防撞貼條** 有只裝在角上的防撞角，也有可以用剪刀剪裁以調整長度的防撞貼條。
衝到馬路上 散步時如果看到感興趣的東西，寶寶有可能會甩開手衝到馬路上去，恐怕引發致命的事故。外出時必須隨時盯緊。	**防走失背包** 背包上有牽繩，孩子有危險的時候大人可以拉住繩子予以保護。建議把繩子套在手上，同時也牽住孩子的手，僅把背包視為輔助工具。	**有耐性地教導** 建議教導孩子外出時一定要牽著大人的手。由於孩子很難馬上理解、遵守告誡，因此平常就要有耐性地再三告誡。

選擇方法 確認清單

- □了解腳型（重點1、重點2）
- □是否容易穿
- □鞋底是否柔軟有緩衝性
- □是否固定住腳踝
- □腳尖是否有預留空間
- □有沒有試穿過（重點3）

選擇寶寶的第一雙鞋

寶寶會站了以後就要考慮買第一雙鞋了。**嬰兒的腳還在發育中，是柔軟的扁平足。**走路有助於足部的成長，建議選一雙寶寶合腳的鞋，多多走路。也可以到有選鞋師傅的店家挑選。

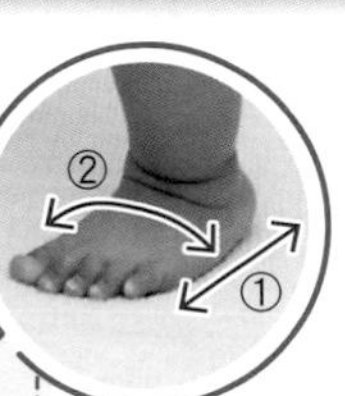

重點1

了解腳型

①除了腳長，還要事先了解寶寶的②腳板寬窄、腳背高等相關資訊。

容易幫忙穿

大人幫忙穿鞋時，開口部分寬一點比較好穿。

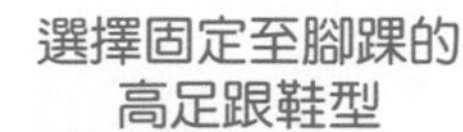

選擇固定至腳踝的高足跟鞋型

由於寶寶還在發育中，因此還不能好好地保持平衡。從腳踝到腳跟牢牢固定的高足跟鞋型，較適合作為寶寶的第一雙鞋。

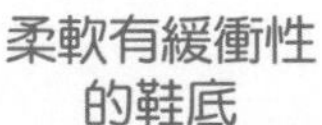

柔軟有緩衝性的鞋底

走路的時候，鞋底如果能配合腳掌前緣部分彎曲的話，會比較好走。只不過，應選擇彈性適中、避免過於柔軟的鞋子。

第一雙鞋要確認這些！

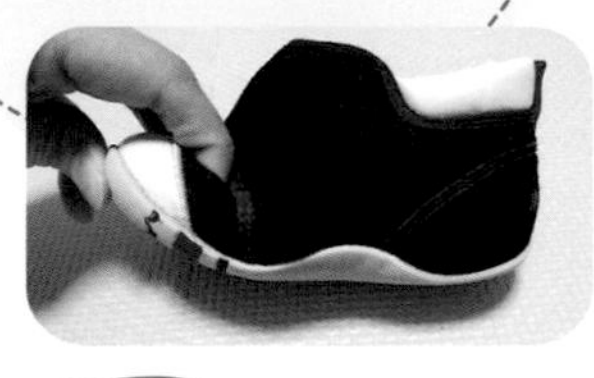

腳尖保留空間

為了讓腳趾能活動，腳尖要預留大約5㎜～1㎝的空間。

重點3

別忘了試穿

媽媽或爸爸要從鞋子外側摸摸看，確認合腳程度，像是魔鬼氈或鞋帶牢牢固定時會不會太大、鞋子會不會鬆動，或是會不會太小腳尖擠在一起等等。

重點2

2～3個月確認一次尺寸

3歲左右以前，孩子的腳的成長速度驚人，2～3個月需確認一次尺寸。脫鞋時，要仔細確認腳有無摩擦變紅。

你有媽媽友嗎？

透過孩子而認識的媽媽稱為「媽媽友」。
媽媽友能一起商量育兒的不安或煩惱，是可靠又令人安心的盟友。

在哪裡結交到媽媽友？

也有線上的媽媽友

開始把寶寶送去托嬰中心或幼兒園之後，就很容易和有同年紀孩子的媽媽變熟、結識媽媽友。如果是送托以前的話，到親子館或公園這些地方，常常能透過親子一同交流而變成朋友。

最近還有線上的媽媽友。媽媽們會在社群網站上投稿插圖或照片等等，分享自己的育兒狀況或是商量煩惱。雖然不知道本名或居住的地區，也沒見過面，但在網路上彼此回覆留言、相互勉勵育兒生活，也可以稱為「媽媽友」呢。

「在常去散步的公園裡，和抱著差不多月齡寶寶的人搭話，於是成了媽媽友。心裡踏實多了。」（HIRO的媽媽）

「社群網站上，有同月齡孩子的媽媽貼了可愛的副食品照片，於是開始請教她作法。」（SEI的媽媽）

＼推薦／

媽媽友交流場所

以下介紹能有機會與媽媽友交流的場所。

準父母教室

雖然是寶寶出生前的事，但醫院或托育資源中心開辦的準父母教室，會集結差不多時期寶寶將誕生的媽媽和爸爸。很推薦藉此機會結識該地區的媽媽友。

親子館、托育資源中心、公園

是寶寶開始能外出的時期可供親子一起玩耍的場所。除了與寶寶月齡相近的媽媽，也能遇到育有上一胎孩子的媽媽前輩。

親子教室（音樂律動、游泳等等）

集結的都是有讓孩子學習才藝想法的父母，較有可能結識到對育兒有相同熱忱的媽媽。

健檢、副食品講座

在日本，由地方政府實施的集團健檢、副食品講座當中，所集結的都是有相同月齡寶寶的媽媽。由於是地方政府主辦，家附近的媽媽會比較多。

有能倚賴的人嗎？

不妨試著主動向周遭的人尋求協助

過去4代同堂同住的家庭居多，媽媽、爸爸的父母或祖父母等人也會參與育兒。而現今轉變為核心家庭，愈來愈多人遠離老家。爸爸白天也要上班，因此媽媽一個人育兒的「孤獨育兒」家庭也漸漸變多。

此外，在網路上找人商量煩惱的媽媽也變多了。像是把煩惱投稿到育兒看板APP等地方，或是以關鍵字搜尋煩惱的解決對策，愈來愈多人會在網路上解決育兒的煩惱。

不要因為身邊沒有能倚賴的人，就認為自己必須單打獨鬥，而把自己逼得太緊。不妨用電話諮詢或是透過網路諮詢這些方法，找到可靠的對象。

容易努力過頭的類型

- 無法把脆弱的一面示人的人
- 認真的人
- 完美主義者
- 責任感強的人
- 在意周遭評價的人

「雖然老公的老家很遠，不是能馬上過去的距離，但只要透過電話或郵件報告孩子的狀況，就能聽到婆婆以前育兒的經驗談，很受用。」（YUTA的媽媽）

「為了寶寶一直不肯吃副食品而感到煩惱的時候，向親子館裡打過照面的媽媽請教，獲得了一些建議。我發覺試著尋求協助也是非常重要的呢。」（SOMA的媽媽）

「我是媽媽所以不得不加油——正當這麼想的時候卻感冒病倒了。爸爸工作又不能請假，身體不舒服時帶孩子好辛苦。那時真希望至少有個人能商量。」（RINA的媽媽）

真的需要「媽媽友」嗎？

有的話，能成為令人安心的盟友

如果有媽媽友，就能交換托育中心或幼兒園、小兒科的風評等資訊。煩惱的時候、有麻煩的時候，都能成為盟友，讓心裡更踏實。

對不善與人往來的媽媽來說，要結交媽媽友時，主動搭話或許需要勇氣。不妨在托育資源中心或親子館、公園這些地方跟對方打聲招呼，從小聊一下開始。

與其因為非交到媽媽友不可而感到焦躁、逞強，不如抱持一種「要是能讓感情融洽一點就好了」的心情去搭話試試。

有媽媽友的好處

可以交換資訊！
尤其是育有上一胎的媽媽前輩，相關資訊很豐富。可以交換風評好的小兒科、能帶孩子去玩的景點等等資訊，也可以請教關於育兒的建議。。

可以討論關於育兒的事！
可以討論寶寶成長或發展的狀況、副食品或點心的食譜、推薦外出的場所這些育兒的話題。

可以感受彼此孩子的成長！
從孩子小的時候就往來的話，之後也能一起看到、感受到孩子們的成長過程。

有技巧地和媽媽友相處

要和媽媽友感情融洽地長久相處，得先了解一些訣竅。

對於對方的教養方式不要有意見
教養方式每個家庭都不一樣。「我們家都是這樣做，你們不這麼做嗎？」說這種話是禁忌。

覺得累了就保持距離
不用每次邀約都參加，有時可以拒絕以保有自己的步調。

不傳八卦或壞話
八卦流言或壞話、背地中傷，快要出現這些話題的時候，建議試著稍微保持距離。

不探聽隱私
熟了以後不免會想問東問西，不過還是要保持適度的距離，不要冒冒失失地探聽對方的隱私。

積極打招呼
在親子館或托育中心、公園等地遇到時，不妨積極地打招呼。打招呼可以增加熟面孔。

不要光抱怨
雖然不免會抱怨育兒的事、家人的事，但還是要適可而止。也得考慮到聽抱怨一方的心情。

這個時期寶寶的發育、發展

⇨體型變瘦長。人生最大的成長期

生日快樂！這時寶寶的體重約是新生兒的3倍、身長約1.5倍，是人生最大的成長期。當中也有些孩子開始會走了。這時期視力變得發達，也開始能夠識別三原色以外的顏色。

我1歲囉

	身長
男寶寶	70.3～81.7cm
女寶寶	68.3～79.9cm

	體重
男寶寶	7680g～11.51kg
女寶寶	7160g～10.90kg

※出生1歲～未滿1歲3個月的身高及體重參考值。

因無法清楚表達自己的要求、不順心如意而哭鬧的狀況也有可能變多。

手

會畫畫了

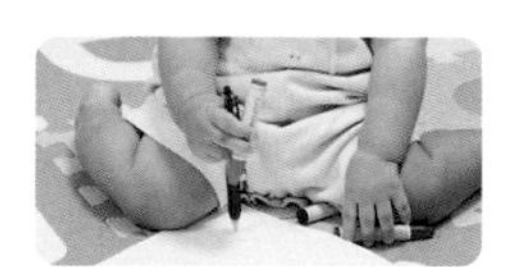

給寶寶拿蠟筆或鉛筆，就會在紙上敲敲點點，畫出點狀的圖案。

安心

會不會走 有體格差異及個別差異

雖然有些孩子已經開始會走了，不過和語言的發展一樣，能獨自步行的時期個別差異很大，因此即使不會也不需要擔心。性格較為慎重的寶寶有可能連一步都還不能跨出去，也有些孩子比起走路更喜歡爬。這個時期會走的孩子比較少，要等到好幾個月到半年左右以後，大家才都會走。

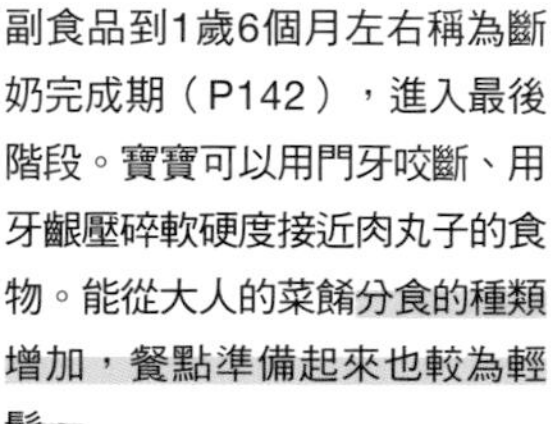

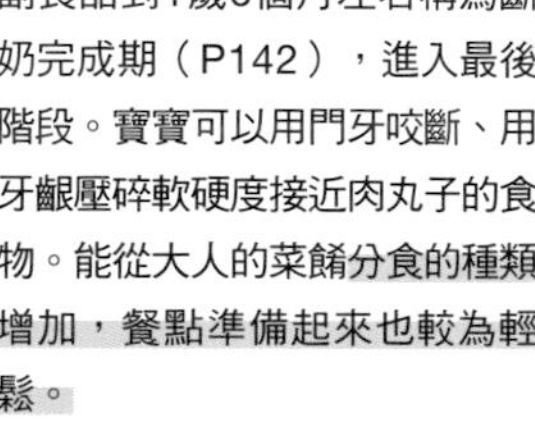

輕輕鬆鬆

副食品的準備 輕鬆許多

副食品到1歲6個月左右稱為斷奶完成期（P142），進入最後階段。寶寶可以用門牙咬斷、用牙齦壓碎軟硬度接近肉丸子的食物。能從大人的菜餚分食的種類增加，餐點準備起來也較為輕鬆。

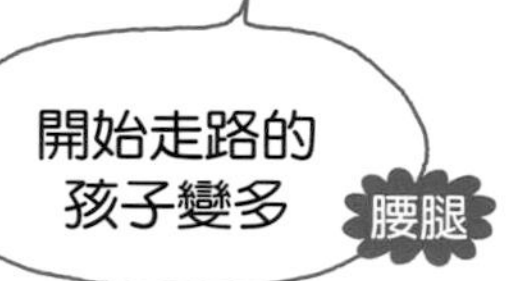

開始走路以後，有些孩子走得很快、有的孩子馬上就坐下，會出現個別差異。

從嬰兒到幼兒跨出人生的第一步

生產至今1年了。迎來第一個生日的此時此刻，再次為孩子平安長大感到喜悅。**此時孩子的體重增加到出生時的3倍左右，身長也增加約1．5倍。**由於會扶走或蹣跚學步，運動量愈來愈大，因此體重的增加會變得稍微平緩。

此時的體型會變得結實，**從嬰兒的體型轉變成幼兒的體型。**肌力增加、保持平衡的能力變得發達，逐漸有些孩子也邁出了第一步。孩子會大大展開雙手取得平衡以免跌倒，雙腳慢慢交替跨出一步一步往前邁進。

視覺方面變得更加發達，能夠辨別紅、黃、綠三原色以外的顏色，也會用蠟筆塗鴉了。

情感層面的發展相當顯著，**也發展出複雜而人性化的情感，**像是為了確認媽媽或爸爸的愛所衍生的嫉妒心或占有欲等。自主心也變得旺盛，什麼都想自己來，做不到就哭，讓大人很傷腦筋，但不妨多理解孩子。

1歲大寶寶的1天

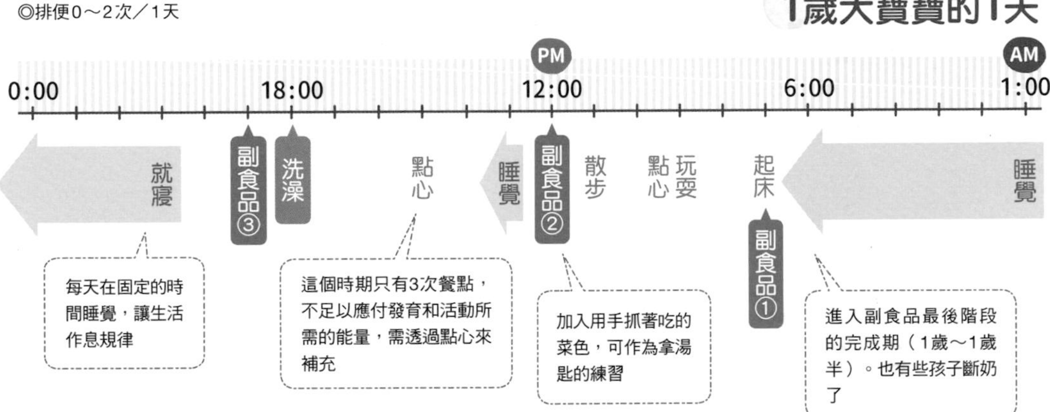

這個時期的爸爸應努力的事項

主動負責副食品

和寶寶一起吃飯的話，連自己的飯都沒辦法好好吃。爸爸在家的時候，可以主動負責看顧孩子吃副食品。也可以積極去做散步等大小事，為媽媽保留一些悠閒的時間。一起度過時光更能感受到孩子的成長。

這個時期媽媽的狀態、和寶寶相處的方式

增加孩子對吃的興趣

孩子的自主心變強，很喜歡用手抓著吃，有時也會想要模仿大人用湯匙吃。由於還不會熟練地扭動手腕，因此可能會無法順利移到嘴邊而潑灑出來，但現在應重視孩子對吃的興趣。漸漸就會得心應手了，因此不妨放寬心守候。

大口大口
吃香蕉當點心。

笑笑

也很會用手
拿東西了。

推著學步推車
喀噠喀噠地前進。

雖然喜歡走路，
但還是最喜歡給
媽媽抱抱。

滿1歲的生活

開始吃點心作為補充食品

由於消化器官的功能尚未完全發達，一次不能吃太多，所以光是從1天3次的副食品當中，並不足以攝取發育及活動所需之能量。為了補充不足的部分，要給飯糰等食物作為點心。

小翔寶寶的1天

- AM 1:00 睡覺
  - 喝一小口配方奶後睡覺
- 6:00
  - 爸爸、媽媽起床
- 起床
- 副食品（•白飯 •味噌湯 •煮南瓜 •葡萄）
  - 爸爸、媽媽吃早餐
  - 爸爸去上班
- 玩耍
- PM 12:00 副食品（•納豆拌飯 •味噌湯 •雞翅炒蔬菜 •香蕉優格）
  - 媽媽吃午餐
- 點心（•香蕉）
- 18:00 副食品（•魩仔魚拌飯 •味噌湯 •煮豬肝 •地瓜 •葡萄）
  - 爸爸回家
  - 爸爸洗澡
  - 爸爸、媽媽吃晚餐
- 洗澡
- 用吸管杯喝配方奶
- 睡覺
  - 媽媽洗澡
  - 爸爸、媽媽就寢
- 0:00

小兒科Dr.Advice

爬行是有助於步行的重要運動

爬行是連動脖子、軀幹、眼睛、手腳運作的運動協調動作，因此可以鍛鍊手臂跟腿、背部肌肉、腹肌、平衡感、反射神經等等。今後開始走路時，快要跌倒了也會快速反應伸出手支撐身體，避免受傷。此外，來自於手腳的運動刺激也能促進腦部發展，因此也能提高語言能力和集中力。

安心

雖然也有人擔心孩子「只會爬一直不會站」，但爬行是為站立預作準備的運動。時候到了一定會站，所以不妨在旁守候。

出生滿1歲的擔憂事項Q&A

Q 外出時哭鬧該怎麼辦？

A 不妨用揹帶揹起來改變視野。

外出時推薦隨身攜帶揹帶，即使是用嬰兒推車外出也是，若是寶寶哭鬧了就改用揹帶。有時候視野變高、轉換心情後，自然就會冷靜下來了。其他也很推薦不會發出聲音的玩具或鏡子，似乎有很多孩子一透過鏡子看到自己的臉感到很不可思議，便會停止哭泣。

輕輕鬆鬆 忘記帶玩具的時候，不妨遞給他媽媽的隨身物品試試。袖珍面紙、大一點的鑰匙圈、塑膠袋這些都可以代替玩具。

Q 磨牙令人擔心

A 是成長所必要的，因此不需要制止。

這是開始長牙的孩子很常見的狀況。這個時期磨牙有是有原因的，像是「調整咬合」、「鍛鍊咀嚼力」、「練習使用牙齒」等等。由於是成長時必要的生理行為，因此並不需要制止。

Q 滿1歲了都沒有得玫瑰疹

A 沒有也沒關係。

在出生6個月～1歲時很容易罹患嬰兒玫瑰疹（P177），但也有些孩子不會得，而且就算沒有得，今後也不會有什麼問題。有時會在2歲左右以前罹患。

Q 牙齒的排列令人擔心

A 乳牙的排列幾乎不會影響恆齒。

牙齒的排列據說遺傳的因素和後天的因素兩者都有，並不十分明確。不過，乳牙對於將來的牙齒排列幾乎不會造成影響。如果擔心的話，在1歲6個月健檢（P159）的牙科諮詢時可以諮詢看看。

安心 牙齒之間有縫隙會令人很在意，不過等其他牙齒長出來以後，牙縫自然就會密合了。

Q 生日蛋糕可以吃跟大人一樣的嗎？

A 不是很推薦。

寶寶1歲時腸胃的功能還不是很健全，市面上販售的蛋糕所添加的鮮奶油，含有高糖分和高脂肪，容易對腸胃造成負擔，因此並不是很推薦。

輕輕鬆鬆 把吐司麵包或鬆餅塗上希臘式優格（水切優格）再疊起來，就成了孩子也能吃的蛋糕了。

副食品（斷奶完成期）的進行方式

可以分食大人的餐點

已經習慣了3餐之後，幾乎所有的食品都可以吃了。分食大人的餐點也變得比較容易，但調味需得清淡。此外，為了補足1次用餐無法完全攝取的營養，可以在早上和下午各給1次點心當成補給食品，像是飯糰或香蕉等。

軟硬度為偏軟的肉丸子

軟硬度方面，以偏軟的肉丸子為基準。雖然已經能用門牙咬了，但咬的力道還不足。須以軟綿綿的、有嚼勁的、脆脆的等各種口感，搭配食物的形狀和軟硬度，練習調整咬食物的方式。

也可以練習拿湯匙

用手抓東西吃的這個動作，是為了讓寶寶練習自己拿湯匙吃東西。媽媽和爸爸不妨在一旁觀察時機點，偶爾稍微出手幫忙一下。

斷奶完成期（1歲～1歲6個月）

這個時期的副食品

這個時期寶寶自己吃的意願增高。建議讓寶寶練習用手抓著吃和用湯匙吃。食材的大小也要有變化。

轉換的時機？

會用牙齦咀嚼了以後

沒有囫圇吞下，看起來有用牙齦咀嚼的時候，就是斷奶完成期了。吃的時候一邊的臉頰有鼓起來的話，就是寶寶正試著咀嚼的徵兆。

食材的種類？

可以分食大人的食物了

碳水化合物有軟飯、麵包、烏龍麵。維生素、礦物質、蛋白質則幾乎可以和大人吃一樣的食材了。不妨多多嘗試各種食材。

1天幾次？

1天3次加點心

1天3次，配合大人的用餐時間，建議在早上7點、中午12點、晚上6點左右吃。在正餐中間的早上10點、下午3點給點心作為補充食品。

硬度、1次的分量？

以可以咬斷的硬度為基準

硬度以門牙能咬斷的肉丸子為基準。碳水化合物為軟飯80～90g，蔬菜、水果為40～50g，蛋白質為肉、魚（15～20g）、豆腐（50～55g）、全蛋1/2～2/3個。

階段4　某一天的菜單

肉燥雞鬆蓋飯

作法

1. 用2小匙打散的蛋做炒蛋。
2. 在鍋子裡放入5g豬絞肉，加1～2滴醬油、再加5～10mℓ水稀釋，一邊攪拌一邊煮熟。
3. 裝好軟飯90g，放上1、2。
4. 荷蘭豆5g水煮後切成細絲。紅蘿蔔少許依喜好壓花，煮熟後放進3裝飾。

奶油大白菜

作法

1. 大白菜30g切成1.5cm的塊狀。櫻花蝦稍微剁碎。
2. 平底鍋熱鍋後放入少許沙拉油，放入1拌炒。加水50mℓ後蓋上鍋蓋煮7～8分鐘，煮至大白菜軟爛為止。
3. 加入牛奶30mℓ、少許加水溶解的太白粉煮沸、勾芡。

用餐時的姿勢

身體挺直

用腳牢牢踏在腳踏板或地板上，讓寶寶用這種姿勢吃。上半身要挺直。媽媽或爸爸要注意孩子的姿勢，避免身體歪斜、轉向旁邊。建議調整椅子高度讓膝蓋差不多頂到桌子，比較利於用手抓著吃。

○ 給餐方法

除了方便用手抓的長條狀蔬菜或吐司麵包，也可以改變形狀或大小讓孩子練習咬斷，像是橢圓形的飯糰、肉丸子等等。熟練用手抓著吃以後，再開始練習拿湯匙。一開始媽媽或爸爸可以用手搭著湯匙幫忙移到嘴邊。

! 應注意的重點

- 由於咬的力道還很弱，因此難以咬斷的薄肉片要把纖維切斷、切成容易食用的長條狀。
- 也要慢慢開始利用邊緣立起來的容器來練習用湯匙舀。

副食品（斷奶完成期）的Q&A

Q 什麼時候開始讓寶寶拿湯匙？

A 要從旁協助拿湯匙的手。

習慣了用手抓著吃以後，孩子自己也會開始想要拿湯匙。由於還不太會舀食物，大人不妨從旁協助，在寶寶用的餐盤裡放上裝有食物的湯匙，寶寶就會自己往嘴裡送了。手幫忙扶在湯匙上，會吃得比較順利。

Q 只吃一點點副食品，會討母乳喝

A 母乳要慢慢戒掉。

這個時期從副食品和點心能充分攝取到營養，因此母乳應該只是為了安心而想喝。建議餐與餐之間讓寶寶多活動、讓肚子消化，再讓他吃副食品看看。

從孩子後方一起拿住湯匙予以協助。

Q 何時可以開始喝果汁？

A 嬰幼兒果汁就OK。

這個時期給太多甜食恐怕會蛀牙。若要給的話，就給嬰幼兒專用的蔬菜汁。只不過一天不要給太多次。

安心

如果給寶寶大人喝的果汁，要選擇沒有另外添加糖分的100%純果汁較為安心。

Q 只想吃點心，副食品吃很少

A 甜的點心不要給太多。

是不是給了甜食當點心呢？孩子本能上是偏好甜食的。雖說是點心，可以給蔬菜餅乾或鬆餅、蒸麵包、飯糰等等，不要給甜食。此外，應調整分量，以免孩子吃太多點心而不吃副食品。

要在餐與餐之間給點心

孩子一餐還無法吃很多量，然而這個時期的運動量愈來愈大，很需要能量。由於必須補給不足的營養，因此要在餐與餐之間給孩子吃點心。**給予的時間建議以3次副食品之間的時間（早上10點、下午3點左右）為基準。**

雖然說是點心，但並非是指甜點，而是以飯糰、麵包、蒸地瓜等碳水化合物為主，再搭配蔬菜或水果、配方奶。**應把點心想成是第4餐，考量其營養的均衡。**

分量方面，碳水化合物為米飯40g、8片裝吐司的1／3片、地瓜1／5根左右。蔬菜或水果以30g為基準，約為香蕉1／4根、蘋果1／10顆左右。配方奶則以50～100mℓ為準。量給得太多的話會影響到正餐，因此應遵守適當的分量。

推薦的點心

主食

建議把會轉換為能量的碳水化合物當成主要點心。

- 飯糰（40g）
- 吐司（1/3片）
- 通心麵（15g）
- 蒸地瓜（1/5根）

蔬菜或水果

搭配富含維生素、礦物質類的蔬菜或水果。

- 香蕉（1/4根）
- 橘子（1/3顆）

飲料

把牛奶或茶當成飲料。

- 牛奶（50～80mℓ）
  （或是優格亦可）

市售的點心

不一定要自己做，市面販售的商品也OK。各式各樣的種類都有，外出時也很方便。

- 小饅頭
- 米餅
- 糕餅、餅乾
  等等

安心

選擇有添加鈣或蔬菜的產品，更能攝取營養。

副食品階段結束後，改吃幼兒食物

3歲左右以前吃幼兒食物

過了1歲6個月左右，就差不多要從副食品畢業了，但還不能馬上和大人吃相同的食物，需逐步接近大人的餐點。要視臼齒和下顎發展的狀況，到3歲左右以前，餐點內容建議以大人菜色的幼兒食物逐步進行。

多方嘗試各種味道和食材的時期

為了將來有健康的飲食生活，需養成規律1天吃3餐的習慣，並納入各式各樣的味道以及食材。雖然增加調味料的種類也無妨，不過和副食品一樣，基本上調味要清淡。另外，生雞蛋、生魚片這些生食在還未產生足夠免疫力的3歲以前先不要給。

由於會慢慢長出臼齒，因此纖維較多的蔬菜或肉類也能用臼齒磨碎著吃。吃各種形狀和口感的食物，有助於擴展味覺的多樣性。

關於食物過敏

食物過敏是指攝取的食品被身體判斷為「異物」而過度反應，導致出現皮膚癢或腹瀉、休克等症狀。給寶寶吃初次食用的食品時必須格外慎重。

給寶寶吃初次食用的食品時的規則 3

1 不過分拘泥
給寶寶吃初次食用的食品時要慎重。每種食品都是成長所需的營養素，不需過分在意，都給孩子吃吃看。

2 早上吃1匙
在平日的早上從1匙開始試。即使出現過敏反應，平日的早上醫院都有開，能夠接受診療。

3 抗拒的話就要確認
入口時孩子看起來很抗拒的話，建議觀察一下狀況。如果嘴巴裡感覺刺刺的不舒服，有可能是產生了輕微的過敏反應。

過敏的跡象

除了右邊所列舉容易引發過敏的食品以外，初次食用的食品如有出現下列症狀時，應就醫尋求醫師的判斷。

- 全身 ➡ 發生過敏性休克（呼吸困難或意識不清等）
- 眼睛 ➡ 充血、眼瞼腫脹、結膜浮腫（眼白呈果凍狀）
- 鼻子 ➡ 打噴嚏、流鼻水、鼻塞
- 嘴巴 ➡ 嘴唇腫起來、癢、嘴裡感覺不舒服、嘴裡腫起來
- 喉嚨 ➡ 癢、腫脹、氣喘、咳嗽、呼吸困難
- 腸胃 ➡ 腹痛、嘔吐、腹瀉、血便
- 皮膚 ➡ 蕁麻疹、濕疹、腫起來、癢、發燒

（容易引發過敏的7種食品）

由於嬰幼兒時期消化功能尚未發達，無法順利分解蛋白質，在試圖排出體外時會以各種症狀表現出過敏反應。

蛋 半熟或生蛋NG
蛋白通常是造成過敏的原因。半熟的話更容易引發過敏，因此副食品一定要煮到熟透再吃。第一次餵食時，先給熟透的蛋黃，蛋黃沒有引發反應的話，7～8個月左右開始再給熟透的全蛋。

牛奶、乳製品 應加熱過
第一次用來烹調時要先加熱過。而飲用時直接喝冰的，也有可能引起腹瀉，建議加熱後再喝。

小麥 即使加熱仍會留下致敏原
即使加熱也無法降低致敏原的程度。

蕎麥 極少量也容易出現反應
由於會出現強烈的過敏反應，因此1歲以前不可以給。滿1歲以後要吃的話也要少量少量視狀況逐步給。用煮過蕎麥的鍋子烹調也可能出現過敏，因此要非常小心。

花生 會出現激烈的過敏反應
可能出現強烈的過敏反應，因此需留意。由於是發病例很多的食品，要慎重地進行。

蝦 **蟹** 會出現激烈的過敏反應
有可能引發激烈的過敏反應，像是出現呼吸器官症狀，或者光是直接觸摸就引發蕁麻疹。1歲後第一次給的時候，要慎重地視狀況少量少量逐步給。

有考慮生第2胎嗎？

孩子滿1歲以後，或許會開始思考關於第2胎的問題，像是「如果有第2胎會是什麼情況呢？」、「想幫這孩子生個弟弟或妹妹」。儘管知道並非想生就能如願，但通常還是會很想知道歲數差多少比較好帶、老大的心情又是如何這些問題。

媽媽的身體和心情都準備OK了嗎？

要生產後隔多久再開始準備懷第2胎，其實並沒有標準答案。不妨等身體和心情兩者都準備好了以後，再來考慮備孕。

身體的準備　產後1個月是恢復期間

剛生產完荷爾蒙很容易失調，身體的狀況也多半還沒調養好。即使馬上想要第2胎，**還是建議產後1個月先靜養，等月經恢復、身體也比較穩定以後再來考慮備孕。**

心情的準備　心情上有餘裕嗎？

即使身體已經準備好了，但初次育兒很耗費精力，有時媽媽的心情上還沒有充足的餘裕。等漸漸習慣了育兒生活、心有餘裕的時候比較好。此外，生活是不是都以孩子優先，而把和爸爸的溝通擺在後頭了呢？**關於第2胎以及今後的事，不妨和爸爸討論過後再來考慮備孕。**

想知道

第2胎的時機和錢的問題

或許有些人想生第2胎，但又擔心錢的問題。雖然也視就讀的學校類型等等，不過從孩子到長大成人為止，1個人花費的金額在日本據說要3000萬日圓～6000萬日圓。聽到這個金額，可能會考慮第2胎還要不要生。不過，這並非指一次花這麼多錢，而是長期來看所花費的金額。如果有計畫性地準備，日常善加調度，應當足以應付。

此外，有老二的話，在孩子的花費上其實也有很多好處。不妨試著和家人好好商量、考慮看看。

	相差1、2歲	相差3、4歲
優點	●在日本，托育中心、幼兒園就讀期間重疊，因此會有折扣 ●學校畢業、入學錯開，一年下來大筆開銷比較少 ●嬰兒用品和衣服馬上就能接著使用	●在日本，只要送托就能使用同時就讀的折扣 ●在日本，有時私立幼兒園的就學補助金即使差3歲也能納入計算 ●差4歲的話，中學以後學校和活動不會重疊，不會有大筆開銷 ●差4歲的話，老大已經不用包尿布了，尿布的花費不至於重疊
缺點	●過1～2年馬上就需要老二的就學資金 ●使用尿布的期間重疊，尿布的花費大	●差3歲的話，學校入學重疊，臨時的開銷增加 ●教育費花費最大的大學時期有1年重疊，開銷會增加 ●嬰兒用品或衣服已經舊了，需花錢重新買

年齡差距 大寶的心情關懷

對老大來說，老二的出生是人生中第一次面臨生活環境的變化。看到媽媽和爸爸疼愛著自己以外的弟弟或妹妹，便會感到不安或羨慕，心情也可能變得不穩定。依照不同的年齡差距，關懷老大的方法也各有不同。

差1歲

可能退化回嬰兒

孩子光是試著理解眼前的狀況就費盡心力了。突然出現弟弟或妹妹，感覺媽媽被搶走會讓他陷入恐慌。有可能會想喝母乳、模仿嬰兒，出現「退化」的行為。

對大寶的關懷

建議先滿足大寶的要求。

差2歲

用語言表達

即使是2歲仍舊無法清楚掌握狀況。如果老是說「你是哥哥（姊姊），所以等一下喔」，會讓孩子無理取鬧或是變得乖僻。建議用語言表達愛意，像是「最喜歡小○了」，安撫孩子的情緒。

對大寶的關懷

是自我主張很強烈的時期，「寶寶在哭了可以等一下嗎？還是要跟媽媽一起去抱抱呢？」不妨讓孩子自己選擇，尊重他的主張。

差3歲

理解他

會自己做的事情變多，像是用餐、換衣服，也能理解自己當哥哥或姊姊了，但並不表示孩子能接受。不妨去理解孩子正在努力、正感到不安。

對大寶的關懷

照顧二寶時，有時會讓大寶等或是幫忙，這時候不妨稱讚他的努力，說聲「謝謝你幫忙」，或是抱抱他，多多給予肌膚接觸，以消除孩子的不安。

差4歲

出言稱讚

已經能充分理解對方的心情了，因此媽媽或爸爸不妨也透過語言表達自己的心情。像是告訴他「謝謝你等我」、「真是幫了大忙。好棒喔」。

對大寶的關懷

大寶幫忙的時候要好好出言讚美，告訴他「謝謝，哥哥（姊姊）好棒喔」。如此一來，孩子便會對於能夠等待或幫上忙的自己感到自信，身為哥哥（姊姊）的自覺會漸漸萌芽。

如果是獨生子，不妨這麼做

什麼都讓他做

獨生子常給人我行我素、被寵壞、任性的印象。不過，也由於沒有兄弟姊妹，從小到大都是與大人一起生活，也讓他們養成了能對大人確切表達自己意見的習慣。另外還有對自己有自信、情緒容易穩定這些優點。

獨生子的話，父母很容易什麼都想代勞，這一點務必忍住。不過度保護、什麼都讓孩子自己做，有助於孩子的成長。此外，也建議積極製造與同年齡孩子接觸的機會。

確認語言及心智發展的健檢

實施1歲健檢的地方政府比較少，但這個年齡的成長速度容易出現個別差異，據說這個時期是第2次育兒不安的高峰，僅次於出生後1個月。作為生日的紀念，抱著確認成長狀況的心情到固定看診的醫院接受健檢，較為安心。這次健檢會診察發育的狀態以及前囟門（因頭骨分成很多塊而形成的空隙）的閉合狀況。

1歲健檢的確認事項清單

- ☐ 基本的測量和診察（P46）
- ☐ 能否獨自站立或扶走
- ☐ 牙齒的生長狀況
- ☐ 會不會模仿大人的動作
- ☐ 是否理解簡單的詞彙，例如「掰掰」
- ☐ 是否進入副食品結束期
- ☐ 對玩具或人有什麼反應
- ☐ 預防接種進行得如何
- ☐ 前囟門的閉合狀況

安心

確認會不會模仿大人「掰掰」、「給你」這些動作。即使健檢的時候不會，也可以告知醫生平常的狀況。

安心

說「給你」遞給他東西，看會不會收下、是否能溝通。

確認前囟門的閉合狀況

出生10個月左右前囟門便會開始縮小，到了2歲幾乎就會完全閉合。1歲時尚未閉合也沒關係，但如果1歲半健檢時還沒有閉合，就需要接受檢查。

確認牙齒的生長狀況

乳牙全部有20顆。出生後6～9個月會長出下排門牙，出生後11個月～1歲左右會長出上下排各4顆牙齒。長牙的狀況有個別差異，因此即使沒有按照書上所說也不需擔心。

確認預防接種

最好在1歲以前完成的預防接種有五合一、肺炎鏈球菌、BCG等。滿1歲以後馬上需接種MMR（麻疹、腮腺炎、德國麻疹混合疫苗）。

扶走的狀態

診察會不會利用膝蓋屈伸跟腳尖來用力踏步扶走，還有腿、手臂的肌肉發展，以及身體平衡的發展。

這個時期特別在意
關於成長的
Q&A

長得太慢？和其他孩子比起來長得太快？

Q 滿1歲以後雖然常常扶站，但無法獨自站穩。

A 可以觀察狀況到1歲半左右。

從扶站到站立、步行的過程因人而異。或許孩子是屬於步調比較緩慢的類型也說不定。到了1歲半左右，大部分的孩子就都會走路了，因此目前不妨先觀察狀況。

Q 快1歲了，但身長和體重只勉強到達發育曲線的下限。

A 個頭並不會太小。

如果在成長曲線的範圍內，個頭並不至於太小。若是發展上沒有其他問題，情緒和身體狀況都良好，且精力充沛的話，就沒有問題。身長（身高）有時和來自爸爸和媽媽的遺傳有關，身長或體重如果極端偏離發育曲線的話，則有可能是某種疾病，應諮詢醫師。

Q 差一點點就要跨出一步了，卻遲遲沒有前進。

A 教孩子邁步向前的感覺。

還差臨門一腳的時候，可以由媽媽或爸爸牽著手走，或讓孩子踩在媽媽或爸爸的腳上一起走，藉此告訴孩子邁步向前的感覺。又或是扶走的時候，也可以在隔一小段距離的地方呼喊「加油！過來這裡」。

Q 還沒有滿1歲就追上大的孩子開始蹣跚學步。是不是太早了？

A 太早並不是問題。

翻身或扶站、扶走這些比較早的話，之後也可能比較早會走路。此外，如果上面有哥哥姊姊的話，想追上他、也想自己走的心情，也可能促使小的比較早開始會走路。就算比較早會走，也不會有問題。只不過，由於行動範圍突然加大了，要小心在家裡受傷或發生事故。

Q 還不能講出有意義的語詞，是不是太慢了？

A 建議眼睛直視、慢慢對著孩子說話。

語言的發展有個別差異。即使不會說「媽媽」、「爸爸」這些有意義的語詞，只要提到親近的人的名字，或是說「給我」、「過來」、「來抱抱」這些話的時候，聽得懂這些詞彙的意思就沒有問題。眼睛直視著慢慢對他說話，有助於語言的發展。

這個時期寶寶的發育、發展

⇨運動神經發達，也開始學習社會規則

這時門牙長齊，也有些孩子斷奶了。走路開始愈來愈熟練，運動能力的基礎已奠定完成。也開始學習打招呼或整理等社會規則。

對語言的理解愈來愈進步

安心

會一邊指著物品一邊以言語表達，像是「狗狗」、「貓貓」等等，也聽得懂大人所說的話。跟他說「來吃飯飯囉」，就會規規矩矩地自己去餐桌；說「不行」，就會把手縮回去。不過，由於語言的發展因人而異，因此即使一直不會說話也不必擔心，只要充分理解旁人所說的話就OK。

表情

情感表現更加豐富、複雜

模仿也更加熟練。開始對同年齡層的孩子感到興趣。

	身長
男寶寶	73.0～84.8cm
女寶寶	71.1～83.2cm

	體重
男寶寶	8190g～12.23kg
女寶寶	7610g～11.55kg

※出生1歲3個月～未滿1歲6個月的身長及體重參考值。

很熟練地握住湯匙

輕輕鬆鬆

這個時期寶寶對吃愈來愈感興趣，比起之前更加想要自己用湯匙吃東西。寶寶會逐漸學會感性，知道「好吃」是什麼，也漸漸了解用餐的樂趣。湯匙選用幼兒容易握持的尺寸，盤子選擇邊緣高起來的，比較容易舀取食物吃。

笑一個

嘴巴

門牙長齊

也有些孩子門牙長齊了，開始長出臼齒。

手指更加靈活

會堆積木、貼貼紙和撕貼紙。

能熟練且穩穩地走

可以手拿著球穩穩地走了。還有些孩子會小跑步或往後退。

0個月
1個月
2個月
3個月
4個月
5個月
6個月
7個月
8個月
9個月
10個月
11個月
1歲
1歲3個月
1歲6個月
2歲～3歲
預防接種
疾病、受傷

情感變得豐富 有時還會發脾氣

開始會說「漫漫（飯飯）」、「ㄅㄨㄅㄨ（車子）」這些有意義的語詞。然而由於語言能力尚未發展完全，因此如果對方不了解，孩子就會很煩躁或是發脾氣。這也是孩子已培養出豐富的自我與情感的象徵。不過，重要的是，不可以的事情要明確告知「不行」。建議訂定身為父母親認為「不行」的標準，在必要的時候告知。此外，有時候孩子只要一發脾氣就什麼都聽不進去。在平息下來以前不妨先靜觀其變，並透過散步等方式幫助孩子轉換心情。如果平常多多讚美「好棒喔」，孩子也會比較能接受「不行」。

愈來愈多孩子能熟練地獨自步行。往後退、攀爬到高的地方、跑跑跳跳、手拿著球穩穩地走，透過各式各樣的活動，孩子漸漸學會生存上所需的運動基礎動作。開始活動全身、會做的事日漸增加後，也會培養出自信。

幫忙壓扁寶特瓶。

可以拿杯子喝，但是有時候也會不小心失敗。

想要自己刷牙。

笑著跑來跑去。

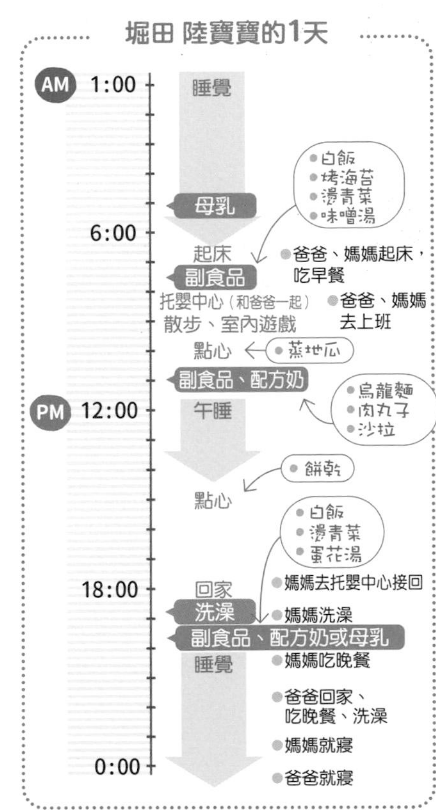

1歲3個月的擔憂事項Q&A

Q 可以使用大人用的沐浴用品嗎？

低刺激性的就沒關係。

這個時期的話，使用大人用的產品也沒有關係。只不過，應避免含有薄荷醇或香味濃郁的產品。對孩子的肌膚刺激性過強，有可能會引發濕疹等肌膚問題。建議選擇低刺激性的商品。

Q 該戒掉吸吮手指嗎？

以2～3歲為基準戒掉。

吸吮手指是孩子發展過程中的一環。然而，如果長大以後還是繼續吸手指的話，有可能影響牙齒的排列。因此建議以2～3歲為基準讓孩子戒掉。藉由唱遊或戶外遊戲讓孩子充分玩樂，心緒逐漸穩定下來後，便會自然而然地戒掉。

若很在意睡覺時吸吮手指的話，媽媽或爸爸不妨牽著孩子的手一起睡。媽媽或爸爸躺在一旁會讓孩子感到安心，就能養成習慣不吸手指也能入睡了。

Q 一直不會走路，很擔心

教孩子走路的感覺。

媽媽或爸爸不妨抓住孩子的雙手，練習慢慢走看看。一旦了解走路的感覺，說不定就會跨出第一步了。也可以幫忙喊「一、二」打拍子。

1歲6個月左右以前，只要會走幾步的話就沒有問題。

Q 很好動，一刻都靜不下來

是這個時期常有的事，不需擔心。

這個時期孩子對身邊的任何事物都很感興趣，想要靠近好奇的東西、摸摸看加以確認。如果因為老是不肯乖乖待著就予以大聲斥責，有可能使得孩子更加興奮而變本加厲到處跑。建議抱抱孩子，或是告訴孩子「安靜一點喔」，讓他冷靜下來。

一刻都靜不下來或許會令人擔心，但不妨想成是精力充沛的象徵。很有精神地到處跑，好處是有助於晚上熟睡。

Q 步伐走得很不穩，卻不喜歡大人牽

關係到安全的事項要明確告知。

這時孩子已經逐漸培養出了「不喜歡被媽媽、爸爸制約」、「想要自由行動」這樣的自主心。要告訴孩子規定：「在公園可以自由玩耍，但是馬路上要牽手手喔」。關係到安全的事項要不厭其煩地再三強調。

這個時期特別在意

關於語言的

Q&A

語言的發展太慢？詞彙數量都沒有增加，沒問題嗎？

Q 每種動物都叫成「汪汪」。孩子還不能辨別嗎？

A **這是因為現在詞彙量還很少的關係。**

從大人的角度看來，或許會擔心是不是孩子不會區別，但其實這在語言發展的過程中很常見。這是因為詞彙量還很少，所以把動物都統稱為「汪汪」了。

安心

這就證明孩子會把狗以外的貓或鳥這些也視為動物。詞彙的數量逐漸增加以後，就會說出各自的名稱了。

Q 不知道該和寶寶說什麼話才好。

A **不妨什麼都說說看。**

煩惱不知道該和孩子說些什麼的時候，媽媽或爸爸不妨代替孩子為他正在做的事說出心情。不用想得太難，像是「是不是想要抱抱？」、「那是車車喔」，什麼都可以說說看。

安心

一開始可能像是媽媽或爸爸在自言自語，但漸漸地寶寶就會指著東西「啊──」、「嗯！」地回應了。

Q 該怎麼做才能增加詞彙量？

A **建議提高孩子說話的意願。**

一股腦地教導並不能增加詞彙量。建議媽媽和爸爸多多和孩子說話，透過「來，給你」、「好棒喔」這類對話，提高孩子說話的意願。不妨著重在「媽媽和爸爸補充說明孩子的心情」、「試著模仿孩子的聲音或動作」上面。

Q 語言發展男生比較慢、女生比較快嗎？

A **幾乎沒有男女差異。**

的確常有人說女生比較早，但其實在語言的發展上幾乎沒有男女差異。比起男女差異，個別差異還更大。此外，開始說話的早、晚，與智能發展並沒有關係。建議尊重孩子個人的步調。

Q 大人說話是不是最好不要用嬰兒語？

A **孩子比較容易懂，使用也無妨。**

幼兒語言的「漫漫」、「ㄅㄨㄅㄨ」對孩子來說比較容易懂也容易說，因此比較早會使用。如果擔心，媽媽和爸爸可以加上正確的語詞，像是「漫漫，飯好好吃唷」、「那是ㄅㄨㄅㄨ，車子唷」。孩子自然而然就會更快理解「漫漫就是吃飯」，不久後一旦自己會說「吃飯」，就不會再使用幼兒語言了。

思考斷奶時機的時期

斷奶時重要的是媽媽和寶寶都能接受、時間點相互配合，並沒有幾歲之前一定要斷奶的標準答案。在媽媽還想讓寶寶喝母乳、寶寶還想喝的期間，繼續哺乳也沒有關係。

有時候是寶寶漸漸不再討奶，自然而然就斷奶了。有時則是媽媽因回歸職場或服藥這些原因而剛好成為斷奶的契機。如果是由媽媽來決定斷奶的時機點，按部就班、循序漸進就很重要。而喝配方奶的寶寶，不再吸奶瓶的奶嘴就表示斷奶了。

超過1歲的這個時期，寶寶已經能夠從副食品攝取營養了。對寶寶而言，最喜歡的母乳能帶來安全感這點，比營養補給的作用還重要。雖然不只是寶寶，斷奶對媽媽來說也會讓人覺得落寞。但不妨視為親子展開了新的階段，一起往前邁進吧。

斷奶時期的確認清單

- ☐ 副食品會仔細咀嚼、確實吃3次
- ☐ 母乳以外的水分會用吸管杯或馬克杯喝
- ☐ 生活作息規律
- ☐ 哺乳次數和奶量減少了
- ☐ 可以獨自步行、單獨遊戲

安心

獨自步行、單獨遊戲代表可以遊玩或感興趣的對象增加，是孩子能夠自己活動、自立的第一步。

- ☐ 覺得差不多該停止哺乳了
- ☐ 哺乳時有乳腺炎等問題
- ☐ 開始需要服藥
- ☐ 開始考慮懷下一胎
- ☐ 媽媽和爸爸心有餘裕

輕輕鬆鬆

有時一斷奶，夜啼就會變得嚴重，甚至每隔1個小時就得起來抱抱，因此建議在心有餘裕的時候開始。

這樣做就成功斷奶了！

斷奶那天選在爸爸休假的日子。寶寶半夜討奶開始哭的時候，請爸爸抱抱撐過去了，到了第3天，寶寶就一覺熟睡到天亮了。爸爸雖然睡眠不足，但還是努力做到了。（NANA寶寶的媽媽）

輕輕鬆鬆

在乳房上畫臉，寶寶可能感覺跟平常的乳房不一樣就不想喝了。不妨告訴寶寶「沒有ㄋㄟㄋㄟ了耶，說掰掰囉」。

在乳房上畫臉，一邊說「跟ㄋㄟㄋㄟ說掰掰囉」，一邊給寶寶看。寶寶嚇呆了，就很乾脆地斷奶了。晚上也不想喝奶了。（NASA寶寶的媽媽）

這樣做結果失敗了……

聽到身邊的媽媽們都斷奶了，於是便急著斷奶，結果因為孩子嚎啕大哭只好放棄。將重新檢視時機點，再次挑戰。（SYUNTA寶寶的媽媽）

孩子已經能好好吃副食品，是斷奶的時機了，但我自己覺得斷奶很失落，所以還沒辦法斷奶。（AOTO寶寶的媽媽）

安心

哺乳的時間是媽媽和寶寶肌膚親密接觸的時光，斷奶以後不妨透過說說話、緊抱這些不同的方式進行肌膚接觸。

跟ㄋㄟㄋㄟ說掰掰囉

斷奶的進行方式

斷奶的成功關鍵在於有計畫地循序漸進。身邊人的協助也是少不了的。

開始

不著急要減少

逐步減少哺乳的次數

從打算斷奶那一天的1個月～1個半月之前，就要讓生活作息規律，逐步減少白天的哺乳次數。

建議選擇周末

訂定時間表

不妨與家人討論，決定什麼時候開始斷奶。由於有可能晚上哭得很厲害導致睡眠不足，因此建議選擇連假之前，或是週末這些日子開始斷奶。

抱緊寶寶

增加肌膚接觸

哺乳是寶寶與媽媽重要的肌膚接觸。為了填補哺乳時的肌膚接觸，建議有意識地增加抱抱或是跟寶寶說話。

告知即將道別

跟寶寶預告

從要開始斷奶的差不多2週前，就要跟寶寶預告「ㄋㄟㄋㄟ快要掰掰囉」。

從飲食攝取營養

讓寶寶充分吃副食品

1天3次的副食品之外，再加上早上和下午共2次點心，以便從飲食充分攝取營養。

媽媽也要加油

絕對不能再哺餵母乳

斷奶那天即使寶寶哭著要喝奶也得強忍住，不能再哺餵母乳。

斷奶

斷奶後有這些變化

以前半夜要起來餵好幾次奶，斷奶後寶寶就一覺熟睡到天亮了。睡眠不足的問題也跟著解決了。（YUZU寶寶的媽媽）

告知「跟ㄋㄟㄋㄟ說掰掰囉」，寶寶也能理解，於是就簡單地斷奶成功了。可能是少了半夜哺乳，寶寶一早起來肚子好像很餓，早餐食欲不錯。（MINA寶寶的媽媽）

晚上哄睡的時候，輕輕拍背或是在一旁一起睡，寶寶就乖乖睡著了。哄睡變得非常輕鬆。（HANA寶寶的媽媽）

斷奶後乳房的照護

開始斷奶後的1週左右，建議用手擠壓疏通乳腺管。疏通乳腺有助於下一次生產時的母乳分泌。建議在醫院或婦產科診所的哺乳門診，接受全方位的照護。

這個時期寶寶的發育、發展

告別嬰兒期，進入幼兒期

這時孩子的身長大幅增加，體型變得瘦長，也開始長臼齒了，副食品差不多要改成幼兒食物了。步行的個別差異很大，從蹣跚學步到會爬樓梯的孩子都有。

安心

連接2個單字使用雙詞句說話

從「飯飯」這類單字，變成開始會說「爸爸、來了」這類2個單字組成的雙詞句，語彙量也急速增加。除了「飯飯」這種名詞類以外，也聽得懂「好大喔」、「好紅喔」這類關於大小與顏色的形容詞。**也會用語言明確表達「不要」之類的意思。**無法順心如意就會開始「不要不要！」地無理取鬧（P166）。

嘴

牙齒長出12顆左右

開始長臼齒。有些孩子還會用2個單字說雙詞句。

	身長
男寶寶	75.6～90.7cm
女寶寶	73.9～89.4cm

	體重
男寶寶	8700g～13.69kg
女寶寶	8050g～12.90kg

※出生1歲6個月～未滿2歲的身長及體重參考值。

笑呵呵♪

表情

更加會模仿

即使大人沒有教也很會模仿。關係到之後扮家家酒這類的角色扮演遊戲。

手

會投球或用蠟筆畫圖

手指更加靈活，用蠟筆畫線、堆疊積木這些動作都變得很熟練。

輕輕鬆鬆

可以和大人吃相同硬度的白飯

長出來的臼齒可以咬碎有形狀的食物吃，因此可以和大人吃相同硬度的白飯了。**可以分食的食物增加，餐點準備起來頓時輕鬆許多。**調味記得仍要保持清淡。

腰腿

幾乎所有孩子都會走路

會小跑步或是跳躍、單腳站立這些動作，運動能力變得發達。

臼齒也長出來了 差不多該改吃幼兒食物了

走路已經走得很穩，變為幼兒體型。牽著手的話會爬樓梯，也會從小小高低差的上面跳下來，運動功能正一步步發展中。**這個時期比起利用腳踏車或嬰兒推車，更建議盡量增加孩子步行的機會。**孩子會拿、疊放或是靈活地移動各種物品，拿湯匙時，也會舀取的動作。

這時期孩子會仔細觀察並記憶大人的行為舉止，最喜歡模仿媽媽煮菜或整理東西的樣子。這些將發展為3歲以後開始的扮家家酒遊戲。

20顆乳牙之中，差不多會長出12顆左右。餐點也差不多該結束副食品，改為幼兒食物了。牙齒不只是用來吃東西，還在成長上扮演了重要的角色，例如鍛鍊表情肌肉做出表情、幫助發音、維持身體姿勢或平衡、透過咀嚼給予腦部刺激等等，因此要做好保健。

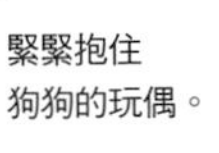

緊緊抱住狗狗的玩偶。

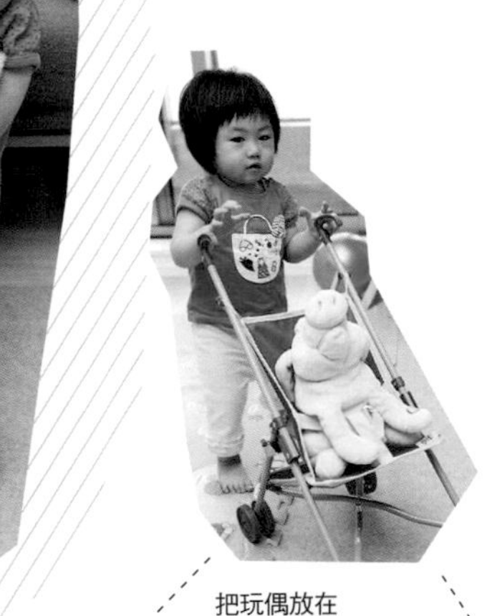

把玩偶放在嬰兒推車上推著走。

大口大口吃扮家家酒時切的番茄。

笑一個的姿勢。

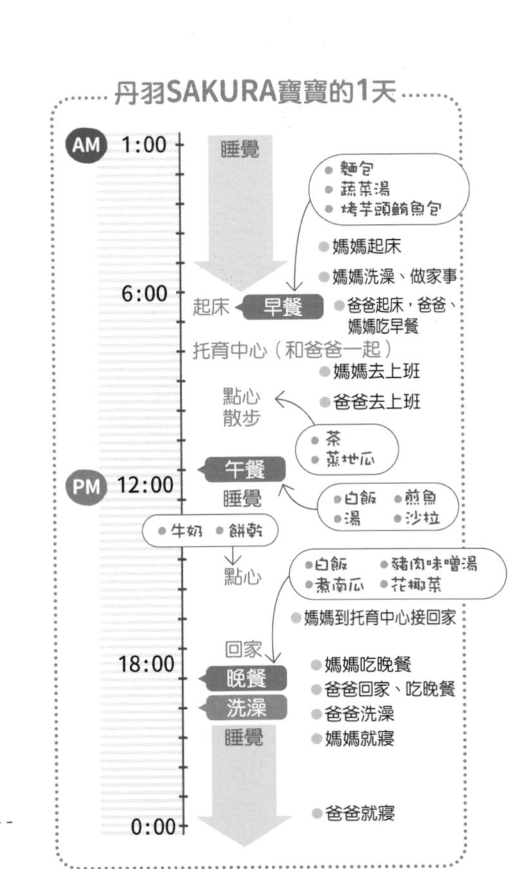

Q 還不會開口說話

聽得懂就不必擔心。

語言的發展需從說話和理解兩個層面評估。即使還不會說話，如果聽得懂大人所說的話，就表示智力和聽力沒有問題。如果會指出媽媽或爸爸所說的東西，就不必擔心。不妨繼續慢慢守候。

建議多對寶寶說話。或許他聽了這些話，正在思考其中的意思和內容也說不定。再過不久就會開始滔滔不絕地說話了。

Q 已經會走了卻還是愛撒嬌、討抱抱

不妨盡情抱抱他。

孩子最喜歡抱抱了，盡可能多抱抱他吧。很久以前的觀念覺得這樣會養成習慣，所以不應該太常抱，而近來的說法則是抱抱有助於穩定孩子的心緒。或許也有些人擔心孩子自己能走了還抱他，會讓旁人覺得太寵孩子，但能抱也只有現在這個時候了。不妨盡情地抱抱他，增加親子的肌膚接觸。

走路對身體有好處，所以最好多讓孩子走路。可以花點巧思讓走路這件事變成「愉快的事」，像是和媽媽或爸爸競走，或是引誘孩子說「欸？那是什麼？來去看看」，讓孩子自己主動想走路。

Q 很抗拒穿鞋

確認鞋子是否合腳。

或許孩子對於不熟悉的鞋子正感到不知所措。也有可能是鞋子尺寸不合腳，感覺很難走。建議參考選擇鞋子的重點（P135），確認尺寸看看。

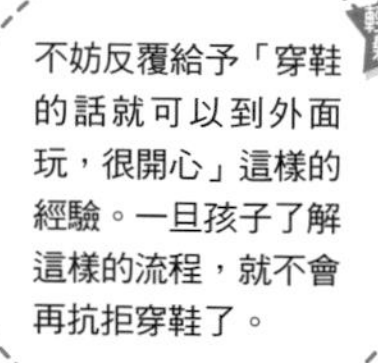

不妨反覆給予「穿鞋的話就可以到外面玩，很開心」這樣的經驗。一旦孩子了解這樣的流程，就不會再抗拒穿鞋了。

Q 不和朋友一起玩

這個時期會專注於各玩各的。

從為了確立自我意識而進行的單獨遊戲，進入到新的平行遊戲階段。所謂的平行遊戲是指雖然身處在同一個地方，但孩子們卻不會一起玩，而是專注於各玩各的。這會持續到3歲左右。只要認定現在是不和朋友一起玩耍的時期就好，不需要擔心。

安心

由於孩子們各自玩得很投入，大人應多多留意避免孩子受傷。

1歲6個月健診

診察心智及語言發展的健檢

1歲6個月的健檢時，因為不管對於心智或是身體都是發育的重點時期，所以請要去公費健檢。

幾乎所有的孩子都已經會走路了，因此這次的健檢主要在診察精神上的成長以及語言的發展。會確認是否能隨意使用手指抓取物品、是否聽得懂語言並與周遭溝通等事項。

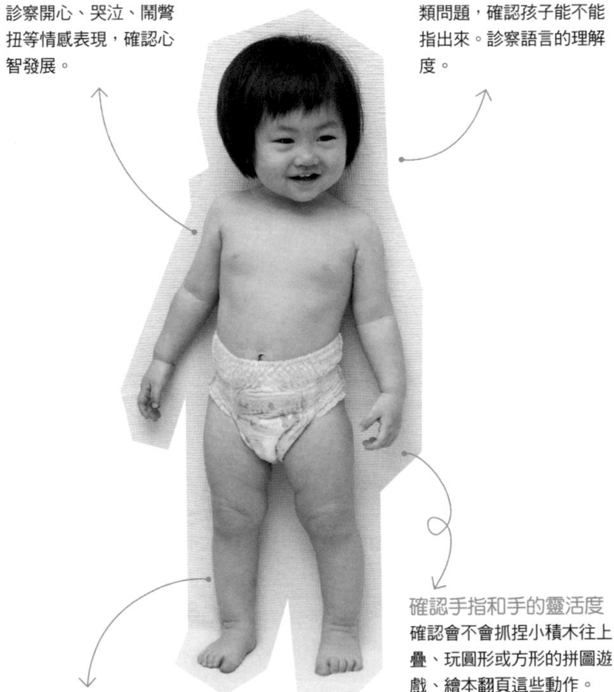

確認心智發展
診察開心、哭泣、鬧彆扭等情感表現，確認心智發展。

確認語言的理解能力
給孩子看圖片或照片，問他「哪一個是狗狗？」這類問題，確認孩子能不能指出來。診察語言的理解度。

確認手指和手的靈活度
確認會不會抓捏小積木往上疊、玩圓形或方形的拼圖遊戲、繪本翻頁這些動作。

確認邁步的狀態
診察腳有沒有確實往前踏出去、是否會試圖自己取得平衡、能否不借助大人的手獨自行走。

1歲6個月健檢的確認事項清單

- ☐ 基本的測量和診察（P46）
- ☐ 會不會堆疊3個以上的積木
- ☐ 會不會用手指物
- ☐ 能否說出幾個有意義的單字
- ☐ 跟他說話的回應
- ☐ 牙齒生長的順序和顆數、蛀牙的確認
- ☐ 可否獨自步行

安心

即使發展較慢也幾乎都是再觀察

這個時期發展的個別差異很大，發展的速度也因生活環境以及孩子的性格而異。大多數的案例即使被判斷為發展較慢，也幾乎都是再觀察一段時間。發展上有隱憂的孩子是否需找專家諮詢，則會由醫師根據狀況予以說明。

試著訓練上廁所

孩子戒尿布的時期因人而異，但1歲半左右就可以開始訓練上廁所了。進入這個月齡，孩子已經能理解語言、會獨自走路，自己也逐漸了解到膀胱積存尿液的感覺以及尿尿這件事。

開始訓練的最佳時機是孩子自己開始對廁所**感興趣，或是會告知自己尿尿了的時候**。只不過進展一直不順利時，強迫是大忌。這個時候就等到2歲過後左右，會用語言表達「尿尿、出來了」再開始也不遲。

上廁所訓練 開始時期 確認清單

下列項目全都符合的話就是可以開始訓練上廁所的跡象。

- ☐ 每次尿尿的間隔達2小時以上
- ☐ 知道尿尿的感覺
- ☐ 能獨自走路
- ☐ 會用語言（噓噓了）或肢體動作（按壓褲襠處）表達尿尿了

戒尿布的流程

首先，從示範廁所的使用方法開始。要讓孩子有「尿尿要在廁所尿」這個概念。

開始之前要做的事

1 媽媽或爸爸實際示範廁所的使用方法

媽媽或爸爸當成範本，教孩子如何尿尿、廁所的使用方法。

也推薦使用以廁所為主題的繪本或兒歌來教。

2 確認每次尿尿的間隔是否達到2小時以上

檢查尿布，如果2個小時以上都沒有尿尿，就表示可以開始戒尿布了。建議再次確認間隔。

建議確認孩子尿尿時、想尿尿時的表情或肢體動作。像是坐立不安、發呆、抖動身體等等，每個孩子不盡相同。

開始囉！

輕輕鬆鬆

建議在早上起床時、用餐前後、外出前這些時機點邀孩子去廁所。有可能就偶然地尿出來了。

3 讓孩子坐上馬桶座或訓練便座，熟悉感覺

即使沒有尿尿，也可以讓孩子坐看看。一邊跟孩子說「來噓噓囉」，讓他安心。

4 做到了就予以讚美

距離上一次尿尿差不多2小時以上時，邀孩子去廁所。讓孩子坐上馬桶座，如果成功尿出來不妨大大給予讚美。即使失敗了也不要生氣，不妨放寬心想：下次就會成功了。

關於上廁所訓練的擔憂事項Q&A

戒尿布〈晚上時〉

晚上包尿布是很難戒的。膀胱的容量以及減少尿量的抗利尿激素分泌如果還未健全，晚上就會尿床。而半夜特地把孩子吵起來去廁所，會造成孩子的壓力。在身體機能尚未健全之前，建議晚上還是要包尿布。

安心

戒尿布〈大便時〉

排便的頻率因人而異。首先要確認孩子的步調，接著是確認解便時的肢體動作。了解以後，就試著邀孩子去廁所。大便比起尿尿是更加敏感的行為，因此有時候如果不是令人安心的狀況就大不出來，強迫的話有可能造成便祕。

Q 邀孩子來廁所卻很抗拒不願意來

運用巧思營造成愉快的空間。

或許有些孩子對廁所的印象是「暗暗的、很小、很可怕」。可以放置喜歡的卡通人物玩具，或是去廁所就給貼紙作為獎勵，運用巧思把廁所營造為愉快的空間。

Q 有哪個季節是比較容易順利進行的呢？

建議夏天。

由於夏天會流汗，使得尿尿的間隔拉長，因此比較建議夏天。夏天時衣服穿得比較少，所以衣服的穿脫比較輕鬆，再加上即使失敗了，洗滌的衣物容易乾也是一個優點。春、夏出生的孩子可以等到隔年的夏天再開始。

Q 什麼時候要開始穿能察覺尿濕的學習褲？

A 不用馬上穿學習褲也OK。

建議寶寶會在尿尿前表達要去廁所、不會尿在尿布上之後再開始穿學習褲。首先，不尿在尿布上、熟練地在廁所尿尿，累積這個經驗是最重要的。

Q 訓練便座跟輔助便座哪個比較好？

建議選擇孩子喜歡的。

訓練便座腳能踏到地面，所以比較有安全感，也能自己確認尿出來的尿尿，會有成就感。輔助便座是安裝在馬桶上，因此清理起來比較輕鬆，但腳搆不到地面，孩子有可能感到不安。建議選擇孩子喜歡的。

Q 不會表達要尿尿

對自身感受還很模糊的時期。

要到2～3歲以後才知道想尿尿的感覺，1歲6個月左右孩子還無法清晰感受自身，沒辦法清楚透過語言表達。建議媽媽或爸爸觀察孩子的狀態或表情後，主動問「要不要去廁所？」、「要噓噓嗎？」。

這個時期寶寶的發育、發展

⇨「2歲小惡魔」正式開始

「我要自己做！」2歲是什麼都想靠自己的力量完成的時期。另一方面，還是會跑來說「幫我弄這個」，總之就是反覆無常。3歲之後「不要不要」就會減少，情緒變得穩定。

我2歲

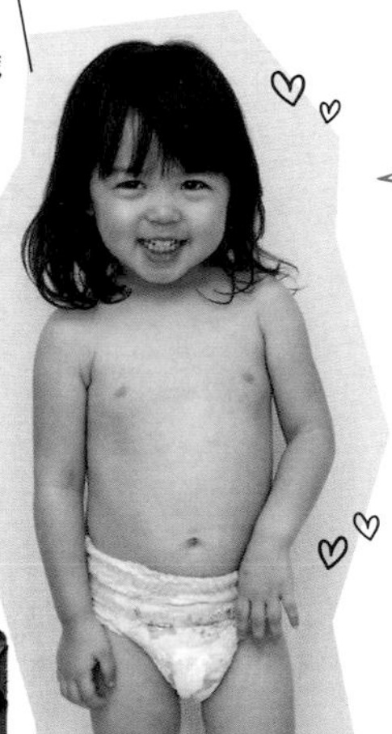

手

手指愈來愈靈活

會用剪刀、摺紙，手指變得靈活許多。也很熟練扮家家酒遊戲。

表情

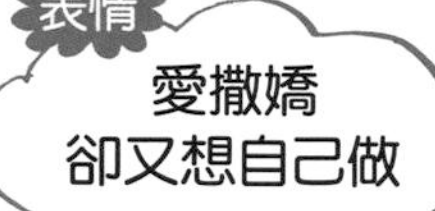

愛撒嬌卻又想自己做

被稱為2歲小惡魔，正值什麼都想嘗試自己做的時期，但同時也還是愛撒嬌的年紀。不妨對於孩子的幹勁給予讚美，充分包容孩子的心情。

	身高
男寶寶	81.1～97.4cm
女寶寶	79.8～96.3cm

	體重
男寶寶	10.06～16.01kg
女寶寶	9300g～15.23kg

※出生2歲～未滿3歲的身高及體重參考值。

表情

我要自己做

自己會做的事增加了，「不要不要」的情況漸漸緩和。

我3歲

安心

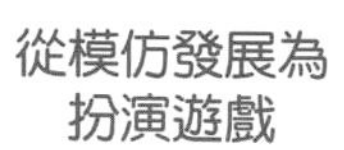

從模仿發展為扮演遊戲

從模仿遊戲和平行遊戲，逐漸進展到扮演遊戲。不是把積木當成飯糰假裝大口大口吃，就是說「媽媽，這給妳」把積木裝在盤子上遞給大人，需要高智能的遊戲變多。到了3歲，預測或思考未來的能力也會有長足的進步。

腰腿

腿部功能高度發展

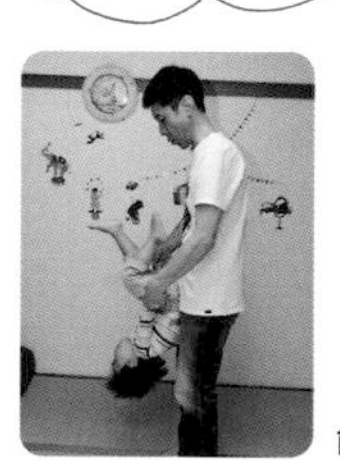

能進行動態的活動。

輕輕鬆鬆

排泄功能發展完成。「我尿尿了」

膀胱變大，可以貯存更多尿量，尿布可達2小時左右不會濕。孩子也會表達「我尿尿了」。接著不妨試著邀孩子去廁所。重複「做到了就讚美他」，進行上廁所訓練（P160）。

學習基本的生活習慣

2歲被稱為「不要不要期」。自我意識開始萌芽的「trouble two（2歲小惡魔）」讓世界上的媽媽們傷透了腦筋。

此外，手指變得更加靈活後，有些孩子已經會穿脫衣服、扣上或解開釦子。大人想幫忙還會說「我要自己弄！」而發脾氣，大人只好在一旁等候。**雖然也可能因為太花時間而感到焦躁，但對大人來說，這也是學習配合孩子步調的時機。**不妨讓孩子盡情做到滿意為止。獨自完成一件事可以促進孩子的自主性。如果有考慮送托嬰中心或幼兒園，等孩子能夠獨立自主後，便能順利地展開團體生活。養成洗手或整理玩具等基本生活習慣也是在這個時期。

這時開始能識別方形、圓形、三角形等形狀，會用蠟筆繞來繞去畫出強而有力的線條，也會結合直線和曲線畫出複雜的圖案。現在還不需要擔心蠟筆的握法。

2～3歲的擔憂事項Q&A

Q 退化回嬰兒

A 讚美孩子的努力。

雖然原因有很多，並不能明確說出是因為什麼，但有可能是媽媽懷了小寶寶、生產，或是開始就讀幼兒園這些環境的改變所造成的。孩子正想辦法努力適應。**建議抱緊孩子，讓孩子確認親子的依附關係。**

安心

孩子對於環境的變化很敏感。媽媽和爸爸是讓孩子最感到安心的人，抱緊他、理解他的心情是很重要的。

Q 學會了說「笨蛋」。想讓他戒掉……

A 建議大人不要有反應。

也許孩子並不了解意思，而是在哪裡聽過，想要說說看。大概是覺得說了「笨蛋」，媽媽和爸爸緊張、嚇一跳的反應很有趣而使用。只要假裝沒聽到、不要有反應，孩子或許就會覺得很無趣而不再說了。

Q 如果有想買的東西就會哭鬧，很傷腦筋

A 表現身為父母的堅決態度。

孩子正在仔細觀察耍賴的話大人會有什麼反應。大人只要屈服一次的話，就會變成理所當然了。建議不要面露「想買給他……」的曖昧表情，**應表現身為父母的堅決態度。**

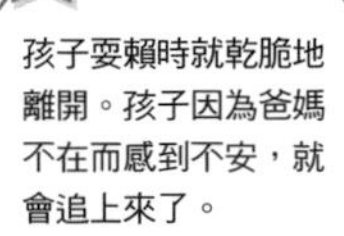

輕輕鬆鬆

孩子耍賴時就乾脆地離開。孩子因為爸媽不在而感到不安，就會追上來了。

診察運動功能及精神層面發展的健檢

會問孩子的名字和年齡，或是在孩子玩積木時，醫生一邊問「哪一個比較大」。目的在於確認會不會說雙詞句，還有與他人的溝通能力，及自我的確立是否發展順利。也會向父母確認孩子會不會自己洗手等生活層面的成長，以及是否培養了自主生活的意識等精神層面的成長。

3歲健檢的確認事項清單

- □ 基本的測量和診察（P46）
- □ 會不會說自己的名字和年齡
- □ 聽力檢查（確認是否有中耳炎或流行性腮腺炎所引起的聽力障礙）
- □ 視力檢查
- □ 牙齒檢查
- □ 會不會和朋友一起遊玩（社會性的發展）
- □ 會不會單腳站立及跳躍（運動能力的發展）
- □ 心音是否有雜音或心律不整等等
- □ 呼吸系統有無異常
- □ 頭有無變形、有無斜頸
- □ 姿勢及脊椎的狀態、有無O形腿或外八字
- □ 腸胃及肝臟、脾臟等內臟檢查
- □ 有無臍疝氣（臍膨出）
- □ 有無發展障礙（自閉症、亞斯伯格症等廣泛性發展障礙）

聽力、視力、尿液檢查事先在家裡進行

地方政府如果有事先寄送視力檢查套組、聽力檢查套組、尿液檢查套組、問卷的話，父母需在家裡先做好、當天提交。健檢時醫師會根據這些進行問診及診察。

視力檢查
確認有無遠視、近視、散光等屈光異常，以及斜視這類的視覺功能疾病。此外，除了視力以外，也會測試立體視覺。

檢查牙齒生長狀況
確認乳牙是否長齊了、有無蛀牙或咬合不正等項目。有些地方政府還會舉辦刷牙衛教以及預防蛀牙的塗氟。

確認語言理解能力
滿3歲一般都會說「雙詞句」。會詢問媽媽或爸爸孩子平常的狀況，一邊確認。

再來就是就學前的5歲健檢了

在日本，3歲健檢後就是5歲就學前的團體健檢，大多是由各地方政府舉辦。會診察運動、精神的發展、語言發展及視覺、聽覺等等。

這個時期特別在意
關於與朋友的相處方式
的Q&A

不擅長和朋友互動？無法融洽地與同伴一起玩

Q 會用力把朋友推倒是因為暴力嗎？

A 有可能是因為無法清楚表達情緒而感到焦躁。

雖然滿2歲已經會說話了，但有可能是因為無法正確表達想說的話而感到焦躁，甚至產生暴力行為。每次有這種行為時，都應告誡孩子不可以推人以免導致朋友受傷。

Q 不知道是不是內向，無法融洽地和大家一起玩。

A 多數人一起遊戲還為之尚早。

2歲還是1對1遊戲的時期。還要過一段時間才會和多數同伴一起玩。此外，有擅長社交的孩子，也有需要花時間去習慣朋友的孩子，孩子的個性形形色色。有同伴的環境固然重要，但不需勉強大家一起玩。

Q 擅自拿同伴的玩具來玩，該怎麼辦？

A 先接納孩子的心情再予以說明。

如果一再嚴厲斥責孩子「不可以隨便拿！」，只會讓孩子留下「被責罵」的情緒而聽不進去。「你想玩這個玩具嗎？但是是朋友先玩的，所以要等他玩完喔」建議像這樣先接納孩子的心情之後，再向他說明應採取的行動。

輕輕鬆鬆

建議教導孩子「請借我」、「給你」的互動。一旦學會了互動，漸漸地就能禮讓對方而不會獨占了。

Q 到外面還是黏著媽媽不肯分開。

A 讓孩子習慣有其他孩子在玩的空間。

2歲還是愛跟媽媽撒嬌的年齡，不必勉強孩子和同伴一起玩也沒關係。只不過，讓他習慣有其他孩子在的空間也很重要，不妨帶他到公園或親子館。一開始孩子或許會黏著媽媽，但習慣了以後，就會逐漸離開媽媽，融入其他孩子了。

Q 想獨占玩具，和其他孩子互搶而吵架。

A 大人去玩其他玩具，轉移孩子的注意力。

這個時期還不太會借用與借人。會想獨占玩具是因為看到其他孩子在玩的玩具好像很好玩，所以想要。為了爭奪玩具而吵架時，大人應介入調解。大人只要去玩其他玩具、看起來玩得很開心，孩子的注意力就會轉移過去，進而平息紛爭了。

令人擔心的「不要不要期」是什麼？

1歲後期左右開始，孩子什麼都會說「不要！」、「我要自己弄！」，對媽媽、爸爸而言很頭痛的「不要不要期」便要開始了。看起來雖是充滿自我中心的自我主張，但一方面也是對事物的執著和自己心情的一種表現方式，是心智成長的象徵。

孩子到目前為止都只是接收來自媽媽和爸爸的信息，然而1～3歲會在主張自我的同時調節情感，並學習與他人的關係，進而學會表現自己的方法。首先應包容孩子的心情，接著再教導孩子不對的事不能做。

「不要不要期」並不會永遠持續下去。從1歲後半左右開始，孩子只要一不稱心如意就會發脾氣，開始「不要不要」地鬧，到了2歲左右達到高峰，接著在3～4歲緩和下來。只不過，由於有個別差異，有些孩子沒有「不要不要期」，也有些孩子持續到了6歲左右。不妨將它視為個性，守護孩子。

為什麼不要不要呢？孩子的心情是？

即使知道是成長過程中的必經之路，但每天都持續這樣，不管是媽媽還是爸爸都很容易覺得心煩。不妨理解孩子為什麼「不要不要」。

無法稱心如意

有時自己所想像的事在現實中不順遂，兩者之間有落差，因而導致鬧情緒。

希望被關心

媽媽或爸爸照顧弟弟或妹妹寸步不離，或是忙於家事的話，孩子希望被關心所以故意「不要不要」。

無法清楚用語言表達

表達能力尚未成熟，無法清楚表達自己的心情。挫折的情緒導致什麼都用「不要」來表現。

媽媽和爸爸的反應很有趣

大人每次都有反應，讓孩子覺得很有趣，所以故意做出讓媽媽和爸爸討厭的事。

有不想做的事等在後頭

還想繼續玩卻被要求收拾整理、不想睡卻被叫去睡覺，像這樣一旦知道之後有不想做的事等在後頭，就會開始「不要不要」。

從各年齡來看 不要不要期的過程

在自我主張強烈的「不要不要期」，孩子的心情會依照年齡而改變。父母不妨貼近孩子的心情，克服這段時期。

1歲時期

孩子

想按照自己的意思做

充滿了「不要」和「想自己來」的心情，會要求隨自己的意思去做，可是一旦遇到挫折就可能哭鬧。

父母的應對

接納孩子的心情

不妨由父母用言語幫孩子把心情表達出來、說給孩子聽，並接納孩子的心情。

2歲時期

不要不要期的高峰!!

孩子

自我主張的高峰

不論做什麼都哭、發脾氣，「不要不要」地抗拒。雖然比起1歲會做的事也變多了，但一旦做不到就會情緒爆發。

父母的應對

不要被牽著走

不妨靜候孩子冷靜下來，或是只幫忙孩子不會做的部分。

3歲時期

孩子

認清做得到和做不到

雖然會因無法順心如意而發脾氣，但已經會預想之後的事，也能夠分辨什麼做得到、什麼做不到。

父母的應對

溫柔地告知

「明天再玩好嗎」、「沒有時間了，回家囉」，像這樣用簡單易懂的話告訴孩子。

有技巧地共處!! 克服不要不要期的5個訣竅

「不要不要期」並不會永遠持續下去。到了能理解語言、順暢溝通的3～4歲就會緩和下來。在此之前，不妨有技巧地與之共處。

訣竅1 感同身受

對孩子說貼近心情的話語

一直鬧著「不要不要」時，孩子的情緒很亂。首先，感同身受地對他說「你不要對不對？」是鐵則。不妨用同理心解開孩子糾結的情緒。

訣竅2 幫孩子轉換心情

感同身受之後轉換心情

感同身受之後，「但是，那個很危險喔，來玩這個好不好？」要像這樣讓孩子轉換心情。不過，由於孩子的記憶力和意志都變強了，可能沒辦法簡單地達成，但還是不妨試試。

訣竅3 劃清「不行」的界線

做不該做的事就要責備

孩子會仔細觀察父母的臉色，有時也會從父母的臉色判斷「做到哪裡OK」、「從這裡開始不行」。做出危險的舉動、會造成他人困擾的事是不行的，應劃清界線。如果孩子做出這些不該做的事就要予以責備。

訣竅4 讓孩子從選項裡選擇

自己選的話就能接受

「想自己做」的心情很強烈的時候，「要自己換衣服嗎？還是要媽媽幫忙？要讓爸爸看看嗎？」像這樣給予好幾個選項的話，孩子會覺得自己做了選擇並行動，而感到心滿意足。

訣竅5 不情緒性地發怒

冷靜地應對

如果大人也變得情緒化，缺乏一貫性地斥責，孩子會搞不清楚什麼不行、什麼可以而陷入混亂。責備時大人也要保持冷靜。

如果不小心暴怒過頭了，不妨告訴孩子「媽媽並不是討厭〇〇唷，媽媽最愛你了」。被父母關愛著的這個基礎建立起來後，孩子也就能接受被制止的事項了。

不妨利用服務讓自己充電

身心休息一下

育兒是365天、24小時全年無休的事情，如果每天都繃緊神經的話，心情和身體都會疲累不堪。育兒之路相當長遠，該休息的時候就要休息，能拜託別人就拜託，不妨空出屬於自己的時間充電一下。

即使是一小段時間也好，不妨在育兒的空檔轉換一下心情，消除身心的疲勞。

大家的充電方法

向媽媽前輩們請教育兒時的充電方法。

閱讀

「孩子睡覺時間還很長的時期，我會在客廳放喜歡的書，以便隨時都能拿起來讀。」（RITARO的媽媽）

吃豪華一點的日式點心或甜點

「孩子午睡的時候，我會吃點稍微高級的蛋糕，為自己充電。」（KEI的媽媽）

騰出興趣的時間

「我會在哄睡孩子以後編織。不僅可以轉換心情，還能製作小孩的東西或是小飾品配件，一舉兩得。」（HANA的媽媽）

讓爸爸照顧孩子空出自己的時間

「假日我會讓爸爸負責照顧孩子，一個人去看看電影之類。不過還是擔心這個、擔心那個，結果很快就回家了。（笑）」（SOU的媽媽）

一個人悠哉地泡澡

「爸爸在家的時候，請爸爸哄睡，自己悠哉地泡澡。用香氣宜人的入浴劑消除疲勞。」（YUNA的媽媽）

育兒時推薦的設施、服務

像是臨時托育或代理服務等等，有各種設施和服務。不妨妥善地運用，以減輕負擔。

臨時托育、保母

託付給專家

以時間為單位收托的托育中心，或在自家幫忙照顧孩子的保母都有。可以利用的月齡、年齡依設施而異，不妨確認看看。

網路超市

重物也輕鬆無負擔

在網路上或手機APP訂購商品，當天內員工就會選好商品幫忙送到家的服務。購買米或調味料這些重的東西時很方便。

親子沙龍

和孩子一起煥然一新

在美容院之類的沙龍當中，有些地方是可以帶孩子去的。有的地方還有能讓孩子玩耍的兒童遊戲空間，在做頭髮時可以玩。

親子友善計程車

外出變輕鬆

帶孩子外出，或前往醫院回診時很方便的服務。由於來的都是習慣孩子的司機，因此比較安心。也有的計程車公司備有完善的兒童安全座椅。

家事服務

事先面談較放心

代為打掃或煮飯等等的服務。連平常打掃不到的地方也會幫忙打掃。有些地方可以事先面談，請人到家中也比較放心。

便利家電

交給高性能家電

洗碗機或掃地機器人、烹調家電等等，這類能減輕家事負擔、功能完備的家電愈來愈多。不妨配合住家環境導入這類家電，妥善活用。

預備知識

關於預防接種、疾病、事故＆受傷

充分了解能保護寶寶免於疾病感染的預防接種，並確實接種。此外，寶寶生病看起來很不舒服的時候、發生事故而受傷的時候，事先了解這些狀況的照護方式和處置方法，就能冷靜應對而不至於慌亂。

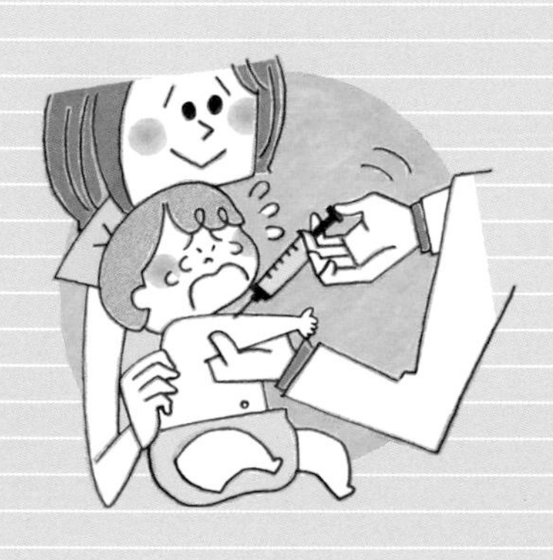

為保護孩子免於疾病感染

預防接種的基礎知識

台灣分為政府機關建議的9種常規接種，以及1種需要自費負擔接種的選擇性疫苗，合計10種。以下整理出接種劑數以及預防接種時程等相關資訊。

預防接種的3個目的

疫苗是將嬰兒或幼兒容易罹患之疾病的病原病毒或細菌的活性經過減毒或滅毒處理，僅獲得抵抗力的不活化物質。使用疫苗的預防接種，能使嬰兒或幼兒在不實際感染疾病的情況下，獲得預防疾病、防止重症所需的抵抗力（免疫）。

預防接種分為只要是在規定的期間內，就能免費或只需自費負擔少許費用接種的常規接種（公費疫苗），以及希望接種者可選擇性接種的自費疫苗。

而預防接種具有「自己不會感染」、「即使感染了也症狀輕微」、「不會傳染給周遭的人」等3個目的。每年有許多孩童因為感染了原本只要接受預防接種即可加以預防的疾病，為嚴重的後遺症所苦，甚至喪命。此外，沒有接種的人變多的話，也可能導致疾病流行。建議應積極接種，抑制疾病的擴大。

月齡／年齡									
	4個月	5個月	6個月	1歲	1歲3個月	1歲6個月	1歲9個月	2歲	2歲3個月
			第三劑						
		一劑							
	第二劑		第三劑			第四劑			
	第二劑			第三劑					
				一劑					
				第一劑	※第二劑為滿5歲至入國小前				
					第一劑				第二劑
			←初次接種二劑，之後每年一劑→						
				第一劑		第二劑			
	第二劑		第三劑						

常規接種與選擇性接種

常規

「照顧者必須致力接種」的稱為常規接種。只要在期間內，費用由公費負擔，國家及縣市政府強烈建議嬰幼兒接種。萬一接種發生事故時，可利用國家提供的受害救濟制度。

交由照顧者評估是否接種的稱為選擇性接種，希望接種者需自行負擔費用。雖說是自費，並不表示重要度低，例如輪狀病毒感染等疾病，仍有導致重症的可能。

接種時程可向固定就診的醫師諮詢

出生滿1個月以後，在健檢這些時機會進行預防接種的說明，家長或許會被接種的數量之多嚇到。在台灣，2015年起13價結合型肺炎鏈球菌疫苗（PCV13）擴大納入1歲以下幼童為常規接種對象，現在希望寶寶能接種的預防接種共為10種。

有些疫苗需接種好幾劑，3歲以前總計接種次數將近20次，但如果同一天同時接種多幾種疫苗，就可以減少到醫院的次數，也能減輕對寶寶的身體負擔。

	疫苗名稱	常規／選擇性	3歲前的接種劑數	疫苗種類	月齡		
					24hr內儘速	1個月	2個月
1	B型肝炎疫苗	常規	3劑	不活性	第一劑	第二劑	
2	BCG 卡介苗	常規	1劑	活性減毒			
3	五合一疫苗（白喉破傷風非細胞性百日咳、b型嗜血桿菌及不活化小兒麻痺）	常規	4劑	不活性			第一劑
4	13價結合型肺炎鏈球菌疫苗	常規	3劑	不活性			第一劑
5	水痘疫苗	常規	1劑	活性減毒			
6	MMR（麻疹腮腺炎德國麻疹混合疫苗）	常規	1劑	活性減毒			
7	日本腦炎疫苗	常規	2劑	活性減毒			
8	流感疫苗※1	常規	每年1劑	不活性			
9	A型肝炎疫苗※2	常規	2劑	不活性			
10	輪狀病毒疫苗	選擇性	3劑	活性減毒			第一劑

※1 8歲（含）以下兒童，初次接種流感疫苗應接種2劑，2劑間隔4週。目前政策規定國小學童於校園集中接種時，全面施打1劑公費疫苗，對於8歲（含）以下初次接種的兒童，若家長覺需要，可於學校接種第一劑間隔4週後，自費接種第二劑。

※2 A型肝炎疫苗2018年1月起之實施對象為2017年1月1日（含）以後出生，年滿12個月以上之幼兒。另自2019年4月8日起，擴及國小六年級（含）以下之低收入戶及中低收入戶兒童。

※活性減毒疫苗可同時接種，如不同時接種最少要間隔28天。

※此表格的資訊由編輯部於2022年4月當時根據衛福部疾管局「我國現行兒童預防接種時程（2019年5月修訂版）」所製作。

開始預防接種的時期是出生後24小時內，

首先從常規的B型肝炎疫苗開始。

時程的排定方法及日期變更等事項，建議向平常回診的小兒科諮詢，滿2個月以後就盡早排定預防接種的時程。對方會診察寶寶的體質和健康狀態，幫忙安排時程。發燒、嘔吐或咳嗽嚴重時應避免接種，可選擇寶寶身體狀況良好的日子，重新安排時程。只要在期間內接種的話就無妨。

需事先了解的副作用

副作用是指預防接種後接種部位腫脹、輕微出疹、發燒等症狀。即使有副作用，幾乎都會在2~3天內康復，除了寶寶是嚴重過敏體質以外，極少會引起嚴重的症狀。

雖然有些家長因害怕副作用而對預防接種感到卻步，然而比起副作用，因自然感染而演變成重症的風險更高。擔心的話，接種前不妨諮詢醫師看看。

疫苗的種類有3種

不活化疫苗

將細菌或病毒殺死、去除毒性的疫苗。是發燒等副作用較少的疫苗。接種後經過1週就可以接受其他預防接種。

活性減毒疫苗

接種經減弱活性的細菌或病毒，可以在接近自然感染的狀態下獲得免疫力。

由於病原體會在體內增殖，接種後4週內不能接受其他預防接種。

類毒素疫苗

只從細菌或病毒提取出毒素加以去毒化的疫苗，當細菌感染時，可預防因毒素導致的發病。接種方法分為注射及口服接種2種。

副作用有哪些？

紅腫

接種部位產生發紅、腫脹或發熱的情況。是五合一（DTaP-IPV-Hib）等疫苗接種之後尤其常見的副作用。當發癢時可以冰敷患部。

發燒到37.5度以上

使用活性減毒疫苗的話，會在輕微感染的狀態下持續無症狀狀態，但也有極少數孩童會出現症狀。絕大多數都會在1、2天後退燒。

出疹

接種麻疹、德國麻疹疫苗後，有極少數會出現紅疹。考慮到過敏等可能性，建議就醫。

預防接種 Q&A

Q 不小心超過接種的期間了！

A 即使超過還是能接種。

即使超過指定的期間還是可以接種。寶寶如非因接種禁忌或特殊情形延遲接種，請家長按時為寶寶補完各劑應接種疫苗。漏打的疫苗不用從頭接種，但應儘速依衛生單位規定進行補種或繼續完成。

Q 曾發生過熱痙攣的孩子該接種嗎？

A 發作經過3個月以上就沒問題※。

如果已經過了3個月就OK。以前必須隔1年以上，但後來的方針已經改成「為了預防引起發燒的疾病應進行預防接種」。

※台灣則建議：有熱痙攣的病史時，在接種疫苗後，除需注意體溫變化外，亦請於接種前告訴醫師。

Q 自費疫苗可以不接種嗎？

A 建議接種。

雖然也是一筆費用，但為了預防疾病以及避免感染時重症化，還是建議接種。費用因醫院而異，不妨加以確認。

2. BCG（卡介苗）

預防的疾病	結核病
劑數	1 劑
接種時期	建議接種時間為 出生滿5～8個月， 最遲1歲前完成
疫苗種類	活性減毒疫苗

抵抗力弱的嬰兒如果罹患的話，惡化得很快且容易發展成重症。台灣的注射方式是採皮內注射施打於左上臂三角肌中點，注入活性減毒疫苗。有可能接觸過結核病患者的話，需確認未感染才可以接種。**接種3週後會開始腫脹，約6週開始形成膿瘍或潰爛，但4個月左右就會開始結痂。若腋窩的淋巴結腫大，則應向接受預防接種的醫療機關報告並就醫。**

3. 五合一疫苗（白喉破傷風非細胞性百日咳、b型嗜血桿菌及不活化小兒麻痺）

常規接種

預防的疾病	白喉、破傷風、百日咳、 b型嗜血桿菌、小兒麻痺
劑數	4劑
接種時期	出生滿2個月、出生滿4個月、 出生滿6個月、出生1歲6個月
疫苗種類	不活化疫苗

「百日咳」在出生後就有可能馬上罹患；「破傷風」可能引發痙攣，有喪命的危險；「白喉」會引發呼吸困難；「小兒麻痺」有造成手腳麻痺或死亡的可能性；「b型嗜血桿菌」則好發於3個月至3歲之嬰幼兒。這個疫苗可預防以上5種疾病。此疫苗將舊型三合一疫苗中的全細胞性百日咳成分，改為非細胞性百日咳，可大幅減少接種後發生注射部位紅腫、疼痛或發燒等不良反應的機率，另外也用不活化小兒麻痺疫苗（IPV）取代口服小兒麻痺疫苗（OPV），以避免發生機率極低的因疫苗引致小兒麻痺症（VAPP）的發生。

預防接種的流程

詳細請見 p.55

前1天以前
- 閱讀關於預防接種的指引
- 決定日期、預約
- 填寫預約單

當天

在家
- 確認身體狀況
- 選擇便於診察的服裝

在會場、醫院
- 報到、測量體溫
- 問診、接受診察
- 抱著接種

接種後
- 觀察狀況
- 如果沒發燒等症狀，當天就可以洗澡

1. B型肝炎疫苗

常規接種

預防的疾病	B型肝炎
劑數	出生到6個月3劑
接種時期	有母嬰傳染預防措施者， 出生後立即、1個月、6個月 共3次接種
疫苗種類	不活化疫苗

B型肝炎是因病毒引起肝發炎、恐會形成肝硬化及肝癌的疾病。**母親是帶原者的話，新生兒出生後可適用健保給付馬上接種。**帶原者是指血液中帶有病毒且無症狀的人。即使非帶原者，也建議寶寶出生後立即接種B型肝炎疫苗。其有效性和安全性都高，使用於全世界，**且據說於年紀愈小時接種效果愈高。**接種後的副作用有接種疫苗部位疼痛、腫脹、發癢、發燒或倦怠感等，幾天內就會康復。

4. 13價結合型肺炎鏈球菌疫苗

預防的疾病	細菌性腦膜炎等的肺炎鏈球菌感染症
劑數	3劑
接種時期	出生滿2個月、出生滿4個月、 出生滿12～15個月
疫苗種類	不活化疫苗

細菌性腦膜炎是指肺炎鏈球菌入侵腦或包覆脊髓的髓膜深處而引起發炎。**由於症狀和感冒類似，特徵是難以診斷且進展快速**。一旦發病，可能留下智能障礙或聽力障礙、發展遲緩等嚴重的後遺症，甚至喪命。其他已知它也是菌血症、肺炎、支氣管炎等疾病的病原菌。**雖然感染的頻率低於Hib，但死亡率以及留下後遺症的比例比Hib來得高，愈是低月齡的嬰兒愈容易發展成重症，因此應及早接種**。和五合一疫苗同時接種較有效率。有可能有發燒的副作用，通常於1～2天內康復。

5. 水痘疫苗

預防的疾病	水痘
劑數	1劑
接種時期	出生滿1歲接種第1劑公費疫苗， 可於滿4到6歲自費接種第2劑
疫苗種類	活性減毒疫苗

由水痘、帶狀疱疹病毒所引起的水痘是一種傳染力很高的傳染病，會發燒到37～38度，並出現小紅疹，於2天左右擴及全身，接著變成會伴隨強烈搔癢感的水疱，2～3天後形成黑色的結痂、脫落。有可能會併發腦炎或肺炎等併發症而喪命。水痘痊癒後病毒仍會長時間潛伏於神經節，一旦壓力或疲勞等原因導致免疫力下降，就會出疹並伴隨劇烈疼痛，形成帶狀疱疹。在台灣，是**建議幼童在4～6歲入小學前自費接種第2劑水痘疫苗，但有群聚感染時最快可在第1劑後3個月補追加，幫助提升防護效果**。

6. MMR（麻疹腮腺炎德國麻疹混合疫苗）

預防的疾病	麻疹、腮腺炎、德國麻疹
劑數	2劑
接種時期	出生滿1歲接種第1劑， 滿5歲至入國小前接種第2劑
疫苗種類	活性減毒疫苗

德國麻疹的傳染力很強，幾乎在發燒的同一時間會長出麻疹，也可能極少見的出現腦炎等合併症。麻疹病毒傳染力也一樣很強，高燒等症狀持續3～4天後，全身會長出紅疹，也可能引起腦炎或肺炎。流行性腮腺炎症狀雖然相對輕微，但每50人就有1人發生會強烈頭痛及嘔吐的無菌性腦膜炎，也有可能導致重度聽力障礙。**透過預防接種95%的人會有抗體**。20～30歲麻疹大流行時，就是由於未接受預防接種的人，又或是未獲得充足免疫力的人受到感染所致。比例上每3000人有1人可能會發生熱痙攣，雖然擔心副作用，但考量到罹患傳染病時的風險，**仍建議滿1歲後及早接種**。

7. 日本腦炎疫苗

預防的疾病	日本腦炎
劑數	2劑
接種時期	出生滿1歲3個月接種第1劑， 間隔12個月接種第2劑
疫苗種類	活性減毒疫苗

以蚊子為媒介傳染的日本腦炎是由日本腦炎病毒所引起的傳染病。會出現突發性的高燒及頭痛、嘔吐等症狀，引起意識不清及麻痺等神經系統的障礙。**據說日本腦炎每100～1000人中會有1人發病，其中有20～40%會死亡**。台灣長期使用不活化日本腦炎疫苗，接種效益及防治成效顯見。為順應疫苗產製技術轉變趨勢，自2017年5月22日起改採用細胞培養之日本腦炎活性減毒疫苗，**接種兩劑，可建立充足的保護力**。

8. 流感疫苗

常規接種

預防的疾病 流行性感冒

劑數 每年1劑

接種時期 每年。初次接種應於第1劑接種後，間隔4週接種第2劑
最好在流行前的10～12月接種

疫苗種類 不活化疫苗

會經由噴嚏等病毒的飛沫而傳染。流感病毒的病毒株每年都會有些許變異，因此疫苗是預測下一季流行的病毒株而製成的。**據說流感發病者中的3～4成是0～9歲的兒童。**未滿2歲的幼童容易引發肺炎及支氣管炎、流感腦炎等併發症，尤其是嬰兒容易重症化，也可能引發熱痙攣。幾乎大部分的案例都是家人把病毒從外面帶回家而導致感染，因此建議每年10月到12月全家人最好都先完成預防接種。**嬰兒於出生滿6個月以後即可接種。**

9. A型肝炎疫苗

預防的疾病 A型肝炎

劑數 2劑

接種時期 出生滿12～15個月接種第1劑，間隔至少6個月接種第2劑

疫苗種類 不活化疫苗

A型肝炎的流行與環境有密切關係，好發於衛生條件不佳的地區。其主要的傳染途徑是經口（亦稱糞口）感染，亦即食用遭A型肝炎病毒汙染之食物或水而感染。許多人感染後只有輕微的症狀或沒有症狀，大多數都會自然痊癒，然後產生抗體。惟極少數病例會發生猛爆型肝炎，嚴重的話可能致死。**接種A型肝炎疫苗為預防A型肝炎病毒感染相當有效的方法之一。**核准的接種年齡為出生滿12個月以上，接種劑次無論成人或兒童都是2劑，2劑間隔至少6個月，**接種1劑後約95%以上可產生保護抗體，完成2劑後，可提供20年以上的保護力。**

10. 輪狀病毒疫苗

選擇性接種

預防的疾病 輪狀病毒感染症

劑數 羅特律（Rotarix，1價）2劑、
倫達停（Rotateq，5價）3劑

接種時期 羅特律（Rotarix）為出生滿6個月以前2劑、
倫達停（Rotateq）為出生滿8個月以前3劑

疫苗種類 活性減毒疫苗

諾羅病毒的傳染力很強，即使留意衛生狀況還是難以預防。嬰兒感染的話容易引起嚴重腹瀉及嘔吐，甚至造成脫水症狀等重症，因此及早預防很重要。全世界有許多孩童因沒有預防接種而感染，故WHO（世界衛生組織）亦建議接種。**接種的話，即使感染也不會發病，或是即使發病也能避免重症化，**不至於打點滴或住院。有研究指出，接種後腸套疊的風險有稍微增加的可能性。腸套疊發病時，有可能無法接種，需諮詢醫師。**接種期間很短，因此建議與其他常規接種同時接種。**

預備知識

嬰兒的疾病

依各種症狀介紹嬰兒容易罹患的疾病。
建議先了解該疾病的特徵、治療法、居家照護的方法。

※是否能送到幼兒園的基準，依每間幼兒園的規定而有所不同，請事先確認。

感冒

疾病的徵候

□流鼻水、鼻塞、喉嚨痛、咳嗽
□發燒、頭痛
□嘔吐、腹瀉、腹痛等消化器官症狀
□沒有食欲、情緒不佳

原因來自約230種病毒

感冒幾乎都是由病毒所引起的。據說引發症狀的病毒數量有230種以上，依種類的不同，有些會長疹子，有些會引起嘔吐或腹瀉，各式各樣都有。

2歲以前寶寶的抵抗力還很弱，一旦拖久了，很容易引起肺炎或支氣管炎、急性中耳炎這些併發症，因此必須特別注意。如果是免疫功能尚未建全的低月齡寶寶，即使沒有發高燒也最好及早就醫比較安心。

一旦在托育中心這些地方開始團體生活，感染病毒的機會增加，就很容易感冒。不過，只要罹患過一次，體內便會製造出該病毒的抗體（免疫），因此每感冒一次抵抗力就會增強。

治療與居家照護

雖然有殺死細菌的藥物（抗生素），**但並沒有感冒殺死病毒的藥。**症狀嚴重時雖然會開藥，但也只不過是能緩解當下症狀的症狀治療法。症狀輕微的話，可以等待靠自癒力痊癒，並觀察病程。

沒有發燒也有食欲，而且情緒良好的話，就勤於補充水分，一邊在家觀察狀況。而即使沒有發燒，若是有腹瀉或嘔吐、沒有精神的話則建議馬上就醫。

發高燒時有可能會開退燒藥，如果服藥後還是沒有退燒、無法攝取水分、一直倦怠的話，建議再次就醫。

流行性感冒

疾病的徵候

□突發性發燒、頭痛
□流鼻水、鼻塞、喉嚨痛、咳嗽
□肌肉痛、關節痛
□情緒不佳、倦怠

傳染力非常強

由傳染力很強的流感病毒所引起，有時會高燒到39度以上，嬰幼兒的話可能伴隨**嘔吐、腹瀉等消化器官症狀。由於容易併發支氣管炎或肺炎，必須特別注意。**從出現症狀起到第7天為止應避免上幼兒園，需等到退燒後再去。

治療與居家照護

為防止脫水症狀，需補給水分。此外，為了保護黏膜，室內的濕度需保持在50～60％。

玫瑰疹

疾病的徵候

□突發性高燒持續3～4天

□退燒後長出紅疹

1歲以前大家都會罹患

差不多出生6～12個月時會罹患，常常是嬰兒第一次罹患的疾病。會突然發燒到38～39度，有時還會出現將近40度的高燒。不過情緒倒是不錯，精神也很好。**發燒會持續3～4天，一退燒，肚子或背部就會長出大小不規則的紅色疹子，半天左右便擴散至全身。**有些寶寶退燒以後會開始哭鬧。疹子約4～5天就會消退。

治療與居家照護

這種疾病要等退燒後出疹才能確定診斷。只要靜養並留意水分補給的話，並不需要太擔心，也幾乎沒有併發症。沒有特別的處方藥，等待疹子消退即可。

流行性腮腺炎（流行性耳下腺炎）

疾病的徵候

□發燒

□耳根到下顎周圍腫痛

3～9歲容易罹患

是由流行性腮腺炎病毒所引起，從耳朵下方到下顎會腫起來。**會透過飛沫傳染，在春天到夏天流行。**容易罹患的是3～9歲，未滿6個月的嬰兒極少罹患。最高峰的時候有可能高燒到38～39度左右。約2～3天便會退燒，腫痛則會持續5～7天、長則10天左右消退。耳根的腫脹如果痊癒了就可以去上學。

治療與居家照護

並沒有特別的治療藥物。病程順利進展的話屬於輕微的疾病，但有時可能有腦膜炎或聽力障礙等併發症。由於唾腺發炎，消化能力也降低，因此建議準備容易消化的柔軟食物。

疱疹性咽峽炎

疾病的徵候

□高燒

□喉嚨長水疱及疼痛

嬰幼兒常見的一種夏季感冒

於夏天到秋天流行的一種夏季感冒，特徵是扁桃腺上緣會長出數個～十幾個1㎟的水疱以及高燒，是1歲起容易罹患的疾病。是由克沙奇病毒等數種病毒所引起，有可能重複感染。水疱破掉的話會形成白白的潰瘍，非常疼痛，因此會無法吞嚥唾液。

治療與居家照護

只有前幾天喉嚨會痛到無法進食。多於夏天發病，因此為了防止脫水症狀，需充分補給水分。如果因疼痛而滴水不進的話，建議及早到醫院就醫。

麻疹

疾病的徵候

□高燒持續2~3天
□咳嗽、打噴嚏、流鼻水
□口腔黏膜斑點、長紅疹

2~6歲容易罹患

是由麻疹病毒所引起，一開始會出現類似感冒的症狀，高燒持續約2~3天後，口腔黏膜會出現斑點，再過1天會長出紅疹，從臉及喉嚨擴及全身。**出生6個月以後，來自媽媽的抗體消失，感染的可能性就會增加。**發病後5天~1週以後有併發中耳炎及肺炎的危險。嬰幼兒感染的話很容易重症化，因此需特別注意。退燒後經過3天就可以去上學。

治療與居家照護

持續高燒、發生痙攣的話，**即使是半夜也要去醫院。**病好後也需靜養1個月。此外，也是可以透過預防接種預防的疾病。

德國麻疹

疾病的徵候

□淡色出疹
□輕度發燒（也可能不發燒）
□脖子及耳朵下方淋巴結腫大

有可能沒發燒、沒出疹就結束

好發於4~10歲左右的孩童，沒有過團體生活的嬰兒幾乎不會感染。**發燒1~2天、出疹3~4天就消失，因此也被稱為三日疹。**也有可能幾乎沒有發燒或出疹就結束（不顯性感染）。小學高年級以上的孩童或大人感染的話，有重症化的傾向。疹子消退以後就可以上學。

治療與居家照護

兒童的話幾乎沒有併發症，僅會出現輕微症狀。為了防止傳染給周遭的人，即使沒有發燒，在疹子消退以前應避免外出，在家靜養。滿1歲以後就可以接受預防接種。

手足口病

疾病的徵候

□手掌、腳背或腳底、口腔、肛門周圍、膝蓋長出紅色米粒大的水疱
□輕度發燒（也可能不發燒）

1週會自然痊癒

是由病毒所引起的一種夏季感冒，**特徵是手、腳、口腔會長出水疱**，為出生6個月左右到4~5歲左右的幼兒常見的疾病。潛伏期約3~5天。一般不會疼痛或搔癢，不過有時腳上的水疱會痛痛癢癢的。不會發高燒，且幾乎都是1~2天就退燒。有些孩子會伴隨腹瀉或嘔吐等症狀。

治療與居家照護

一般在1週左右就會自然痊癒。嘴巴內的水疱形成潰瘍會非常疼痛，因此有可能拒絕進食，這時應充分補充水分。

水痘

疾病的徵候

□發燒的同時長紅疹
□變成水疱擴及全身
□強烈搔癢
□發燒

全身長紅疹

是由傳染力很強的病毒——水痘帶狀疱疹病毒所引起，會經由接觸或空氣傳染，**因此只要團體生活中1個人感染，極短時間內就會擴散開來。**好發於10歲以下的兒童，最多的是1～5歲的嬰幼兒。發燒的同時胸部和背部會出現紅色的小疹子，幾個小時後變成水疱，水疱會在1週左右結痂。所有的水疱都結痂了就可以去上學。

治療與居家照護

基本的治療是抗病毒藥物及止癢藥膏。開始出疹起2天以內服藥的話，能抑制出疹擴散。口腔長疹子的話可能因疼痛而拒絕進食。此外，發燒時應避免沐浴。

鏈球菌

疾病的徵候

□高燒、喉嚨發紅及疼痛
□全身長出小紅疹
□初期症狀類似感冒

4～7歲兒童最常見

是幼兒及學齡兒童常見的傳染病，嬰兒相對較少感染，但如果哥哥姊姊罹患的話，就有可能接觸傳染。一開始會出現39度上下的突發性發燒和喉嚨痛。**症狀是劇烈疼痛、噁心想吐、嘔吐、頭痛、腹痛，有時會出現肌肉痛。**有時舌頭會出現像草莓般一粒粒的突起，稱為「草莓舌」。

服用抗生素，1～2天後症狀痊癒就可以去上學。

治療與居家照護

以抗生素治療，服用後1～2天就會退燒。反覆感染有可能導致急性腎炎或風濕熱等併發症，因此藥物應確實服用完，徹底治癒。

傳染性紅斑症（第五病）

疾病的徵候

□臉頰長出紅色斑疹
□手臂、大腿長出蕾絲狀紅斑

兩頰像蘋果

兩頰的紅色斑疹是特徵，但傳染力不強，發燒也僅為輕度發燒。斑疹約10天左右就會消退。2歲以下很少感染，流行於幼兒期到小學的兒童。

治療與居家照護

斑疹會增加，因此只要身體不要過度保暖並在家靜養就沒有大礙。

支氣管炎

疾病的徵候

- □咳嗽有痰、呼嚕聲
- □發燒

有呼嚕聲應立刻就醫

因病毒或細菌所導致的發炎擴展到支氣管的症狀，主要的原因是感冒拖太久。**會轉變為濃重呼嚕呼嚕聲的濕咳**，如果是有咻咻的喘鳴聲則也有可能是「氣喘性支氣管炎」。未滿2歲的幼兒容易引發支氣管末端發炎的細支氣管炎或肺炎，因此咳嗽或高燒久久不癒、倦怠時應就醫。

治療與居家照護

以鎮咳、化痰的藥物、退燒藥治療，如為細菌性則會使用抗生素。為了容易將痰咳出，**應勤於補充水分。建議維持一定的室溫。**

肺炎

疾病的徵候

- □38～40度高燒
- □嚴重咳嗽、有痰
- □呼吸困難

嬰兒基本上需住院治療

感冒拖久為主要的原因，病毒入侵喉嚨→支氣管→細支氣管→肺，持續發炎。**嬰兒容易引起呼吸困難及脫水症狀，因此基本上需住院治療。**重要的是應在感冒或支氣管炎的階段徹底治療，避免惡化成肺炎。占肺炎1、2成的肺炎黴漿菌感染症，則是由致病原微生物所引起的傳染性肺炎。

治療與居家照護

基本上會使用抗生素。和感冒時的照護方式相同，應勤於補充水分並靜養。

百日咳

疾病的徵候

- □乾咳
- □輕度發燒（也可能不發燒）
- □久咳不癒

嬰兒容易重症化

感染百日咳菌所引起的一種疾病，**傳染力強，新生兒也可能感染。**一開始的症狀有咳嗽、流鼻水、打噴嚏等等，如同感冒一般，劇烈的咳嗽會持續約100天。未滿1歲的嬰兒感染的話，有可能引發呼吸困難或停止呼吸、痙攣等等，容易重症化，故非常危險。在台灣可事先接種出生滿2個月起即可施打的五合一疫苗，會比較安心。

治療與居家照護

低月齡有可能致命，因此有時需要住院。**由於劇烈咳嗽容易嘔吐，因此餐點要少量少量給予。**咳嗽很耗體力，應在家靜養。

急性腸胃炎（病毒性）

疾病的徵候

□嘔吐、1天腹瀉10幾次
□發燒（也可能不發燒）

高峰是最初的半天

被俗稱為「腸胃型感冒」、由病毒感染所引起的腸胃炎。秋天到冬天最常感染，最具代表性的就是諾羅病毒感染。

一旦感染諾羅病毒，會反覆突發的嘔吐，以及水狀腹瀉，嚴重的症狀會在最初的半天達到高峰。一般3～4天左右即可痊癒。會人傳人，傳染力非常強，因此髒汙的衣物要分開洗，照顧寶寶之後也要徹底洗手。

治療與居家照護

因腹瀉和嘔吐而流失水分，有急性脫水的危險。如果開始滴水不沾的話應馬上就醫。

急性腸胃炎（細菌性）

疾病的徵候

□嘔吐、腹瀉、腹痛、血便或膿便
□發燒（也可能不發燒）

重症比例比病毒性更高

由細菌感染所引起，即俗稱的食物中毒，出血性大腸桿菌（O157型）也是其中之一。有曲狀桿菌、沙門氏桿菌、腸炎弧菌、葡萄球菌等等，症狀因病原菌而稍有不同。

和病毒性腸胃炎相較重症的比例較高，有時需住院。透過加熱食物、烹調前洗手等等預防措施，某種程度上是可預防的。嘔吐、腹瀉的症狀痊癒以後即可上學。

治療與居家照護

會開立整腸藥、止吐藥。腹瀉會排出病原體，因此不會使用止瀉藥。和腸套疊的症狀相似，就醫時需告知大便的狀態。

腸套疊

疾病的徵候

□間歇性的嚎啕大哭
□腹部有硬塊
□嘔吐、草莓醬狀的糊狀血便

發病起經過24小時有可能需手術

是腸子滑入另一段腸子裡，漸漸被往內推擠的一種症狀。無法自然復位。男生的發生率是女生的2倍，常發生在出生4個月後到2歲左右。

每當腸子蠕動，疼痛就會加劇。腸子彼此壓迫的部分如果有壞死就必須動手術切除。反覆嚎啕大哭且臉色蒼白、樣子有異狀時，應馬上就醫。

治療與居家照護

發病24小時以內的話，透過高壓灌腸將套疊的腸子推回原位，幾乎都能治癒。考量到復發的可能性，有時也需要住院。

嬰兒濕疹

疾病的徵候

- □帶有白色或紅色的濕疹
- □皮脂黏著在皮膚上變硬，形成白～黃色的結痂

出生3個月左右前為高峰

嬰兒皮膚的防禦功能和排汗功能都尚未發達，很容易產生肌膚問題。所謂的嬰兒濕疹是指從一出生到1歲左右以前的寶寶所罹患的濕疹總稱。**出生數週到1個月左右由於皮脂分泌旺盛，嬰兒脂漏性濕疹很常見**。此外，皮脂堵塞毛孔而引起發炎則會形成新生兒痤瘡。不過，於3個月到達高峰後，皮脂的分泌量將驟減，因皮膚乾燥所引起的肌膚問題反而會增加。

治療與居家照護

1天1次將肥皂充分起泡後，不摩擦、以手輕撫的方式清洗患部，並確實沖乾淨。

汗疹

疾病的徵候

- □起紅疹並發癢
- □在容易積存汗水的部位形成紅點。屁股和腰部最常見

勤於擦拭汗水

汗疹是細菌於汗腺繁殖而引起發炎所致。嬰兒的新陳代謝旺盛，汗腺的數量雖然和大人幾乎一樣，**但由於身體的表面積小，相對地汗腺密度高，因此很容易發生汗疹。**出汗後放著不管的話，細菌容易繁殖而形成汗疹。因為發癢而過分搔抓的話，還可能形成膿疱疹。最重要的是出汗後應勤於擦拭，不要放著不管。

治療與居家照護

選擇透氣、吸水、排汗良好的衣服，**一流汗就勤加替換，保持肌膚清潔。**洗完澡後要徹底擦乾身體再換穿衣服。

膿疱疹

疾病的徵候

- □最初為膿疱
- □破掉後流出濕濕的分泌物
- □強烈搔癢、細菌會向外擴散

細菌轉眼間就擴散開來

正式名稱為「傳染性膿疱病」，**是被蟲叮咬形成的小傷口、異位性皮膚炎、濕疹抓破等部位感染化膿性細菌所引起的發炎。**皮膚的傷口感染黃色葡萄球菌等細菌，發炎部位就會迅速蔓延開來。

出生後不久的嬰兒有可能併發敗血症或肺炎，因此需多加注意。膿疱疹的感染力強，應避免家人共用毛巾。

治療與居家照護

至少1天洗1次澡，以肥皂徹底清潔。將患部徹底擦乾後，塗抹醫生開的抗生素藥膏。

急性中耳炎

疾病的徵候

□搖晃頭部或不停去摸耳朵
□耳朵流出黃色液體
□夜啼、喝奶狀況不佳、發燒

很容易復發

中耳炎是嬰兒很常見的耳朵疾病。**急性中耳炎好發於出生後6個月～5歲左右，幾乎都是由感冒所引起的。**由於嬰兒的鼓膜內側連接鼻腔與耳朵的耳咽管短而寬，鼻腔或喉嚨的病毒或細菌很容易因咳嗽等原因進入中耳。

治療與居家照護

發炎可透過抗生素治療。自行停藥的話，有可能轉變成積液性中耳炎，**是造成慢性化的原因，因此要把藥服用完畢，徹底治癒。**中耳積水的話也有可能需進行切開手術。

積液性中耳炎

疾病的徵候

□聽力變差
□沒有疼痛不適，但總覺得不舒服
□想把電視音量調大

也可能從急性中耳炎轉變而來

是鼻子與喉嚨容易發炎的嬰幼兒時期到學齡前容易罹患的疾病。**在鼻子及喉嚨發炎所引起的疾病之後容易罹患，特徵是只要罹患過一次，就很容易形成慣性反覆復發。**急性中耳炎慢性化或過度擤鼻涕也是造成的原因。發現太遲的話有可能使得聽力受損愈來愈嚴重而難以治癒。應仔細注意和平常有無異狀。

治療與居家照護

基本上會使用抗生素和抗發炎藥治療。復發過於頻繁時，會治療鼻腔及喉嚨，並進行鼓膜穿刺術，在鼓膜穿刺小洞，使耳咽管保持通氣。

結膜炎

疾病的徵候

□過敏性為眼睛癢及流淚
□病毒性為大量淚液及眼睛充血、眼瞼浮腫等。也可能發燒
□流行性為起床時有大量眼屎
□細菌性為大量黃色眼屎

盡早前往小兒科或眼科就醫

指覆蓋眼睛及眼瞼內側的結膜部分發炎。嬰幼兒多為細菌性的，但其他還有病毒性及過敏性等等原因。由於各自的處方藥並不相同，**因此應及早到眼科或小兒科接受診療，不要放置不管。**由於腺病毒所引起的流行性結膜炎容易重症化，需特別留意。

治療與居家照護

細菌性會使用抗生素眼藥水或藥膏、病毒性則會使用消炎眼藥水或藥膏。乾硬的眼屎可用紗布巾沾熱水擦去。

守護寶寶的安全
事故&受傷　預防的基本

事故或受傷不知何時會發生。為了保護寶寶的安全，媽媽和爸爸先預測並防範於未然是基本。

「一下下」、「不小心」所引起的事故

不只是不熟悉照顧寶寶的新手媽媽、爸爸，就連已經育有上一胎而得心應手的媽媽、爸爸，也會在「視線離開一下下的空檔」、「應該不能亂動才對」、「安安靜靜又乖乖的，正覺得奇怪時」這些「一下下」和「不小心」的狀況下發生事故。

比起戶外的交通事故，嬰幼兒的事故絕大多數發生在理應是父母視線能及的室內。例如跌落浴缸導致溺死、溺水，或是跌倒、跌落、誤吞異物、燙傷等等。

根據日本消費者廳所發布的資料，14歲以下的兒童事故死亡當中，0歲兒童占最多數，其中9成為窒息死亡（*）。

為了避免事故，**將室內環境調整為即使不小心離開視線也不會發生問題是很重要的。**0～6個月的睡覺、翻身期最常見的案例就是就寢時的窒息事故。像是臉被床墊埋住、寢具蓋住臉或纏繞頸部、被床鋪與牆壁間的縫隙夾住等等，臥室內危機重重。

寶寶出生滿8個月左右開始會爬後，因誤吞異物而發生的事故件數急速增加。一旦超過1歲能獨自步行後，危險的地方將擴及到樓梯以及廚房、浴室和洗臉台、陽台等相當大的範圍。在與水相關的兒童事故方面，1歲兒童在浴缸的事故高出其他許多。到了3～4歲，孩子會活動得更加活躍，從陽台或窗戶等地方摔死的案例急速增加。

※此為日本消費者廳分析2016年14歲以下的兒童死亡事故的結果

小兒科Dr.Advice

事故重在預防

充分了解寶寶的發展階段，了解坐、爬、站的時期後，要同時進行現在應該做的事，以及預見接下來的發展所需的安全措施。建議把寶寶周遭的所有東西都當成是危險的，思考滴水不漏的安全對策，因為等到事故發生就太遲了。

各發展階段　應注意的事項

睡覺、翻身期　0～6個月

小心窒息事故及跌落事故

寶寶的呼吸器官尚未發達，光是毛巾覆蓋在臉上都有可能窒息。禁止使用柔軟的寢具及趴睡。此外，也要小心從沙發或床鋪跌落的事故。

坐、爬期　7～11個月

跌落及誤吞異物等危險

寶寶還不能穩穩坐好之前，常發生倒下來撞到頭部的事故。這個時期誤吞異物（P186），或是從樓梯及陽台的高低差摔下來、開抽屜而夾到手這些事故也會增加。

有嬰兒的家中

確認 室內危險的地點！

建議確認家中的危險地點，並思考安全對策。

危險地點1

洗臉台、更衣間

需注意避免誤食洗臉台下的強酸、鹼性清潔劑或消毒劑、芳香劑等。刮鬍刀或髮夾要收到手搆不到的地方。

危險地點2

浴缸

需小心寶寶在媽媽洗頭髮時溺水或撞到水龍頭金屬、在浴缸裡失足滑倒這類洗澡時的事故。留下洗完澡的浴缸水容易發生危險，應該避免。

危險地點3

臥室

即使是稍微離開一下，也要養成習慣把嬰兒床的護欄拉起來。寶寶睡覺中也可能在用力揮動手腳時移動而摔落。

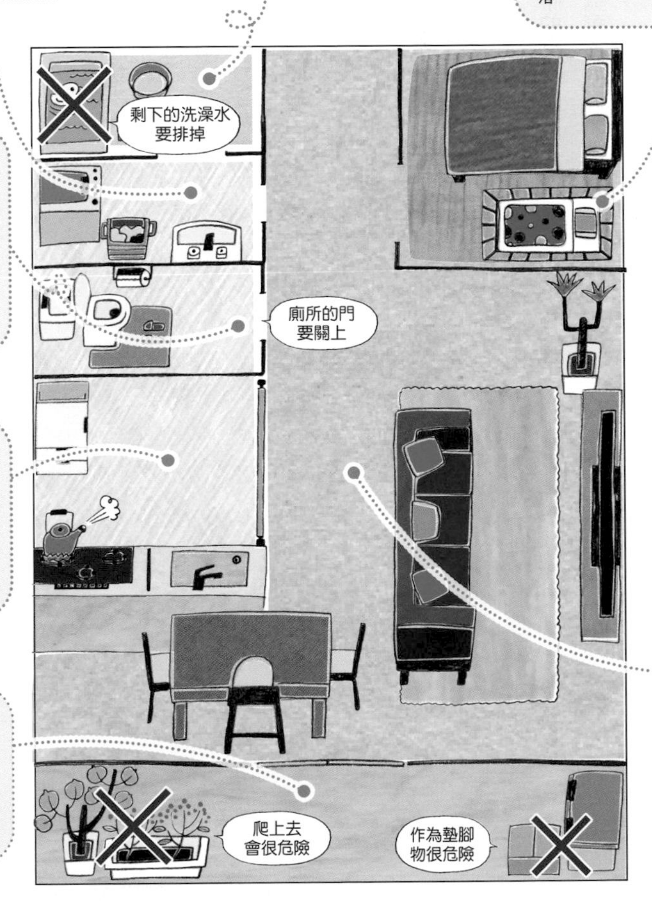

危險地點4

廁所

水深只要有10㎝就有足以溺死的危險。還可能發生把頭塞進馬桶而抽不出來這類事故。建議從門外上鎖。

危險地點5

廚房

菜刀、火、水、油等等危機四伏。瓦斯爐開關可以轉動的話，也有火災或瓦斯漏氣的危險。

危險地點6

陽台

絕對不能放置能用來墊腳的物品。2歲以後也有自己拿椅子出去墊腳的危險。

危險地點7

客廳

這個區域經常發生從沙發跳下來之際跌倒撞到頭這類事故。此外，直徑4cm以下、有誤吞異物危險的物品、剪刀這類碰觸了會有危險的物品，要收到手搆不到的地方。

扶站期 **1歲以前**

抓住不穩的東西而跌倒

寶寶會往感興趣的地方直奔而去。可能抓住大衣或桌巾等不穩的東西跌倒（P187），或是跌倒時頭撞到桌角。也需注意誤吞異物（P186）。

蹣跚學步期 **1歲以後**

燙傷及受傷的危險

從公園的遊樂設施跌落或飛奔到馬路上等等，戶外遊戲時發生的事故急速增加。室內則要留意鍋子、電鍋、煮水壺這些造成的燙傷（P187）。這個時期也是在浴缸溺水（P186）的事故增加的時期。

緊急情況下

應事先了解的緊急處置

即使媽媽和爸爸很注意，事故還是會在一個不小心時發生。為因應緊急的情況，建議事先確認緊急處置的做法。

為因應事故發生時應事先了解緊急處置

根據日本厚生勞動省人口動態統計，嬰幼兒死亡的原因前幾名都是家庭內的意外事故，且很遺憾的，長年以來這個趨勢都沒有改變，亦即因意外事故而喪命的嬰幼兒很多。

家庭內的事故很多都可以事先防範，首要之務就是了解家庭內危險的地方並採取對策，另外最好也事先了解緊急處置的做法。像是特別常見的誤吞異物、溺水、跌倒撞到頭部、燙傷，如果能事先確認相關的緊急處置，便能沉著應對不至於慌亂。

能夠救眼前的孩子的，只有在場的媽媽和爸爸。為了在事故發生時能馬上採取緊急處置，應事先做好準備。

溺水

溺死事故的8成在浴缸

水深10cm也會溺水

嬰兒只要水深10cm就有溺水的危險，因此不只是浴室，廁所或洗衣機也要小心。未滿2歲的溺死事故約8成是在浴缸發生的，但如果有意識，馬上放聲大哭的話就不需擔心。應立刻換衣服、讓身體保溫，並暫時觀察狀況看看。

如果情緒不佳、臉色變差、喝了大量水的時候，應馬上就醫。失去意識、沒有呼吸時應馬上叫救護車，並施予心肺復甦術。建議找機會接受救命術的講習。

叫救護車的基準

- □叫喚名字也沒有反應
- □沒有意識
- □沒有呼吸。看起來很痛苦
- □全身無力
- □反覆嘔吐

⇨ 心肺復甦術（胸部按壓）的做法請見P191

誤吞異物

0～5歲常見的意外事故

4cm以下的大小很危險

根據日本東京都的調查，0～5歲兒童送醫急救的原因，誤吞異物僅次於跌落、摔倒。直徑4cm以下的大小有誤吞異物的可能性，相當危險。寶寶的手指一旦變得靈活，就會開瓶蓋或箱子的蓋子，誤食清潔劑或酒精的話，非常危險。尤其危險的是香菸，約1根就是致死量，即使只有吞食少量也應馬上送醫。

誤吞異物的照護方法是讓孩子趴著，用力、快速拍打肩胛骨之間4～5次以催吐。只不過，揮發性物質和強酸物質催吐的話反而更加危險，應緊急送醫。

叫救護車的基準

- □催吐還是沒有吐出來
- □臉色很差
- □無法出聲
- □沒有呼吸。看起來很痛苦
- □沒有意識

催吐會有危險的東西 緊急送醫

- 有揮發性的物質（指甲油、煤油、石油等）
- 強酸物質（漂白水、浴廁清潔劑等）
- 電流流動的東西（鈕扣電池）、圖釘、針等等

0個月
1個月
2個月
3個月
4個月
5個月
6個月
7個月
8個月
9個月
10個月
11個月
1歲
1歲3個月
1歲6個月
2歲～3歲
預防接種
疾病、受傷

燙傷

1歲以上常見的事故

皮膚很脆弱容易重症化

首先用流動的清水降溫是基本。臉部之類無法淋到水的部位，就用冰鎮的毛巾冰敷。嬰兒的皮膚很薄，容易重症化，需特別注意。如果燙傷的大小在5元硬幣範圍內，只有稍微發紅的程度，可以冰敷後隔天再就醫。但如果起水疱、**燙傷的範圍如寶寶的手掌大，或是皮膚變成白色或黑色，則冰敷後應立即就醫**。比起上述範圍更大的話，事態就很緊急。衣服不要脫掉，用濕的浴巾等物品包裹身體，搭救護車送醫。

叫救護車的基準

- □大範圍燙傷
- □起水疱
- □低溫燙傷
- □臉、頭、生殖器燙傷
- □皮膚變色

事先應採取的對策

- 在寶寶手所能及的低處不要放置會冒蒸氣或熱的物品
- 電暖器不要放在地板上。放置的地方要圍起來，讓寶寶觸摸不到
- 避免媽媽或爸爸抱著喝熱飲

跌倒撞到頭部

到事故發生僅0.5秒

確認有無意識障礙

撞到頭部後，**沒有意識、昏睡、多次嘔吐、發生痙攣、有耳朵或鼻子流血等狀況時，表示事態緊急，應馬上叫救護車**。如果有意識，馬上放聲大哭，之後情緒也不錯、有食欲的話，就不需擔心。不過，考慮到之後也有可能引起意識障礙，應盡可能安靜度過，也要避免洗澡。觀察狀況1～2天，如果反應不正常之類，狀況令人擔心的話就要到腦外科就醫。**頭部受傷流血的話，**止血為第一要務。建議以乾淨的紗布等物品覆蓋傷口，**用手掌確實壓迫5～10分鐘以止血，並立刻就醫。**

叫救護車的基準

- □叫喚名字也沒有反應
- □痙攣
- □大量出血止不住
- □臉色發青
- □傷口很深
- □嘔吐

還有其他

日常容易發生的受傷

切勿因為「是日常常見的受傷……」就加以輕忽。依照受傷程度，也有些情況必須立即就醫。

安心

隨時注意是很不容易的事。為了讓家裡變得安全，建議再次檢查家中各個地方。

臉朝下跌倒容易流鼻血

流鼻血

往上仰的話，血流到喉嚨裡會感覺不舒服，因此要讓寶寶頭稍微朝下坐著，用手指用力捏住鼻翼10分鐘左右觀察狀況。20分鐘以上出血不止的話則應就醫。

跌倒時容易發生

割傷、擦傷

傷口仔細用流動的清水清洗，擦乾水分後用保濕型的OK繃保護。傷口流出的液體含有癒合傷口的成分，因此不使用消毒液也無妨。

首先應確認哪裡在流血

流血

因玻璃之類的物品受傷時，以自來水連傷口裡面都仔細沖洗後，用乾淨的紗布覆蓋以避免乾燥。傷口深的話，需壓迫5～10分鐘止血同時就醫。

門或窗戶危險多多

夾到手指

立即冰敷夾到的地方，並把那隻手指舉高至高過心臟。1～2天內如果腫起來的話則需就醫。如果夾到後手指疼痛到無法動彈的話，應立即冰敷且固定住患部並就醫。

何時該就醫？各疾病症狀的緊急程度確認表

深夜突然發燒等等，要判斷哪個時間點應該就醫著實令人困惑。以下整理出簡單明瞭的一覽表，可從寶寶的症狀看出緊急程度。

只要感覺到一點點「和平常不一樣」，就可以確認這個表格。

這個確認表的看法

馬上叫救護車!!

不管哪個時段，都要立刻叫救護車送醫。

馬上打電話到醫院

打電話到醫院，告知症狀，確認是否應就醫。

建議就醫（即使是晚上）

即使是看診時間外仍建議就醫。

觀察狀況（半夜的話隔天再就醫）

如果在看診時間內的話，保險起見建議就醫。時間外的話就隔天就醫。

發燒

發燒時，要確認「有無出疹」、「有無攝取水分」、「情緒有無變差」等，比起發燒的程度，更要仔細觀察全身的症狀。出生未滿3個月如果發燒到38度以上，即使半夜也要就醫。

馬上叫救護車!!
危險度 ★★★★

- □臉色發青、嘴唇發紫
- □頸部僵硬
- □痙攣持續5分鐘以上

馬上打電話到醫院
危險度 ★★★

- □出生未滿3個月發燒到38度以上
- □嘔吐、嗜睡
- □無法攝取水分
- □全身無力、無精打采

建議就醫（即使是晚上）
危險度 ★★

- □抗拒母乳或副食品
- □有出疹
- □發高燒和咳嗽

觀察狀況（半夜的話隔天再就醫）
危險度 ★

- □沒有食欲但有攝取水分
- □情緒良好

告知醫生的重點

- 發燒到幾度
- 發燒從什麼時候開始
- 有無發燒以外的症狀
- 有無攝取水分、進食
- 有無排尿

發燒時的居家照護請見 P90

腹瀉

因傳染病所引起的腹瀉會伴隨嘔吐，如未能充分補給水分，有轉眼就脫水的危險性。觀察寶寶的狀況，若是沒有精神、全身無力的話應馬上就醫。

告知醫生的重點

- 腹瀉的症狀從什麼時候開始
- 腹瀉的次數及大便的狀態、顏色
- 情緒和食欲如何
- 有無發燒、嘔吐的症狀

※可以實際把大便帶去或是拍照給醫生看

馬上打電話到醫院
危險度 ★★★

- □12小時以上沒有攝取水分
- □全身無力
- □有血便
- □伴隨劇烈嘔吐

建議就醫（即使是晚上）
危險度 ★★

- □1次腹瀉的量很多，但次數少
- □情緒不佳
- □大便的次數增加、變得稀稀水水
- □發燒到38度以上

觀察狀況（半夜的話隔天再就醫）
危險度 ★

- □沒有發燒，也有精神
- □有食欲，也有攝取水分
- □尿尿的次數跟平常一樣

腹瀉時的居家照護請見 P91

嘔吐

嬰兒的話，拍嗝時吐奶這種嘔吐很常見。但是如果反覆出現和平常狀況不同的嘔吐，或無法攝取水分時，則有脫水的危險，應馬上就醫。

告知醫生的重點

- 嘔吐的症狀從什麼時候開始
- 嘔吐的次數
- 嘔吐物的內容
- 有無發燒、腹瀉等症狀

馬上打電話到醫院
危險度 ★★★

- ☐嘔吐不止
- ☐無法攝取水分
- ☐意識模糊
- ☐情緒不佳、全身無力

建議就醫（即使是晚上）
危險度 ★★

- ☐有發燒或流鼻水等感冒症狀
- ☐尿尿或大便的次數很少
- ☐體重減輕，全身無力
- ☐每次哺乳會像噴水般嘔吐

觀察狀況（半夜的話隔天再就醫）
危險度 ★

- ☐有精神，情緒也良好
- ☐尿尿的量跟平常一樣
- ☐跟平常一樣喝母乳或配方奶

嘔吐時的居家照護請見 P93

流鼻水、鼻塞

寶寶的黏膜很敏感，即使是稍微一點溫差等原因就會流鼻水。鼻水如果是黃色的，也可能是細菌感染。鼻水放置不管的話有可能造成中耳炎，應及早就醫。

告知醫生的重點

- 鼻水、鼻塞的症狀從什麼時候開始
- 有無出現發燒、腹瀉、嘔吐等症狀
- 是否為過敏體質

預防方法

如果是不會擤鼻涕的嬰幼兒，讓他吸加濕後的蒸氣可促進早期康復、預防鼻竇炎和中耳炎。此外，房間內的加濕也很重要。

建議就醫（即使是晚上）
危險度 ★★

- ☐有咳嗽及發燒
- ☐呼吸困難
- ☐有痰、嘔吐
- ☐鼻塞、抗拒喝奶
- ☐鼻水是黃色或綠色
- ☐流鼻水、鼻塞1週以上

觀察狀況（半夜的話隔天再就醫）
危險度 ★

- ☐沒有發燒
- ☐情緒良好
- ☐睡得很好
- ☐哺乳很正常

流鼻水時的居家照護請見 P92

咳嗽

咳嗽的其中一個原因是空氣乾燥，可以將室內的濕度調高，並勤於補充水分，觀察狀況看看。咳嗽會消耗體力。如果妨害到睡眠或無法攝取水分的話，建議及早就醫。

馬上叫救護車!!
危險度 ★★★★

- ☐咳嗽時發出嗚嗚聲或像狗叫聲，突然流口水、看起來很疼痛
- ☐臉色蒼白、全身無力

馬上打電話到醫院
危險度 ★★★

- ☐發高燒
- ☐咳嗽有咻咻或咻咻聲
- ☐呼吸急促、喘

建議就醫（即使是晚上）
危險度 ★★

- ☐伴隨發燒、流鼻水、腹瀉、嘔吐
- ☐咳嗽有痰，發出呼嚕呼嚕聲

觀察狀況（半夜的話隔天再就醫）
危險度 ★

- ☐有食欲
- ☐有確實攝取水分
- ☐情緒未變差
- ☐睡得很好

告知醫生的重點

- 咳嗽的聲音有無特徵
- 有無發燒、鼻塞的症狀
- 情緒和食欲如何
- 睡眠是否正常
- 是否為過敏體質

咳嗽時的居家照護請見 P92

痙攣

推測可能是由於腦部尚未發展完全，因發燒等原因導致腦細胞興奮而造成痙攣。大哭或發脾氣也可能造成痙攣。建議冷靜地觀察狀況。

馬上叫救護車!!
危險度★★★★

☐痙攣持續5分鐘以上

馬上打電話到醫院
危險度★★★

☐樣子不對勁
☐失去意識
☐痙攣後，身體有麻痺的狀況
☐手腳的僵硬左右不對稱
☐痙攣停止後又復發
☐伴隨嘔吐
☐發高燒48小時以後發生痙攣
☐5～6分鐘內痙攣停止，恢復意識

告知醫生的重點

- 是否發燒
- 痙攣的狀態
- 痙攣持續的時間
- 痙攣是否左右對稱發生

發生痙攣時

① 整個身體橫躺
② 計算痙攣持續的時間
③ 觀察動作是否左右對稱

應避免的事項

- 搖晃
- 壓制手腳
- 大聲呼叫
- 把手指放入口中

發生痙攣後

① 眼神是否對焦
② 量測體溫
③ 觀察手腳的動作

生殖器問題

由於女寶寶的外陰部還沒有保護陰部不受細菌侵襲的好菌，因此很容易感染細菌。男寶寶則幾乎是龜頭和包皮相黏而堆積白色的汙垢。細菌繁殖是造成身體不適的原因。

馬上打電話到醫院
危險度★★★

男寶寶、女寶寶
☐大腿根部長瘤、腫脹疼痛
男寶寶
☐陰囊腫脹、疼痛哭泣

建議就醫（即使是晚上）
危險度★★

男寶寶、女寶寶
☐情緒不佳、觸摸生殖器
☐生殖器發紅腫脹且疼痛、發癢
☐發燒
☐尿尿時會痛而哭泣
男寶寶
☐陰莖前端發炎、發紅腫脹
☐陰莖流膿
女寶寶
☐尿布上有黃色或棕色的分泌物
☐排出有味道的分泌物

告知醫生的重點

- 生殖器的症狀從什麼時候開始
- 狀態如何
- 情緒如何

便祕

要幾天未排便才算便祕並沒有標準答案。是否需要就醫的要點在於寶寶的狀況和平常是否不同、有沒有情緒不佳等等。

如何預防？

- 補給水分
  為了軟化糞便，應勤於補充水分。
- 刺激腸道
  換尿布的時候，可以拉著仰躺的寶寶的腳左右搖晃，以刺激腸道。
- 攝取膳食纖維
  地瓜、蘋果、優格、菇類等等都是膳食纖維豐富的食材，不妨試著納入副食品的菜單裡。

建議就醫（即使是晚上）
危險度★★

☐按壓肚子就嚎啕大哭
☐肚子脹氣
☐未排便，嘔吐好幾次
☐沒有食欲
☐無法攝取水分
☐排便時看起來非常痛

觀察狀況（半夜的話隔天再就醫）
危險度★

☐情緒良好
☐有食欲且有攝取水分

告知醫生的重點

- 便祕的症狀從什麼時候開始
- 平常大便的次數、軟硬度、大便的狀態
- 情緒及食欲如何

便祕時的居家照護請見 P91

失去意識時進行

胸部按壓的作法

就算萬一心臟停止了，只要能立即施予適當的急救措施，便能提高救活率。為因應緊急狀況，建議事先了解胸部按壓（心肺復甦術）的方法。各年齡的方法不同。

發現失去意識、沒有呼吸、心臟停止的狀態時，首先應確認以下事項。

1. 檢查反應
叫喚、拍打肩膀及腳底，調查反射。

2. 如果沒有反應就撥打119
如果沒有哭泣等反應，就視為「沒有反應」，要撥打119求援。

3. 確認呼吸
以耳朵或臉頰靠近口、鼻，確認呼吸。

4. 保持呼吸道暢通
如果沒有呼吸，就抬高下巴。

5. 施予人工呼吸
大人以嘴巴罩住嬰兒的口鼻，慢慢把氣吹進去。

6. 按壓胸部
如下圖，以1秒2次左右的節奏按壓。按壓5次後做1次人工呼吸。

1 按壓的部位為，單手食指碰到其中一側乳頭，彎曲中指和無名指，該處就是按壓點。

2 立起中指和無名指，以1秒2次的節奏用力按壓至胸部下陷1/3左右。重複這個動作。

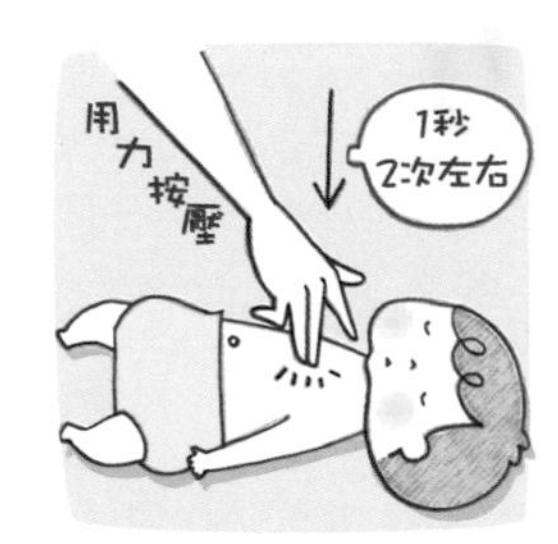

掌根用力按住胸骨的下半部，以1秒2次的節奏用力按壓至胸部下陷1/3左右。重複這個動作。

索引

※依筆劃順序排列。 ※頁數後方的⓿、❶等，是用以標示月齡。
※0～11個月是橘色，1歲～1歲6個月是綠色，2～3歲則是藍色。

健檢索引

與健康檢查有關的索引。

副食品索引

與副食品相關的索引。

監修

土屋惠司

為日本紅十字會醫療中心周產期母子・小兒中心顧問、日本小兒科學會小兒科專科醫師、日本小兒心血管學會小兒心血管專科醫師。1980年畢業於千葉大學醫學部，於日本紅十字會醫療中心小兒科研修後，任職於伊達紅十字醫院、國立心血管疾病中心，1989年起於日本紅十字會醫療中心小兒科、新生兒科工作。專攻小兒心血管、一般小兒科。

日文版STAFF

攝影…➔対馬綾乃、
寺岡みゆき（p.78～80、p.100、p.116、p.142、p.144～145）

內文設計…➔GOBO DESIGN OFFICE

內文插圖…➔中小路ムツヨ、こしたかのりこ

執筆協助…➔広瀬美佳子、竹川有子

校對、校正協助…➔草樹社、聚珍社

桌面排版協助…➔ONO-A1

攝影協助…➔CENTRAL、Ray Talent Promotion、小松原陽子、小松原華

照片協助…➔PIXTA

編輯協助…➔オメガ社

※本書的資訊為2021年7月當時的內容，並依據日本厚生勞動省「哺乳、離乳協助指引」（2019年改訂版）為基準。

本書為依據日本厚生勞動省「哺乳、離乳協助指引」（2019年改訂版）所製作而成，但每個月齡的副食品軟硬度、進行方式僅為參考值。由於有個別差異，請配合寶寶的成長，視情況應變。此外，如果有食物過敏的疑慮或經診斷有食物過敏的情況，請遵從醫師指示。

國家圖書館出版品預行編目（CIP）資料

分齡照片×安心指引×專業建議 0～3歲全方位育兒聖經：從成長發育、副食品製備到疾病預防,用專業知識守護寶寶的每一天／土屋惠司監修；王盈潔譯. -- 初版. -- 臺北市：臺灣東販股份有限公司, 2022.06
196面；17×21.9公分
ISBN 978-626-329-227-7（平裝）

1.CST：育兒

428　　111005649

Saishinkaiteiban Rakuraku Anshin Ikuji

First published in Japan 2021 by Gakken Plus Co., Ltd., Tokyo
Traditional Chinese translation rights arranged with Gakken Plus Co., Ltd.

分齡照片×安心指引×專業建議
0～3歲全方位育兒聖經
從成長發育、副食品製備到疾病預防，用專業知識守護寶寶的每一天

2022年6月１日初版第一刷發行
2024年7月15日初版第三刷發行

監　　修　土屋惠司
譯　　者　王盈潔
特約編輯　陳祐嘉
副 主 編　劉皓如
封面設計　水青子
發 行 人　若森稔雄
發 行 所　台灣東販股份有限公司
＜地址＞台北市南京東路4段130號2F-1
＜電話＞（02）2577-8878
＜傳真＞（02）2577-8896
＜網址＞https://www.tohan.com.tw
郵撥帳號　1405049-4
法律顧問　蕭雄淋律師
總 經 銷　聯合發行股份有限公司
＜電話＞（02）2917-8022